Der gewinnorientierte Manager

Prof. Dr. Hermann Simon ist Gründer und Chairman von *Simon-Kucher & Partners*. Er ist regelmäßiger Kolumnist in der Wirtschaftspresse und hat bereits zahlreiche Bücher verfasst. Sein ebenfalls im Campus Verlag erschienenes Buch *Die heimlichen Gewinner (Hidden Champions). Die Erfolgsstrategien unbekannter Weltmarktführer* (1996) wurde ein Welterfolg.

Frank F. Bilstein und *Frank Luby* sind Partner bei *Simon-Kucher & Partners*.

Hermann Simon, Frank F. Bilstein, Frank Luby

Der gewinnorientierte Manager

Abschied vom Marktanteilsdenken

Campus Verlag
Frankfurt/New York

Bei dieser Ausgabe handelt es sich um die aktualisierte und angepasste Fassung des Textes, der 2006 unter dem Titel »Manage for Profit, not for Share. A Guide to Greater Profits in Highly Contested Markets« im Verlag »Harvard Business School Press« erschienen ist.
Copyright © 2006, Frank F. Bilstein, Frank Luby und Hermann Simon
All rights reserved

Aus dem Englischen von Jutta Scherer

Bibliografische Information der Deutschen Bibliothek:
Die Deutsche Bibliothek verzeichnet diese Publikation in der Deutschen Nationalbibliografie. Detaillierte bibliografische Daten sind im Internet über http://dnb.ddb.de abrufbar.
ISBN-13: 9-783-593-38113-8
ISBN-10: 3-593-38113-3

Umschlaggestaltung: Guido Klütsch, Köln
Satz: Fotosatz Huhn, Maintal-Bischofsheim
Druck und Bindung: Druckhaus »Thomas Müntzer«, Bad Langensalza
Gedruckt auf säurefreiem und chlorfrei gebleichtem Papier.
Printed in Germany

Besuchen Sie uns im Internet: www.campus.de

In Erinnerung an Peter Drucker

Inhalt

Kapitel 1

Gewinn geht über Marktanteil

> *»Wir müssen uns von dieser Marktanteils-*
> *Hysterie frei machen. Der Marktanteil ist Mittel*
> *zum Zweck – kein Selbstzweck.«*
>
> CEO eines Weltmarktführers

Wer heute nach dem stärksten Alarmsignal aus Führungskreisen Ausschau hält, muss sich nicht durch einen Stapel von Insolvenzerklärungen wühlen. Oder durch Zeugenaussagen aus einem publicityträchtigen Unterschlagungsprozess. Er kann sich einfach die Fotos einer Gruppe gestandener Automanager ansehen und wird bei jedem von ihnen ein kleines Modeaccessoire finden: eine Reversnadel in Form einer 29.[1]

Mit dieser Nadel würdigten die oberen Führungsebenen der General Motors Corporation nicht etwa ein Jubiläum, einen neuen Motorentyp oder die Anzahl der letzten Produkteinführungen. Die Nadel war vielmehr Symbol ihrer Entschlossenheit, im heiß umkämpften US-Markt 29 Prozent Marktanteil zu erringen. Auf dieses Ziel konzentrierte General Motors all seine Ressourcen. Als es dennoch verfehlt wurde, ließen einige der Manager die Nadel am Revers.

»Die ›29‹ wird da dran bleiben, bis wir ›29‹ erreicht haben,« sagte Gary Cowger, President von GM North America, 2004 in einem Interview. »Und dann besorge ich mir wahrscheinlich eine ›30‹.«[2]

Ganz ohne Zweifel verdienen diese Führungskräfte unsere Hochachtung und Anerkennung – allein schon deshalb, weil sie es geschafft haben, eine so riesige Organisation um ein simples Ziel zu scharen und diesem Ziel trotz mancher Rückschläge treu zu bleiben. Gewiss keine leichte Aufgabe. Und dennoch: Wie viele andere sind auch die GM-Manager einem Missverständnis zum Opfer gefallen, das so alt ist wie die Managementtheorie selbst: dem Glauben, der Marktanteil sei die beste Orientierungsgröße für die Definition von Unternehmenszielen, die Führung des Unternehmens und die Messung seines Erfolgs. Die Anstecknadel bei General Motors ist nur eines von vielen Beispielen dafür, wie überaus stark und nachhaltig dieser Fehlglaube die Kultur eines Unternehmens beeinflussen kann.

Dieses Buch bricht mit all den Überlieferungen und Lehren, die den Glauben an die grenzenlose Macht des Marktanteils zum wahrscheinlich größten Management-Irrtum der heutigen Zeit werden ließen. Wir werden hier die inhärenten Widersprüche der Marktanteils-Obsession offenlegen und ihren zerstörerischen Einfluss deutlich machen, und wir werden die Unternehmensführer dazu aufrufen, sich wieder mit neuer Kraft dem Gewinn zuzuwenden. Wir fordern eine Renaissance des Gewinns – angeführt von Unternehmen, die in hart umkämpften Märkten tätig sind und alle »4 P« ihres Marketing (Price, Product, Place, Promotion) darauf ausrichten, mehr Geld zu verdienen – nicht darauf, mehr zu verkaufen.

Seit Jahrzehnten bekommen Führungskräfte von Kollegen, Vorgesetzten, Professoren und anderen Experten immer wieder vorgebetet, im Erreichen und Halten hoher Marktanteile liege das allein selig Machende. Folgerichtig haben sie jedes einzelne Element ihrer Unternehmen – von der Strategie über Marketing und Vertrieb bis hin zur Fertigung – auf dieses Ziel ausgerichtet. Zusätzlich bestärkt wurden sie durch Schulungen, Anreizsysteme und Beispiele aus anderen Branchen. Und natürlich durch die Belohnungen und Beförderungen, die sie von der Firmenleitung für ihre Marktanteilserfolge erhielten.

Und so haben sich diese Manager so gut wie nie gefragt, ob für ihre Unternehmen – und auch ihre Karriere – vielleicht eine andere Größe als der Marktanteil zum strategischen Leitprinzip werden sollte. Das war geradezu undenkbar!

Was gegen den Marktanteil als Leitprinzip spricht? Eine ganze Menge. Vor allem ist er eine willkürliche und häufig irreführende Größe: Wenn Unternehmen ihre Strategien des »profitablen Wachsens« darauf aufbauen, dann entstehen daraus Wertesysteme und Verhaltensweisen, die eher zur Vernichtung als zur Steigerung von Gewinnen führen.

Natürlich hätte unser Postulat einen falschen Klang, wenn wir es nicht belegen und ein Veränderungsprogramm präsentieren könnten. Wir werden ausführen, dass Unternehmen in jedem reifen Markt – nicht nur in der Automobilbranche – weit hinter ihrem Gewinnpotenzial zurückbleiben, wenn sie sich von reinen Marktanteils- oder Absatzzielen leiten lassen. Umgerechnet 1 bis 3 Prozent des Jahresumsatzes gehen ihnen dadurch an Gewinn verloren. In konkreten Zahlen heißt das: Der Leiter eines Fünf-Milliarden-Euro-Unternehmens schenkt, solange er an dem antiquierten Marktanteils-Dogma festhält, seinen Kunden und Wettbewerbern jedes Jahr zwischen 50 und 150 Millionen Euro. Diese Zahl ist weder willkürlich herausgegriffen noch theoretisch hergeleitet oder von irgendeinem Supercomputer zusammengerechnet. Sie ist das Resultat von Ertragssteigerungsprogrammen, die Hunderte von Unternehmen durchlaufen haben. Diese Unternehmen liefern den Stoff für die meisten Ausführungen und Fallbeispiele in diesem Buch.

Für einige von ihnen brachte das Veränderungsprogramm weit mehr als nur Gewinnsteigerungen: Es sicherte ihr Überleben. Unser Programm ersparte diesen Unternehmen strategische Missgriffe, deren Konsequenzen – meist ebenso unvorhersehbar wie massiv – ihren Untergang bewirkt oder beschleunigt hätten.

So gerüstet mit den Daten und Fakten aus unserer umfangreichen Beratungserfahrung möchten wir mit diesem Buch zwei Dinge erreichen: Zum einen möchten wir Sie als Leser dazu bewegen, den Gewinn zum übergeordneten Ziel zu machen und sich mit neuer Energie für dieses Ziel einzusetzen. Zum anderen möchten wir, dass Sie Ihr Unternehmen mit dem praxiserprobten Programm, dem der Großteil des Buches gewidmet ist, zu Spitzengewinnen führen. Sie werden dazu Mut und Geduld brauchen, doch das Ergebnis wird die Mühe lohnen.

Unser Programm eignet sich nicht für Abenteurer, die die Welt verändern und ihre Branche auf den Kopf stellen wollen. Wir wenden uns vielmehr an Unternehmenslenker und Führungskräfte in reifen Märkten, denen die nüchterne Analyse lieber ist als der Adrenalinstoß. Und die sich beim Versuch, die Ertragskraft ihrer Unternehmen zu stärken, lieber an Fakten und Details orientieren als an Dogmen. Dieses Programm wird Sie vielleicht nicht als knallharten Sanierer in die Schlagzeilen bringen – aber es bringt deutlich mehr Geld in die Kassen Ihres Unternehmens.

Die ersten beiden Drittel dieses Einleitungskapitels werden sich mit der Gewinn- und Marketingmalaise beschäftigen, welche in reifen Märkten grassiert. Im letzten Drittel werden wir im Überblick darstellen, wie man diese Malaise Schritt für Schritt überwinden kann.

Erkennen Sie die Symptome der Gewinnmalaise

Fragt man Leute auf der Straße, wie viel Gewinn eine typische Firma pro 100 Euro Umsatz erzielt, dann wird ihre Schätzung meist zwischen 25 und 50 Prozent liegen.[3] Nichts könnte falscher sein. Tatsächlich liegen die durchschnittlichen Umsatzrenditen der Unternehmen in den meisten Industrieländern gefährlich nahe bei Null.[4] In Abbildung 1–1 sind die Umsatzrenditen (nach Steuern) international tätiger Unternehmen des Fertigungssektors aus 19 Ländern dargestellt.

Schuldig an diesen deprimierenden Zahlen sind auch altbekannte Phänomene wie globaler Wettbewerb, hohe Kosten, Überkapazitäten und eine schleppende oder gar rückläufige Nachfrage – Faktoren, die in den nächsten Jahren nicht verschwinden werden. Ein einzelnes Unternehmen kann solche externen Trends kaum beeinflussen; folglich werden die meisten Unternehmen in den reifen Volkswirtschaften auch weiterhin ihre liebe Mühe haben, halbwegs zufriedenstellende Gewinne zu erzielen – es sei denn, sie ergreifen entsprechende Gegenmaßnahmen bei sich selbst.

Was aber können sie tun? Üblicherweise greifen Manager, meist parallel, zu drei Arten von Maßnahmen: Sie senken die Kosten, investieren in Innovationen und ändern ihr Marketing. Kostensenkung ist die häufigste und beliebteste Maßnahme, da sie besonders sicher erscheint. Wie man sie richtig angeht, ist in der Literatur zur Genüge beschrieben worden; wir werden daher in diesem Buch nicht eine weitere Detailanleitung liefern. Was wir allerdings sehr wohl ansprechen, ist eine kritische Frage an viele Unternehmensführer: Was, wenn die Kostensenkung als Mittel zur Ertragssteigerung an ihre Grenzen stößt? Oder anders gesagt: Wie soll ein Unternehmen reagieren, wenn alle Wettbewerber im Markt ein vergleichbares Produktivitätsniveau und weitgehend ähnliche Kostenstrukturen erreicht haben? Der Vorstandsvorsitzende eines Industrieunternehmens brachte die Problematik im Gespräch mit uns auf den Punkt: »Unsere Produkte haben kaum noch Vorteile, man könnte

Abbildung 1–1: Umsatzrendite nach Steuern (Quelle: Institut der deutschen Wirtschaft: Standort Deutschland. Ein internationaler Vergleich, 2006, S. 15, Köln 2006)

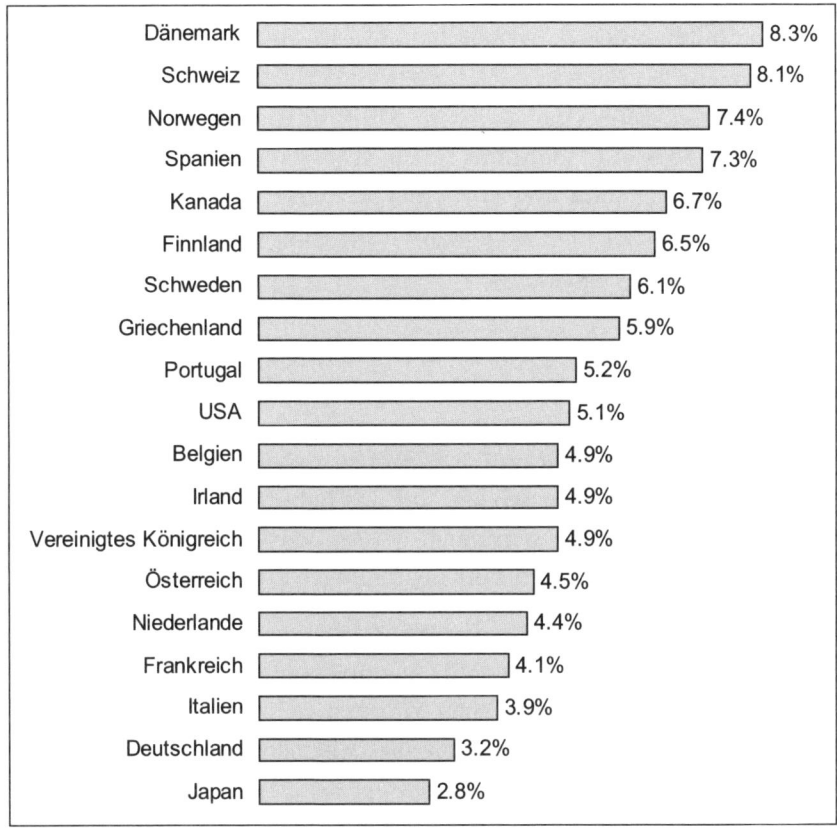

sie schon fast als Commodities bezeichnen. Der Wettbewerb sitzt uns im Nacken, die Kunden machen gewaltig Druck, und wir haben auf der Kostenseite alles Menschenmögliche getan. Was soll ich jetzt machen? Welche Möglichkeiten habe ich, unser Ergebnis zu verbessern?«

Innovation ist, wie Kostensenkungen, eine wesentliche und fortlaufende Aufgabe für jedes Unternehmen. Kaum jemand würde bestreiten, dass man immer wieder Neues schaffen muss, um dem von außen einwirkenden Kosten- und Preisdruck zu entgehen. Es gibt dabei nur ein Problem: Die Ausbeute aus den Innovations-Pipelines kommt in den seltensten Fällen dann, wenn man sie braucht. Der Traum vom großen Durchbruch (und natürlich vom monopolgleichen Status und den Traumrenditen, die damit einhergehen) bleibt eben in den allermeisten Fällen genau das: ein Traum. Völlig neue Geschäftsmodelle brauchen Jahre, um Fuß zu fassen, und bieten keine Erfolgsgarantie. Nebenbei bemerkt, sind sie ebenso rar wie bahnbrechende Produkt- und Serviceinnovationen.

Der Vertriebsleiter eines globalen Multimilliardenunternehmens aus dem Fertigungssektor sagte uns dazu: »Das ganze Gerede vom ›Innovativ-Sein‹ ist ja schön und gut. Aber ich habe nun mal Produkte zu verkaufen, die im Minimum zehn Jahre alt sind, und es ist kaum davon auszugehen, dass mir einer morgen früh die nächste Innovation auf den Tisch legt. Was soll ich also in der Zwischenzeit machen?«

Auch über das Innovationsmanagement gibt es, ebenso wie zum Thema Kostensenkung, Unmengen von Abhandlungen. Diese strategischen Ratgeber wollen wir mit unserem Buch gar nicht ersetzen. Wir wenden uns vielmehr an gewinnorientierte Manager in reifen Märkten, die es sich nicht leisten können oder wollen, auf das bahnbrechende Wunderprodukt zu warten. Und die sehr genau wissen, dass auf sie wie auch ihre Wettbewerber die folgenden fünf Bedingungen zutreffen:

- Die Kostensenkungsmöglichkeiten sind weitgehend ausgereizt.
- Der Großteil ihrer Umsätze und Gewinne kommt von etablierten Produkten in wachstumsschwachen Märkten.
- Die meisten ihrer Produkte haben ihre Alleinstellungsmerkmale mehr oder weniger eingebüßt.
- Sie stehen in einem überaus harten Wettbewerb.
- Die Kunden können problemlos den Anbieter wechseln.

Man sollte annehmen, dass ein Unternehmen, das sich eine profitable Marktposition aufgebaut hat, seine Erträge durch Ausbau dieser Marktposition – sprich: durch Erhöhung des Marktanteils – weiter steigern kann. Das postulieren zumindest die Studie Profit Impact of Marketing Strategy (PIMS) und das Erfahrungskurvenkonzept. Die Erkenntnisse und Fallbeispiele in diesem Buch werden jedoch zeigen, dass diese Annahme bei Unternehmen in reifen Märkten gefährlich, ja sogar völlig falsch sein kann.

Zweitens könnte man vermuten, dass der wirtschaftliche Erfolg konkurrierender Unternehmen vergleichbar sein müsste, da ja alle vergleichbare Produkte mit ähnlichen Kostenstrukturen erzeugen und um dieselben Kunden konkurrieren. Auch hier zeigen unsere Fallbeispiele, dass dies in reifen Märkten nicht zutrifft. Wer keinen nachhaltigen Kostenvorteil erzielen und keine Innovation auf den Markt bringen kann, muss eben durch bessere Erlösqualität einen Vorteil erringen. Manche Unternehmen schaffen das: Sie setzen ihren Marketing-Mix geschickter ein, um ihre Umsätze bei Kunden mit dem höchsten Ertragspotenzial zu erzielen – und nicht, um nur Umsatz zu machen. Die Fallbeispiele in diesem Buch werden zwei wesentliche Punkte belegen:

- Überlegene Gewinne gehen in vielen Fällen allein auf bessere Erlösqualität sowie höheres Umsatzwachstum durch effektiveres Marketing zurück.
- Die erfolgreichen Unternehmen verwenden den Marktanteil nicht länger als Maßstab für Zielsetzung und Erfolgsmessung. Stattdessen konzentrieren sie sich auf den Gewinn.

Wir widmen also dieses Buch den Stiefkindern der Unternehmen weltweit – den reifen Produkten, die den Großteil der Umsätze beisteuern und den Laden am Laufen halten. Wir wissen aus unserer Beratungspraxis, dass diese Produkte großes Gewinnpotenzial bergen, welches die Unternehmensführungen bis dato entweder übersehen haben oder noch nicht ausschöpfen konnten. Innovation und Kostensenkung werden dieses Potenzial nicht erschließen. Wenn Sie Ihren Unternehmensgewinn um umgerechnet 1 bis 3 Prozent Ihres Jahresumsatzes steigern wollen, müssen Sie zwei Dinge ändern: Sie müssen Ihr Marktanteilsdenken durch Gewinndenken ersetzen, und Sie müssen Ihr Vorgehen zur Umsatzgenerierung ändern, indem Sie das hier beschriebene Programm durchlaufen.

Seien Sie sich der Ursachen für die Marktanteils-Obsession bewusst

Woher kommt es, dass der Marktanteil eine solche Faszination auf Manager ausübt? Das hat vielfältige Ursachen. Im Folgenden wollen wir kurz beleuchten, woher die Verknüpfung zwischen Marktanteil und Gewinn kommt, wie die anfängliche Begeisterung darüber in regelrechte Obsession übergegangen ist, und wie die allzu simple Auslegung der ursprünglichen Erkenntnisse in hoch kompetitiven Märkten zu gefährlichen und destruktiven Entscheidungen führen kann.

Der bekannteste Ursprung der »Marktanteilsbewegung« ist die PIMS-Studie, deren wichtigste Ergebnisse in Abbildung 1–2 zusammengefasst sind.[5]

Ganz gleich, ob man nun Marktstärke als Marktposition oder als prozentualen Marktanteil definiert – PIMS zeigt eine starke Korrelation mit der Gewinnmarge. Beim Marktführer ist diese – in der PIMS-Studie definiert als ROI, also die Kapitalrendite – etwa drei Mal so hoch wie beim fünftgrößten Wettbewerber; ein Hersteller mit einem Marktanteil von 40 Prozent erreicht eine doppelt so hohe Marge wie einer mit nur 10 Prozent Marktanteil. Die strategische Implikation könnte kaum klarer sein: Sichert euch Marktanteile! Hoch leben die Skaleneffekte!

Eine zweite, etwas ältere Quelle der Marktanteilsbewegung ist die Erfahrungskurve. Dieses Konzept besagt, dass die Kostenposition eines Unternehmens von seinem relativen Marktanteil abhängt, wobei Letzterer definiert ist als der eigene Marktanteil, geteilt durch den des stärksten Wettbewerbers. Je höher dieser Wert, desto niedriger sollten die Stückkosten des Unternehmens sein;[6] folglich hat der Marktführer automatisch die niedrigsten Kosten und damit auch die höchste Gewinnmarge. Der Erfahrungskurveneffekt lieferte auch die Grundlage für die berühmte 2x2-Portfoliomatrix, auch »BCG-Matrix« genannt, mit den beiden Dimensionen »Marktwachstum« und »relativer Marktanteil«. Nach der zugrunde liegenden Theorie erfordert jedes der vier Matrixfelder eine andere Strategie, wobei das Management des Marktanteils jeweils das Herzstück darstellt, denn am Marktwachstum kann das einzelne Unternehmen wenig tun. Auch hier ist die strategische Implikation eindeutig: Unternehmen tun gut daran, ihre Marktanteile so hoch wie möglich zu treiben.

Die Erfahrungskurve und PIMS sind die Vorreiter der meisten Marktanteilsphilosophen. Einer ihrer prominentesten Verfechter war Anfang der 80er Jahre der damalige Chairman und CEO von General Electric, Jack Welch: Er verkündete, sein Unternehmen werde sich aus jedem Ge-

Abbildung 1–2: PIMS zeigte eine Korrelation von Marktanteil und Gewinn

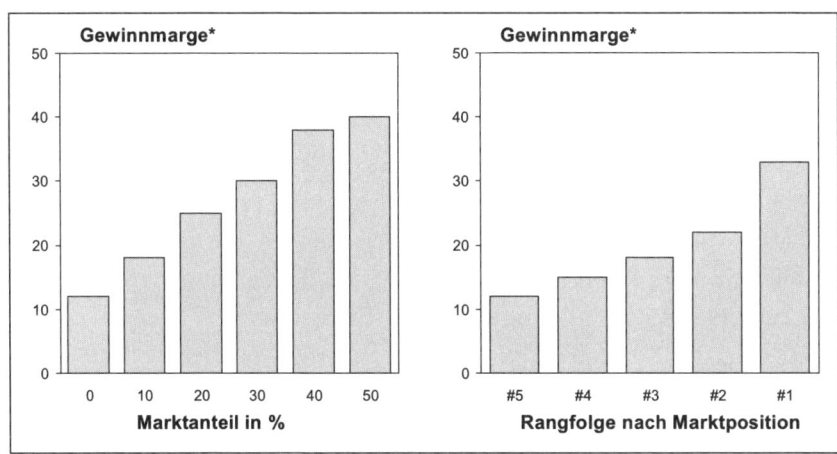

schäftsfeld zurückziehen, in dem es sich nicht auf Platz 1 oder 2 halten könne.

Einige spätere Studien zogen interessanterweise den strikten Zusammenhang zwischen Marktanteil und Gewinnmarge in Zweifel und stellten die Wechselbeziehung zwischen beiden weit schwächer dar als die PIMS-Autoren.[7] Bis heute gibt es immer wieder Veröffentlichungen, welche die seinerzeitigen Erkenntnisse widerlegen – die aktuellste ist eine von Paul W. Farris und Michael J. Moore herausgegebene Anthologie.[8]

Die Kernfrage ist doch: Ist der Zusammenhang zwischen Marktanteil und Gewinn eine echte Kausalbeziehung oder eine bloße Korrelation? In jüngster Zeit findet letztere Hypothese immer mehr Befürworter. Forscher, welche mittels moderner Analysemethoden die Effekte so genannter unbeobachteter Faktoren herausfilterten, zogen ein klares Fazit: »Eliminiert man den Effekt solcher unbeobachteter Faktoren ökonometrisch, ist die verbleibende Auswirkung des Marktanteils auf die Profitabilität relativ gering.«[9] Die Schlussfolgerung der Autoren: »Ein hoher Marktanteil steigert zwar per se nicht die Profitabilität; er versetzt jedoch die betreffenden Unternehmen in die Lage, bestimmte Gewinn bringende Maßnahmen zu ergreifen, welche für Unternehmen mit geringerem Marktanteil womöglich nicht machbar sind.«[10] Diese Beobachtung widerlegt zwar PIMS und die Erfahrungskurve noch nicht ganz, und sie liefert auch keine hinreichende Begründung für die Behauptung, Jack Welch liege völlig falsch. Doch eines steht fest: Die Philosophie »Marktanteil über alles« kann nicht länger als universelle Wahrheit gelten.

Während also die genannten Autoren die PIMS-Erkenntnisse direkt in Frage stellen, haben andere im breiteren Kontext untersucht, wie sich wettbewerbsorientierte Ziele wie Marktanteil oder Marktposition auswirken. Die frühesten bekannten Erkenntnisse hierzu stammen aus einer Zeit weit vor der PIMS-Studie und auch vor der Ära von Jack Welch. Schon 1958 wies Robert F. Lanzillotti nach, dass eine negative Korrelation zwischen der Verfolgung wettbewerbsorientierter Ziele (wie Marktanteil) und der Kapitalrendite von Unternehmen existiert.[11] Eine neuere Abhandlung von J. Scott Armstrong und Kesten C. Green fasst weitere Indizien jüngeren Datums zusammen und kommt zu dem Schluss, dass »... wettbewerbsorientierte Ziele schädlich [sind]. Diese Beobachtungen haben jedoch bislang nur geringen Einfluss auf die akademische Forschung und finden bei den Führungskräften in Unternehmen kaum Beachtung.«[12] Dies sind nur zwei Studien von vielen, in denen versucht wurde, die Auswirkungen von Marktanteils- oder Marktpositionszielen an der Erfahrungskurve und eines Portfoliomanagements gemäß BCG-Matrix zu messen. Fasst man all diese Erkenntnisse in ihrer ganzen Breite zusammen, so lässt sich eine klare Schlussfolgerung ziehen: Das hartnäckige Festhalten an wettbewerbsorientierten Zielen sowie den zugehörigen Instrumenten und Verhaltensweisen beeinträchtigt die Fähigkeit eines Unternehmens, in einem stark umkämpften oder reifen Markt Gewinne zu erzielen.

Warum hängen Manager und Investoren der Philosophie »Marktanteil über alles« überhaupt so hartnäckig an? Ganz einfach: Weil Marktanteil, Volumen und Umsatzwachstum die besten Indikatoren für nachhaltigen Erfolg durch Innovation dastellen. Erobert ein Unternehmen einen Markt, wie etwa Starbucks den internationalen Markt für Coffee Shops, dann nehmen Branchenbeobachter automatisch an, fortgesetztes Markanteilswachstum sei etwas Positives. Es suggeriert Überlegenheit, und diese wiederum suggeriert nachhaltige Gewinne. Natürlich hat sich Starbucks sein Wachstum und seine Renditen redlich verdient – wenn ein Unternehmen ein innovatives Produkt oder andere klare Wettbewerbsvorteile aufweisen kann, ist der marktanteilsbezogene Ansatz in Ordnung.

Aber die Wettbewerbssituation von Starbucks verändert sich langsam. In Amerika haben inzwischen auch Donut-Ketten, McDonald's und sogar die Tankstelle an der Ecke ihre Espressomaschinen; hier zu Lande sind sie ohnehin schon fast allgegenwärtig. Der Markt wird somit zusehends reifer. Es fragt sich, wie lange Starbucks noch weiteres Marktanteilswachstum gebührt – wo doch seine nachhaltige Überlegenheit nicht mehr gegeben ist.

Laut dem Mission-Statement des Unternehmens besteht eines von sechs Leitprinzipien darin, zu »erkennen, dass Profitabilität für unseren künftigen Erfolg wesentlich ist«.[13] Doch wie seine Strategie tatsächlich aussieht, geht, zumindest für den Einzelhandelsbereich, sehr klar aus dem Geschäftsbericht hervor: »Die Strategie von Starbucks zur Erweiterung des Retailgeschäftes sieht vor, den Marktanteil in bestehenden Märkten durch Eröffnung zusätzlicher Ladenlokale zu erhöhen sowie in neuen Märkten immer dann Ladenlokale zu eröffnen, wenn sich eine Gelegenheit bietet, führender Retailer für Kaffeespezialitäten zu werden.«[14]

Irgendwann werden auf Starbucks und seine Mitbewerber die fünf eingangs genannten Bedingungen zutreffen. Wenn es so weit ist, wird das Unternehmen seine Fixierung auf den Marktanteil aufgeben und sich stärker am Ergebnis orientieren müssen, um seine Premiumposition und das damit verbundene Gewinnniveau zu halten. Wir werden uns in Kapitel 2 nochmals mit diesem Thema befassen, wenn wir das Konzept der Wettbewerbslandkarte am Beispiel von Starbucks und seinen Wettbewerbern vorstellen.

In Märkten mit starkem Wettbewerb sehen sich Unternehmen mit einem völlig anderen Umfeld konfrontiert als Starbucks. Das Gesamtvolumen des Marktes ist mehr oder weniger konstant; die Marketinginitiativen der Anbieter haben oft wenig oder keine Wirkung auf die Gesamtnachfrage. Preissenkungen – innerhalb vernünftiger Grenzen – können die Gesamtnachfrage ebenfalls kaum beeinflussen. Marktanteile können sich dagegen sehr stark verschieben, je nachdem, wie aggressiv die einzelnen Anbieter auftreten.

Die in Abbildung 1–3 dargestellte Formel verdeutlicht, wie Führungskräfte das Thema »Marktanteil« sehen.

Abbildung 1–3: Die vermeintliche Kraft des Marktanteils

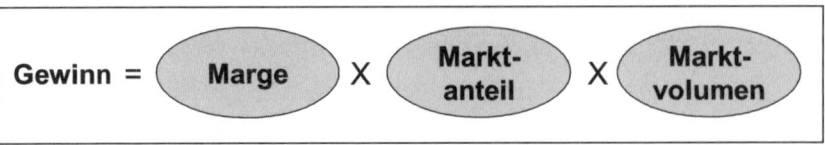

Liegt das Gesamtmarktvolumen bei 1 Milliarde Euro, dann kommt ein Unternehmen mit 10 Prozent Marktanteil und 10 Prozent Gewinnmarge auf 100 Millionen Euro Umsatz und 10 Millionen Euro Gewinn. Ausweiten lässt sich das Marktvolumen in reifen Märkten nur schwer; vor allem als einzelnes Unternehmen kann man da ohne durchschlagende Innovation wenig tun. Schon eher möglich erscheint eine Erhöhung der Marge, also der Differenz zwischen Stückpreis und Stückkosten. So würden sich etwa Kostensenkungen vollständig und unmittelbar auf die Höhe der Marge niederschlagen; aber wie schon erläutert, haben die meisten Unternehmen in reifen Märkten das vernünftige Maß an Kostensenkungen weitgehend ausgeschöpft. Damit bleibt die Preisgestaltung – ein hoch wirksamer und häufig vernachlässigter Ergebnistreiber, mit dem wir uns in diesem Buch eingehend befassen werden.

Jede Erhöhung des Marktanteils hat demnach einen direkten linearen Effekt auf den Gewinn. Könnte also unser Unternehmen seinen Marktanteil von 10 auf 20 Prozent erhöhen, würde sich sein Gewinn verdoppeln. Das Gesamtmarktvolumen kann es als einzelnes Unternehmen zwar nicht beeinflussen, aber bei seinem eigenen Anteil am Markt sollte das doch möglich sein. Dazu steht eine Reihe von Maßnahmen zur Verfügung – wie etwa intensivere Werbung, Ausbau des Vertriebs, Sonderaktionen oder auch Preismaßnahmen.

Diese Darstellung mag stark vereinfacht erscheinen. Doch scheinen Manager den Marktanteil als eine Art Pandoras Büchse für die Lösung ihrer Gewinnprobleme zu sehen: Sie konzentrieren sich mit aller Kraft auf den Umsatz – anstatt dieselben Initiativen zur Erhöhung des Gewinns einzusetzen.

Was sie unter anderem dazu verleitet, ist die allzu blauäugige Anwendung von PIMS und der Erfahrungskurve auf diese Gleichung. Wenn einer wirklich glaubt, mehr Marktanteil hieße auch höhere Margen, dann hätte er damit das reinste Wundermittel für jedes Unternehmen mit Ergebnisproblemen entdeckt. Nehmen wir an, ein Unternehmen erhöht seinen Marktanteil von 10 auf 20 Prozent und steigert damit seine Gewinnmarge ebenfalls von 10 auf 20 Prozent. In unserem Beispiel von oben würde der Gewinn damit überproportional – und nicht mehr nur linear – ansteigen, nämlich auf 40 Millionen Euro. Das wäre eine phantastische Leistung! Darüber hinaus allerdings eine ziemlich unrealistische, wie wir anhand unserer Fallbeispiele aufzeigen werden. In reifen Märkten, wo die PIMS-Logik nicht mehr so richtig greift, haben Marktanteilszuwächse in der Regel eine überproportional negative Ergebniswirkung. Es hat schon etwas Ironisches: Je eifriger ein Unternehmen diesen Ansatz verfolgt, desto mehr vernichtet es sein eigenes Gewinnpotenzial.[15]

Setzen Sie dem Marktanteilsdenken ein Ende

Was diese Überschrift fordert, ist leichter gesagt als getan. Denn während sich die Wissenschaftler im stillen Kämmerlein noch damit abmühten, die PIMS-Hypothesen weiter zu testen, führten die Business Schools schon Tausende von MBA-Studenten in den Marktanteils-Kult ein. Und diejenigen, die in den 70er und 80er Jahren ihren MBA gemacht haben und diese Philosophie in ihrer frischesten und konzentriertesten Form genossen haben, bekleiden heute Vorstandspositionen. Ihren Höhepunkt erreichte die Marktanteils-Faszination aber mit der Internetwelle. Zu Zeiten des Web- und e-Business-Hype war alle Welt nur an einigen wenigen Kennzahlen interessiert: am Umsatzwachstum, der Marktposition, dem Marktanteil und der absoluten Anzahl der Kunden. Wehe dem, der das Wort »Gewinn« in den Mund zu nehmen wagte – er wurde postwendend als »Old Economy« gebrandmarkt.

Nun, die Internetblase ist geplatzt. Doch wer glaubt, das hätte die falschen Ideen aus den Köpfen der Manager verbannt, der irrt. Die blinde Jagd nach immer mehr Marktanteil, mehr Kunden, mehr Umsatzwachstum ging bei vielen nicht nur weiter, sie wurde sogar zur eingefleischten

Gewohnheit. Wer Marktanteile verliert – oder auch nur im entferntesten daran denkt, sie aufs Spiel zu setzen –, der handelt sich bei den meisten Unternehmen ernsthafte Schwierigkeiten ein. Man braucht entsprechende Überlegungen nur zu äußern, und die scharfen, ja bösartigen Reaktionen der Presse und Analysten, der Aktionäre und Kollegen, selbst der lokalen Behörden lassen nicht lange auf sich warten.

Wir lernten diese Problematik aus nächster Nähe kennen, als wir mit einem Automobilhersteller im Premiumsegment zu tun hatten – nennen wir ihn United Motors Corporation (oder kurz: UMC).[16] Der Vertriebsvorstand des Unternehmens sagte uns voller Resignation: »Wenn wir einmal ehrlich sind, dann verfolgen wir unsere gewinnorientierten Ziele nur halbherzig. Wenn das Ergebnis um 20 Prozent fällt, passiert gar nichts. Schrumpft aber unser Marktanteil auch nur um den Bruchteil eines Prozentpunktes, dann rollen die Köpfe. Und das weiß hier jeder, wenn man es auch nicht offen sagt.«

Ein ähnlicher Unterton zog sich auch durch ein Gespräch, das wir mit dem Management eines anderen Unternehmens führten[17]: Es handelte sich um einen führenden asiatischen Unterhaltungselektronik-Hersteller, dessen Gewinnmarge (vor Steuern) in den letzten Jahren immer unter 5 Prozent gelegen hatte. Globaler Wettbewerb und Preisdruck konnten daran schwerlich schuld sein, denn der Hauptwettbewerber Samsung Electronics erreichte über mehrere Jahre Umsatzrenditen von 15 Prozent. Im Laufe der Diskussion wurde klar, dass das Unternehmen als beste Maßnahme zur schnellen Ergebnisverbesserung die Preise erhöhen und seine großzügigen Preisnachlässe und Rabattaktionen im Handel zurückfahren sollte.

»Aber dann verlieren wir Marktanteil!«, sagte einer der Anwesenden. Es wurde still im Raum. Wir hatten an ein Tabuthema gerührt. Ein absichtlich herbeigeführter Marktanteilsverlust war für diese stolze Firma völlig undenkbar – selbst wenn das Unternehmen dadurch mehr Gewinn erzielen könnte.

Aus Erfahrung wissen wir, dass es niemandem Spaß macht, Marktanteile zu verlieren. Wenn wir diese Möglichkeit auch nur implizit ansprechen, riskieren wir, uns schon zu Beginn eines Projektes Feinde zu schaffen. Einer unserer Klienten sagte uns bei der ersten Zusammenkunft knallhart: »Wenn Ihre Empfehlungen darauf hinauslaufen, dass wir Marktanteil verlieren werden, dann können Sie sich Ihr Ticket für den nächsten Besuch sparen.«

Marktanteil bleibt eine weit verbreitete und maßgebliche Zielgröße, intern wie extern. Um den mentalen Übergang vom Marktanteilsfokus zum Gewinnfokus zu schaffen, muss man nicht nur Denkhürden, sondern auch kulturelle Widerstände überwinden. In Unternehmen, die ständig nur dem Erhalt oder Ausbau ihrer Marktanteile hinterherjagen, wird die Unternehmenskultur früher oder später von zwei Dingen geprägt sein: Aggression gegen die Konkurrenten und Nachgiebigkeit gegenüber den Kunden.

Die Kultur der Aggression im Markt ist besonders häufig vorzufinden. Übertrieben ehrgeizige Marktanteilsziele – oft verbunden mit einer Vernachlässigung der Ergebniskomponente – führen zu aggressiven Handlungen, welche wiederum ebenso aggressive oder noch aggressivere Reaktionen der Wettbewerber provozieren. Die amerikanischen Autohersteller beschritten diesen Weg im Sommer 2005, als Ford und DaimlerChrysler sich genötigt sahen, das »Mitarbeiter-Discount«-Programm von General Motors mit noch attraktiveren, ähnlich benannten Programmen zu kontern. GM manövrierte sich damit an den Rand des Bankrotts.

Eine Kultur der Aggression löst in reifen Märkten Preiskriege aus und führt zur Gewinnvernichtung im großen Stil. Glücklicherweise gibt es immer mehr Managementbücher, die diese Art der Aggression verurteilen. Erwähnenswert ist hier das Buch *Blue Ocean Strategy*.[18] Es befasst sich zwar – im Gegensatz zu diesem Buch – hauptsächlich mit neuen Produkten und Geschäftsmodellen; die Kernaussage aber ist ähnlich: Man vermeide den destruktiven Wettbewerb im existierenden Markt (»roter Ozean«).

Offen aggressive Unternehmen attackieren ihre Wettbewerber, um Marktanteile zu gewinnen – nachgiebige ergreifen Maßnahmen, um ihre Marktanteile zu halten. Sie schulen ihre Vertriebs- und Marketingleute, enorme Zugeständnisse gegenüber ihren Kunden zu machen (mehr Kundennutzen, niedrigere Preise), sobald diese mit einem Anbieterwechsel drohen. Aus dem Drang heraus, ein Marktanteils- oder Mengenziel zu erreichen, geben sie den Kunden, die Druck machen, nach – als Ergebnis bestimmen diese häufig den Verlauf der Verhandlungen, letztendlich sogar die Konditionen. Daraus erwächst eine Kultur der Nachgiebigkeit, in der das betreffende Unternehmen alles Mögliche tut, um das Geschäft zu behalten. In dieser Kultur gilt es als größte Sünde, einen Kunden und damit Marktanteil zu verlieren. Im Endeffekt geben die Unternehmen damit die strategische Kontrolle über ihr Geschäft an ihre Kunden ab und lassen diese die Preise und die Konditionen diktieren. Selbst wenn sich die Unternehmensleitung dessen bewusst ist, dass sie von den Kunden übervorteilt wird, zögert sie – oder sieht sich außer Stande –, daran etwas zu ändern.

Die Kultur der Nachgiebigkeit ist in Branchen mit großen, stark konsolidierten Kunden am verbreitesten; denken wir nur an Automobilzulieferer oder die Lieferanten großer Handelsketten wie Wal-Mart oder Aldi. Doch finden wir diese Art von Unternehmenskultur auch in Branchen wie Telekommunikationsleistungen für Geschäftskunden, Finanzdienstleistungen oder Software, wo die Transaktionspreise größtenteils Verhandlungssache sind, und die Vertriebsteams weit reichende Entscheidungsspielräume genießen. Die Kunden können hier im Grunde ihre eigenen Bedingungen durchsetzen, da die Anbieter fürchten, sie zu verprellen und damit letztendlich ihr Geschäft zu verlieren.

Was diese Unternehmen nicht bedenken, ist, dass ihre Duldsamkeit dieselbe verheerende Auswirkung auf ihr Ergebnis haben kann wie ein offener Krieg gegen den Wettbewerb – allerdings ohne die kraftvollen militärischen Metaphern und ohne das Echo in der Wirtschaftspresse. Jedes Mal, wenn Vertrieb oder Management eines Unternehmens dem Druck von Kundenseite nachgeben, dann werden damit drei unbeabsichtige Effekte ausgelöst, die das Unternehmen bei späteren Geschäften zu spüren bekommt. Erstens hat es zugelassen, dass der Kunde mehr Leistung zu geringeren Preisen fordert und erhält. Damit hat das Unternehmen die gültigen Standards für Wert und Preis neu definiert. Diese werden nun Grundlage der nächsten Verhandlung, bei denen ein schlauer Kunde stets versuchen wird, die Kluft zwischen Wert und Preis noch stärker auszuweiten. Zweitens hat sich das Unternehmen den Ruf des Weichlings eingehandelt. Auch das weiß ein geschickter Einkäufer für sich zu nutzen. Drittens hat es das Preis-Leistungs-Verhältnis in seinem Markt so geschädigt, dass die Kunden nun ihren Drohungen gegenüber anderen Anbietern mehr Nachdruck verleihen können. Der Teufelskreis ist in Gang gesetzt.

Nicht zu unterschätzen ist die Rolle, welche die Haltung des Managements bei der Etablierung solcher Kulturen spielt. Man erinnere sich an das eingangs genannte Beispiel, die Reversnadel mit der »29«. Die Autoren Daniel Goleman, Richard Boyatzis und Annie McKee beschreiben in ihrem Artikel »Primal Leadership: The Hidden Driver of Great Performance« (zu Deutsch: Führung in ihrer Urform: die versteckte Triebfeder für herausragende Leistung), wie das Verhalten der Unternehmensleitung die gesamte Organisation beeinflusst.[19] Die Mitarbeiter lesen und deuten die nonverbalen Signale der Führungskräfte – unabhängig davon, was diese explizit über ihre Zielsetzung sagen. Problematisch wird es, wenn verbale und nonverbale Inhalte nicht zusammenpassen, wie im Falle des zitierten Automobilvorstandes.

Der nächste Abschnitt dieses Einleitungskapitels beschreibt das Veränderungsprogramm, wie wir es bei Klientenunternehmen auf die jeweiligen Bedürfnisse zugeschnitten und umgesetzt haben. Die hier eingeflossenen Daten und Fakten stammen zum Großteil aus unseren Beratungsprojekten bei über 500 Unternehmen weltweit, denen wir dabei halfen, unter den scheinbar beengenden und häufig frustrierenden Bedingungen reifer Märkte ihre Ergebnissituation zu verbessern.

Aus diesen Erfahrungen wissen wir, wie viel zusätzlicher Gewinn sich erzielen lässt, wenn Unternehmen ihr aggressives oder nachgiebiges Verhalten zugunsten einer gewinnorientierten Kultur aufgeben. Weiterhin hat uns die Erfahrung mit diesen Unternehmen gezeigt, welche Ressourcen man zur Durchführung unseres Programms benötigt, und warum man bei konsequenter Umsetzung von einer kurzen Amortisationszeit ausgehen kann.

Die meisten unserer Projektergebnisse sind strikt vertraulich. Wenn ein Unternehmen Anstrengungen unternimmt, um als Zulieferer für Wal-Mart oder BMW mehr Geld zu verdienen, dann will es das nicht an die große Glocke gehängt haben. Um diese Vertraulichkeit zu wahren, haben wir sämtliche Fallbeispiele anonymisiert und häufig auch die Branche verfremdet, denn unsere Erkenntnisse stammen ja meist nicht aus öffentlich verfügbaren Informationen, sondern aus der rein internen Betrachtung.

Lernen Sie, Ihr Marketing auf Gewinn auszurichten

Die Methoden und Techniken, die in diesem Buch beschrieben werden, befassen sich mit der Umsatzseite Ihres Geschäftes. Wir sind keine Kostendrücker. Eingedenk des Sprichworts »Schuster, bleib bei deinem Leisten« wussten wir, dass wir besser kein Buch über Kostensenkung, Rationalisierung oder Effizienzsteigerungen schreiben sollten. Die Kernfrage, die in diesem Buch beantwortet wird, ist: Wie soll ein gewinnorientierter Manager in einem reifen Markt seinen Marketing-Mix verändern, um eine bessere Erlösqualität und damit eine nachhaltige Ertragssteigerung zu erzielen?

Kostensenkungs- und Produktivitätsverbesserungsprogramme haben in den letzten 20 Jahren wahrlich reüssiert – und dennoch hält die Gewinnmalaise an, wie schon Abbildung 1–1 gezeigt hat. Die Unternehmen müssen sich nun mit ebenso viel Energie, Intelligenz und Engagement der Kundenseite ihres Geschäfts zuwenden. Wie gesagt: Bislang ist dieses Potenzial zu wenig erkannt und genutzt, insbesondere in reifen Märkten.

Abbildung 1–4 zeigt, wie stark Unternehmen ihre Margen und absoluten Gewinne steigern konnten, indem sie mithilfe unseres Programms aktiv ihre Ergebnischancen identifizierten und nutzten.

Um Gewinnpotenziale zu erkennen und zu nutzen, braucht man ein übergreifendes Programm, das auf ernsthafter, harter Analysearbeit aufbaut – nicht auf Effekthascherei. Die Arbeit, welche die Unternehmen aus unseren Fallbeispielen auf sich nahmen, war nicht gerade hoch wissenschaftlich, aber mitunter mühsam. Ergebnissteigerungen lassen sich nun mal – leider! – nicht per Knopfdruck realisieren. Dieses Buch liefert Ihnen die Anleitungen und Instrumente, aber wenn Sie sich diese Gewinnsteigerungen sichern wollen, müssen Sie Zeit, Mühe und Engagement investieren. Glücklicherweise werden die notwendigen Veränderungen weit weniger dramatisch oder schmerzhaft sein, als Sie vielleicht denken.

Unser bewährtes Programm hat vier Phasen, wie in Abbildung 1–5 dargestellt. Die erste – sie wird in Kapitel 2 und 3 behandelt – konzentriert sich auf die Veränderung der Grundeinstellung: Sie bietet Ihnen Alternativen zur destruktiven Kultur der Aggression und Nachgiebig-

Abbildung 1–4: Gewinnsteigerungen – nicht theoretisch hergeleitet, sondern real

Industrie	Jahresumsatz des Unternehmens (US$)	Gewinn- steigerung (in Prozent des Umsatzes)
Industrieausrüster	5–10 Mrd.	1,2
Bau	< 1 Mrd.	1,1
Maschinenbau	5–10 Mrd.	1,0
Großhandel	1–5 Mrd.	2,0
Banking	1–5 Mrd.	1,6
Tourismus	5–10 Mrd.	1,6
Expressversand	5–10 Mrd.	1,5
Software	100–500 Mio.	3,0

keit. Diese beiden Kapitel werden Ihnen helfen, Ihre Zielkonflikte zu erkennen und zu lösen, sich stärker am Gewinn zu orientieren und Ihre Marketing- und Vertriebsaktionen konsequenter darauf auszurichten.

Kapitel 2 soll Ihnen zeigen, wie Sie die Lebensdauer und Profitabilität Ihrer reifen Produkte verlängern können. Dazu müssen Sie vier Dinge tun:

- Differenzierung anstreben.
- Ihre Kriegsschauplätze intelligent aussuchen.
- Marktanteile, die Sie nicht profitabel halten können, aufgeben.
- Der Versuchung widerstehen, reflexhaft bei drohenden Wettbewerbsangriffen Ihre Preise zu senken.

Diejenigen im Markt, die den Kick suchen – und vielleicht gehören Sie ja derzeit selber dazu – handeln genau umgekehrt. Sie reagieren auf jeden

Abbildung 1–5: Finden und nutzen Sie Gewinnpotenziale in Ihrem Markt: Vier-Phasen-Programm

Phase 1 **Mentalitäts-** **wandel**	Kapitel 2 Friedlich konkurrieren lernen	Kapitel 3 Mit den richtigen Annahmen arbeiten
Phase 2 **Beschaffung der richtigen** **Daten und Informationen**	Kapitel 4 Anhand interner Daten Gewinnpotenziale finden	Kapitel 5 Präferenzen und Zahlungsbereitschaft der Kunden bestimmen
Phase 3 **Realisierung der** **Gewinnchancen**	Kapitel 6 und 7 Gesamten Marketing-Mix optimieren	Kapitel 8 Unnötige Zugeständnisse an Kunden vermeiden
Phase 4 **Absicherung** **des Gewinns**	Kapitel 9 Anreizsysteme am Gewinn ausrichten	Kapitel 10 Marktkommunikation gezielt steuern

Angriff mit Gegenangriff, auf jede Preissenkung mit einer ebensolchen, und auf ausufernde Produktlinien mit Wildwuchs im eigenen Sortiment. Oftmals tun sie das, ohne auch nur eine Alternative in Betracht zu ziehen oder die langfristigen Konsequenzen zu bedenken.

Aggressive Manager sind nicht länger bereit, ihre Produkte zu differenzieren oder schnell durch Folgeprodukte abzulösen – die einzige Differenzierungswaffe, die sie vor sich her schwingen, ist der Preis. Als Folge verwendet ihr Vertrieb mehr Zeit darauf, Preissenkungen vom Management absegnen zu lassen, als zu höheren Preisen zu verkaufen. Solche Situationen ergeben sich typischerweise, wenn eine hartnäckige Marketingmalaise das gesamte Unternehmen ergriffen hat: Die Aggressoren reduzieren dann die Elemente des Marketing-Mixes auf einige krude Werkzeuge, mit denen sie auf den Wettbewerb eindreschen oder vor den Kunden katzbuckeln.

Was folgt daraus? Nun, Sie müssen die wirklich aufgeschlossenen Leute in Ihrer Organisation ausfindig machen und möglichst viele Ihrer

Kollegen um das Gewinnbanner scharen. Den meisten Unternehmen, mit denen wir zusammengearbeitet haben, ist beides gelungen.

Kapitel 3 zeigt Ihnen, wie Sie von den gängigen Ansichten diejenigen ablegen, die Ihnen den Blick auf mögliche Ergebnisverbesserungen versperren. Das Kapitel schildert die Gefahren, die drohen, wenn man sich auf Bauchgefühl, Anekdoten, einzelne Datenpunkte und bewährte Entscheidungsregeln verlässt. Anhand des Zusammenhangs zwischen Preis und Ertrag illustriert dieses Kapitel anschließend die Vorteile der datengetriebenen Analyse. Wenn Sie wissen, was Sie berechnen müssen, und das dann auch konsequent tun, haben Sie schon einen großen Fortschritt erreicht. Besonders relevant ist dieser Schritt für Unternehmen, in denen die Kultur der Nachgiebigkeit dominiert. Wenn Sie lernen, Ihre Entscheidungen auf gründliche Analysen aufzubauen, dann werden Sie zu einer emotionsfreien Entscheidungsfindung kommen und den Forderungen der Kunden besser widerstehen können.

Die zweite Phase des Programms (Kapitel 4 und 5) erläutert, welche Daten und Informationen Sie benötigen, um objektive Marketingentscheidungen zu treffen. Wahrscheinlich werden Sie den Aussagen aus den Kapiteln 2 und 3 zustimmen und die Bereitschaft entwickeln, Marketingentscheidungen faktenbasiert und nicht aus dem Bauch heraus zu treffen. Das schaffen Sie aber nur, wenn Sie tatsächlich die richtigen Fakten sammeln und Ihren Mitarbeitern bereitstellen. Ohne diese Transparenz können Sie nicht bestimmen, wie groß Ihre Ergebnisverbesserungschancen tatsächlich sind. Für die meisten Unternehmen liegt eine gewaltige Herausforderung darin, die richtige Transparenz in ihren Marketingdaten zu schaffen – denn auf Vertriebs und Marketingseite liegen nur selten so detaillierte Daten vor wie auf der Kostenseite, wo ein Finanzvorstand jederzeit auf die relevanten Informationen zugreifen kann.

Kapitel 4 geht darauf ein, wie Sie Ihre internen Daten organisieren und daraus neue Erkenntnisse gewinnen können. Diese Erkenntnisse helfen Ihnen zu bestimmen, wie Sie Ihre Produkt- und Dienstleistungsangebote differenzieren können, wie Sie das Preis-Leistungs-Verhältnis korrigieren sowie anhand der richtigen Analysen verbessern können und wie Sie bestimmen können, wie viel mehr Ihr Unternehmen verdienen sollte. Kapitel 5 hat ein ähnliches Anliegen, konzentriert sich jedoch auf externe Marktforschung anstatt auf interne Daten. Es zeigt Ihnen, wie

Sie die Präferenzen Ihrer Kunden noch besser verstehen können, um mehr Geld aus deren Taschen in Ihre wandern zu lassen.

Zum Abschluss der ersten beiden Phasen haben Sie sich mit der richtigen Einstellung, den richtigen Daten und Informationen ausgerüstet. Sie sollten eine sehr genaue Vorstellung davon haben, wo Ihre ungenutzten Ertagspotenziale liegen und wie viele davon Sie realisieren können. Jetzt ist es Zeit, die Gewinnsteigerungen einzufahren. Die dritte Phase (Kapitel 6 bis einschließlich 8) dreht sich darum, wie Sie das Gelernte anwenden können, um wieder mehr Raffinesse in Ihren Marketing-Mix zu bringen.

Kapitel 6 behandelt die Elemente Place, Product und Promotion. Es zeigt alternative Möglichkeiten auf, die Kunden nach deren Präferenzen zu segmentieren und die richtigen Produkt- und Service-Pakete für sie zu konfigurieren. In diesem Kapitel werden Sie lernen, wie Sie aus ein und denselben Produkten und demselben Service mehr Gewinn herausholen können: Indem Sie sie nämlich richtig kombinieren und die Zielkunden dafür geschickt auswählen. Kapitel 6 geht auch auf die Bedeutung des richtigen Timings ein, sodass Sie mit Ihren Marketingaktivitäten den größten Teil des möglichen Gewinns für sich behalten können.

Kapitel 7 dreht sich um ein zentrales Thema: Wie Sie Ihre Preise anheben können. Dabei gehen wir von der Annahme aus, dass Sie bis dahin Ihr Gewinnsteigerungspotenzial erkannt und quantifiziert haben und es »nur« noch realisieren müssen. In einigen eher speziell gelagerten Fällen mögen Preissenkungen, höhere Preisnachlässe oder andere Verstärkungen kundenseitiger Anreize geeignete Mittel sein, um Ergebnisverbesserungen herbeizuführen. Doch in stark umkämpften Märkten sind solche Situationen eher selten. Wenn wir allerdings hier von Preiserhöhungen sprechen, dann meinen wir damit nicht, dass Sie einfach nach dem Gießkannenprinzip auf jeden Preis ein paar Prozentpunkte aufschlagen sollten. Preiserhöhungen können vielfältige Formen annehmen – von der direkten Verteuerung eines Produktes über eine Rücknahme von Preisnachlässen, das Herunterschrauben des Servicegrads oder Veränderungen in der Preisstruktur bis hin zu restriktiveren Finanzierungskonditionen.

Kapitel 8 stellt Ihren Enthusiasmus auf die Probe: Wir werfen dort einen genaueren Blick auf die Risiken, die Sie mit der Veränderung Ihres

Marketing-Mixes eingehen. Denn trotz der Fortschritte, die Sie bis dahin mit Ihrem Programm gemacht haben, werden Sie immer wieder in Versuchung kommen, in alte Gewohnheiten zurückzufallen und Ihren Kunden gegenüber allzu großzügig zu werden. Das Phantom Marktanteil wird immer wieder sein Haupt erheben und Sie verleiten wollen, auf ein bisschen Marge zu verzichten, zäh laufende Kundenbindungsprogramme etwas aufzustocken oder einen Deal durch einige kostenlose Extra-Services zu versüßen – und alles nur, um weitere Kunden anzulocken. Kapitel 8 ist eine ausdrückliche Warnung vor solchen Risiken.

Die letzten beiden Kapitel (9 und 10) behandeln zwei kritische Themen, die Sie beachten müssen, um mit Ihren Maßnahmen nicht nur einen Einmal-Effekt, sondern wirklich nachhaltige Gewinnsteigerungen zu erzielen. Sie erinnern sich: Mit unserem Programm können Sie enorme Gewinnsteigerungen im Prinzip nicht nur mit Ihren heutigen Produkten, sondern auch mit Ihren heutigen Mitarbeitern erzielen. Natürlich verringern sich Ihre Chancen, wenn Ihre Marketing- und Vertriebsteams Ihre Bemühungen nicht mittragen. Das wiederum hängt ganz wesentlich davon ab, mit welchem Anreizsystem Sie arbeiten; das ist das Thema von Kapitel 9. Allzu oft treffen wir auf Unternehmen, die sich Ergebnisverbesserungen zum Ziel gesetzt haben, aber ihre Vertriebsleute immer noch für die aggressive Verfolgung reiner Mengen- oder Umsatzziele belohnen. Anreize müssen zu den Unternehmenszielen passen. Das reicht von den monetären Anreizen, welche auf Gewinn statt Umsatz oder Volumen ausgerichtet sein müssen, bis hin zu den »weicheren«, statusbezogenen Anreizen. Wenn Sie eine Organisation von aufgeschlossenen, faktenorientierten Mitarbeitern wollen, dann belohnen Sie genau solche Leute entsprechend. Wenn Sie eine Organisation von Aggressoren wollen, belohnen Sie Aggressoren. Das Problem ist, dass viele Unternehmen zwar aggressives Verhalten abschaffen möchten, es aber gleichzeitig fördern, da sie ihre überholten, umsatzorientierten Anreizsysteme beibehalten.

Kapitel 10 soll Ihnen helfen zu verstehen, wie sich Ihre Maßnahmen im Markt auswirken werden, und wie Sie die Risiken negativer Effekte minimieren können. Wir werden Ihnen aufzeigen, wie Sie sämtliche Facetten Ihrer Marktkommunikation steuern können. Denn während Ihre Gewinne in die Höhe klettern, wird der Markt Sie genau beobachten. Ihre Aktivitäten und ebenso alle öffentlichen Äußerungen von Ihnen oder Ihren Kollegen sollten darauf ausgerichtet sein, Unsicherheiten zu vermeiden. Widersprüchliche Kommunikation an den Markt kann ein katastrophaler strategischer Fehler sein. In einem Klima der Unsicherheit können Sie nie genau vorhersagen, wie Kunden, Investoren oder Wettbewerber reagieren werden, und Sie können auch nicht abschätzen, wie stark diese Reaktionen Ihre Gewinnsituation beeinträchtigen werden. Lassen Sie nicht zu, dass Ihre Anstrengungen unterminiert werden. Mit eindeutigen Handlungen und klarer Kommunikation – innerhalb legaler Grenzen – können Sie dieses Risiko in Grenzen halten.

Diese Einführung in die einzelnen Kapitel wird Sie womöglich dazu verleiten, sich die Rosinen herauszupicken, da Ihnen vielleicht ein oder zwei Kapitel für Ihr spezielles Problem relevanter erscheinen. Wir werden gar nicht erst versuchen, Ihnen das auszureden, müssen aber darauf hinweisen, dass nur bei der Durchführung des gesamten Programms Ihr volles Gewinnsteigerungspotenzial ausgeschöpft werden kann. Das Programm ist als Ganzes zu sehen, nicht als willkürliche Sammlung einzelner Ideen und Ansätze.

Lassen Sie uns dies anhand eines Beispiels veranschaulichen. Nehmen wir an, Sie springen direkt zu Kapitel 7, da Sie eine Preiserhöhung planen und dafür etwas Anleitung oder Bestätigung suchen. Die Fallbeispiele und die Diskussion in Kapitel 7 sollten Ihnen Erkenntnisse dazu vermitteln, wie Sie Ihre Preise wirksam erhöhen, und Ihnen auch das nötige Selbstvertrauen zur Durchführung geben. Allerdings halten wir es für relativ riskant – vielleicht sogar waghalsig, abhängig von Ihrem Markt –, eine solche Maßnahme isoliert durchzuführen, ohne ein Gesamtbild der Situation gewonnen zu haben. Sie müssen genau überblicken, wie Ihre Wettbewerber vermutlich reagieren werden, und welche Gegenmaßnahmen Sie dann wiederum benötigen (Kapitel 2); außerdem müssen Sie den Zusammenhang zwischen Ihren Marketinginstrumenten, Ihrem Marktanteil und Ihrem Ergebnis kennen (Kapitel 3). Haben Sie die nötigen Daten zur Hand, um genau zu bestimmen, wie groß die notwendigen Veränderungen sein müssen und welcher Ergebnisanteil betroffen sein wird (Kapitel 4 und 5)? Haben Sie festgelegt, wie die Preiserhöhung richtig anzusetzen ist und für welche Produkte und Services sie gelten soll (Kapitel 6)? Haben Sie alles getan, um mögliche Störmanöver auszuschließen (Kapitel 8)? Haben Sie Ihr Anreizsystem so ausgerichtet, dass Ihr Vertrieb die gewünschten Aktivitäten auch wirklich durchziehen wird (Kapitel 9)? Haben Sie sichergestellt, dass Ihre öffentlichen Äußerungen und Handlungen unmissverständlich und konsistent sind (Kapitel 10)?

Kapitel 11 fasst unsere Erkenntnisse und Empfehlungen zusammen und enthält zusätzlich einige Ratschläge für die erfolgreiche Umsetzung und Führung.

Fazit

Die Gewinnmalaise wird uns weiter begleiten, trotz kurzzeitiger Entspannungsphasen. Viele Unternehmen haben ihr Kostensenkungspotenzial erschöpft und kaum Innovationen in der Pipeline. Sie sind also darauf angewiesen, mit reifen Produkten ihre Gewinne zu erhöhen. Das vorliegende Buch liefert den Leitfaden dazu: Es führt aus, wie man die Erlösqualität reifer Produkte verbessert und so den Gewinn steigern kann.

Was die Unternehmen bislang davon abhält, ist ein verbreiteter Fehlglaube, der in den 70er Jahren des letzten Jahrhunderts geprägt und Tausenden von Managern weltweit vorgepredigt wurde: der Glaube an die Macht des Marktanteils als Gewinntreiber. Ein Kulturwechsel ist überfällig. In diesem Buch hinterfragen wir das Marktanteils-Credo und bieten eine gewinnträchtigere Alternative.

Die Kernfrage diese Buches lautet: Wie können gewinnorientierte Manager in einem stark umkämpften Markt nachhaltige Gewinnsteigerungen erzielen, ohne auf Kostensenkungen und Innovationen angewiesen zu sein? Unser erster Schritt besteht darin, das Dilemma »Marktanteil versus Gewinn« klar aufzuzeigen und zu erläutern, unter welchen Bedingungen bestimmte Strategien funktionieren oder nicht funktionieren. Wer dies erkannt und seine Ziele entsprechend angepasst hat, kann daran gehen, die gefährlichen Kulturen der Aggressivität und der Nachgiebigkeit auszumerzen, welche sich im Zuge der Marktanteils-Obsession breit gemacht haben.

Unsere Empfehlungen leiten sich aus drei übergeordneten Prämissen ab, welche auf unserer Beratungs- und Forschungserfahrung basieren. Erstens: Sie können ein großes Gewinnpotenzial – entsprechend 1 bis 3 Prozent des Umsatzes – realisieren, wenn Sie sich konsequent am Gewinn statt am Marktanteil ausrichten. Zweitens: Sie können das hier vorgestellte Programm mit Ihren derzeitigen Ressourcen schnell und bei vertretbarem Aufwand durchführen; Sie müssen also weder Mitarbeiter entlassen noch aufwändige, langwierige Innovationsprojekte anstoßen. Drittens: Dieses Programm erfordert keine riesigen Anstrengungen, sondern viele kleine, aber wirkungsvolle Schritte.

Bevor Sie jetzt Ihre Neuausrichtung angehen, gestatten Sie uns eine abschließende Bemerkung: Sie werden sich weitaus leichter tun, wenn Sie Schuldzuweisungen konsequent vermeiden. Warum niemand bisher diese Gewinnsteigerungsmöglichkeiten erkannt hat – oder sich auch nur die Mühe gemacht hat, danach zu suchen –, das wäre ein Thema für eine sicherlich interessante, aber letztendlich fruchtlose Diskussion. Oft gibt es gar keinen eindeutigen Grund dafür, warum Ergebnispotenziale so lange verborgen und ungenutzt geblieben sind. Richten Sie Ihren Blick auf die ungeahnten Möglichkeiten, welche der Mehrgewinn eröffnet, und lassen Sie die Vergangenheit ruhen.

Anmerkungen

1 David Sedgwick, »Market Share Meltdown,« Automotive News, 4. November 2002.
2 »GM Is Still Studying the $100,000 Cadillac,« Automotive News, 17. Mai 2004.
3 Für eine empirische Erhärtung siehe David Ogilvy, Ogilvy on Advertising (Vintage Books, New York,1983), S. 74.
4 Standort Deutschland – Ein internationaler Vergleich (Institut der deutschen Wirtschaft, Köln, 2006).
5 Robert D. Buzzell und Bradley T. Gale, The PIMS Principles: Linking Strategy to Performance (Free Press, New York, 1987), S. 94. [Deutscher Titel: Das PIMS-Programm: Strategien und Unternehmenserfolg (Gabler, Wiesbaden, 1989)]
6 Bruce D. Henderson, Perspectives on Experience (Boston Consulting Group, Boston, 1968).

7 Vgl. beispielsweise Robert Jacobson und David A. Aaker, »Is Market Share All That It's Cracked Up to Be?«, Journal of Marketing 49 (Herbst 1985).

8 Paul W. Farris und Michael J. Moore, The Profit Impact of Marketing Strategy Project: Retrospect and Prospects (Cambridge University Press, Cambridge, 2003).

9 Kusum L. Ailawadi, Paul W. Farris und Mark E. Parry, »Market Share and ROI: Observing the Effect of Unobserved Variables«, International Journal of Research in Marketing 16 (1999): S. 17–33.

10 Ebd.

11 Robert F. Lanzillotti, »Pricing Objectives in Large Companies«, American Economic Review 48 (1958): S. 921–940.

12 J. Scott Armstrong und Kesten C. Green, »Competitor-oriented Objectives: The Myth of Market Share«, International Journal of Business (forthcoming).

13 Starbucks-Website: http://www.starbucks.com.

14 Geschäftsbericht (»10-K Filing«) von Starbucks, February 18, 2005.

15 Detailliertere Informationen bei Richard Harmer und Leslie L. Simmel, »How Much Market Share Is Too Much?«, Arbeitspapier, CustomerValueCenter LLC, 2001–2003.

16 Details dieses Fallbeispiels wurden aus Vertraulichkeitsgründen modifiziert.

17 Details dieses Fallbeispiels wurden aus Vertraulichkeitsgründen modifiziert.

18 W. Chan Kim und Renée Mauborgne, Blue Ocean Strategy: How to Create Uncontested Market Space and Make the Competition Irrelevant (Boston: Harvard Business School Press, 2005). [Deutscher Titel: Der Blaue Ozean als Strategie. Wie man neue Märkte schafft, wo es keine Konkurrenz gibt. (Hanser Verlag, München, 2005)]

19 Daniel Goleman, Richard Boyatzis und Annie McKee, »Primal Leadership: The Hidden Driver of Great Performance«, Harvard Business Review, Dezember 2001.

Kapitel 2

Friedlich konkurrieren lernen

>*»Nie versteigt sich der Mensch tiefer in Irrtümer,*
als wenn er einen Weg fortsetzt, der ihm großen
Erfolg eingebracht hat.«
Friedrich von Hayek[1]

Angesichts der Leidenschaft, mit der die meisten Manager ihre Arbeit angehen, könnte man meinen, Geschäft sei Krieg. Doch das ist unrichtig. Erstens: Ein Krieg endet irgendwann, der Wettbewerb endet nie. Zweitens: Auf dem Schlachtfeld gibt es keine Kunden. Militärische Missionen haben nur wenig gemeinsam mit dem, was Sie üblicherweise im Tagesgeschäft tun: Sie versuchen dort, Kunden zu werben und zu behalten – nicht, Flüchtige einzufangen oder Gegner zu besiegen. Auch sollten Sie es nicht nötig haben, sich erst ein paar Kapitel von Sun Tzu oder die neuesten vertraulichen Infos über die Konkurrenz zu Gemüte zu führen, bevor Sie am Morgen aktiv werden. Das Geschäftsleben ist kein Spezialeinsatz.

Wenn Sie jetzt meinen, das klinge nach einem Appell für einen friedlichen Wettbewerb im Markt, dann liegen Sie richtig. Wo bahnbrechende Innovationen fehlen, bemühen sich friedliche Konkurrenten darum, die Lebensdauer und Profitabilität ihrer etablierten Produkte zu verlängern. Sie differenzieren Produkte, um sie den Kundenpräferenzen besser anzupassen, und konzentrieren sich auf profitable Kundensegmente – selbst wenn das bedeutet, dass sie Marktanteile dort an Wettbewerber abgeben, wo sie selbst nicht mehr stark genug sind.

Bremsen Sie die Angreifer in Ihrem Markt

Denken Sie zurück an die Kernfrage, die wir im ersten Kapitel angesprochen haben: das Tauziehen zwischen der Erhöhung des Marktanteils und der Steigerung des Gewinns. Aggressive wie nachgiebige Unternehmen fürchten den Verlust an Volumen (und damit an Marktanteil) und richten folglich ihre gesamte Marketingstrategie darauf aus, Volumen zu behalten oder sogar zu erhöhen. Kunden lernen, die Aggressivität oder auch Nachgiebigkeit eines Unternehmens zu ihrem Vorteil zu nutzen, was wiederum den Margendruck erhöht. Friedliche Konkurrenten dagegen richten ihre gesamte Marktstrategie darauf aus, den Gewinn zu erhalten oder zu steigern. Sie wissen, dass in reifen Märkten das Gerangel um Marktanteile ein Nullsummenspiel ist und »Fressen oder gefressen werden« die oberste Devise – und sie lehnen es ab, sich darin verstricken zu lassen. Lieber sind sie »anders«, als dass sie um den ultimativen »Sieg« kämpfen.

Im Extremfall geht die Verwirrung so weit, dass sich aggressive oder nachgiebige Manager sogar für defensiv halten. Sie geraten in den Teufelskreis, der in Abbildung 2–1 dargestellt ist. Ganz wie der Leinwandheld Rambo im ersten Film der gleichnamigen Reihe verteidigen sie ihre Strategie damit, sie seien zuerst angegriffen worden. Es ist der Adrenalinschub des Wettkampfs, der es manchen Managern so schwer macht, ihre marktanteils- oder volumenbezogenen Geschäftsstrategien aufzugeben. Wir werden in diesem Kapitel anhand konkreter Beispiele aufzeigen, wie Unternehmen es dennoch geschafft haben. Oder wie sie es von vornherein vermieden haben, in diese Falle zu tappen.

Bei einem Ventilhersteller – nennen wir ihn Freshwater – betrachtete die Mehrheit der Führungskräfte ihre reifen Produktlinien als Commodities. Durch schnelle Eroberung des US-Marktes war das Unternehmen vom regionalen Marktführer zum Global Player aufgestiegen. Das Managementteam, das diese weltweite Präsenz aufgebaut hatte, saß nun an der Spitze des Gesamtunternehmens. Und während diese Manager im Unternehmen eine neue Strategie des »profitablen Wachstums« propagierten, war ihre Grundeinstellung – Menge um jeden Preis – unterschwellig nach wie vor deutlich spürbar.[2]

Abbildung 2–1: Irgendwann spielt es keine Rolle mehr, wer zuerst angegriffen hat. Der Schaden ist angerichtet.

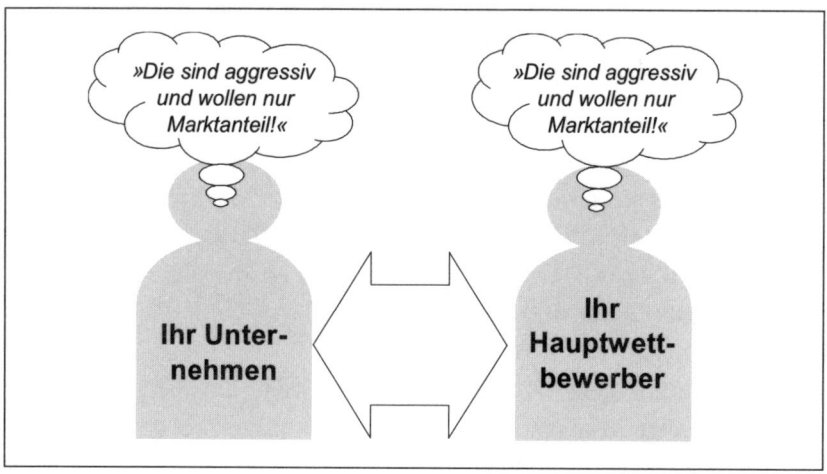

Praxisbeipiel: Wie man aggressives Verhalten eindämmt

Unternehmen: Freshwater Industries
Produkt: Ventile
Quelle: Projekt von Simon-Kucher & Partners

Freshwaters strategische Planung für die nächsten beiden Jahre ließ sich mit einem Wort zusammenfassen:»Angriff«. Das Management war sicher, dass der langjährige Hauptwettbewerber – ebenfalls ein globales Unternehmen – in Kürze einen Preiskrieg anzetteln würde. Nur wenn man ihm zuvorkäme, würde man diesen»hoch aggressiven, unberechenbaren« Konkurrenten – der hier Algonquin Manufacturing heißen soll – in der Defensive halten, ihm vielleicht sogar einige Prozentpunkte Marktanteil abringen können. Wir wollten Freshwater dazu bringen, sich mit dieser Strategie kritisch auseinanderzusetzen, und fragten daher als Erstes nach Beweisen: Welche harten Fakten belegten die Aggresivität von Algonquin?

Wie sich zeigte, basierten die relativ mageren Argumente der Freshwater-Manager ausschließlich auf wenigen isolierten Beobachtungen und Eindrücken. Sie begannen mit psychologischen Schilderungen mehrerer

Algonquin-Manager, von denen einige angeblich aus militärischen Karrieren kamen. Außerdem hatten Kunden Freshwater erzählt, der Vertrieb von Algonquin täte so gut wie alles, um einen neuen Kunden zu gewinnen. Aufgrund dieser Hinweise hatte man bei Freshwater eine aktuelle Presseerklärung von Algonquin als klare Kriegserklärung gedeutet. Algonquin hatte öffentlich erklärt, man werde innerhalb der nächsten drei Jahre zwei große Fertigungsanlagen in Betrieb nehmen. Eine davon werde dem Unternehmen helfen, seine Kostenposition deutlich zu verbessern und fast auf Freshwater-Niveau zu bringen.

Als nächstes baten wir einige der Führungskräfte von Freshwater, ein beliebiges Kundensegment auszuwählen und mit uns die Entwicklung jedes Kunden durchzugehen. Und siehe da – die Schlachttrommeln verstummten, und die Wahrheit kam ans Licht. Das Segment bestand aus fünf großen, multinationalen Kundenunternehmen. Freshwater war bei zweien von ihnen Stammlieferant und erzielte nach Angaben unserer Gesprächspartner »akzeptable bis relativ hohe« Gewinne. Ein dritter Kunde »gehörte« Algonquin. Der Tatendurst des Freshwater-Managements ging jedoch auf die jüngsten Entwicklungen bei den restlichen beiden Kunden zurück: Den einen hatte Freshwater ganz an Algonquin verloren, beim anderen hatte man gerade 10 Prozent des Absatzvolumens an Algonquin abtreten müssen.

Bei genauerer Analyse mussten die Freshwater-Leute feststellen, dass diese Marktanteilsverluste keineswegs auf die angebliche Aggressivität von Algonquin zurückzuführen waren: Nicht nur hatte der Kunde, den Algonquin komplett akquiriert hatte, von den fünfen das geringste Volumen – er hatte auch zwei Jahre lang von Freshwater eine unzulängliche Servicequalität und diverse Lieferverzögerungen hinnehmen müssen. Dieser einzige »Übergriff« von Algonquin fand also statt, weil sich die Gelegenheit bot – und nicht aus purer Kampfeslust. Algonquin konnte in diesem Fall bessere Produkte und besseren Service bieten und hatte folglich diesen Marktanteilsgewinn »verdient«.

Im zweiten Fall hatte sich der Kunde sogar an Freshwater gewandt und offiziell mitgeteilt, dass er mindestens einen weiteren Zulieferer für alle wesentlichen Lieferumfänge brauche und sich damit absichern wolle. Wie hätte er Algonquin austesten können, hätte er ihm kein hinreichend großes Geschäft angeboten? Würde Freshwater bei diesem Kunden noch mehr Marktanteil verlieren, dann wäre der Preis nur einer von vielen Gründen dafür. Freshwater musste sich nun der Herausforderung stellen und einen Weg finden, diesem Kunden mehr Kundennutzen – nicht niedrigere Preise – zu bieten als Algonquin.

Vom ursprünglichen Thema, das im Titel dieser Fallstudie steht, wandte sich die Diskussion zusehends friedlicheren Fragen zu: Wie konnte sich Freshwater von Algonquin differenzieren? Genauer: Wie konnte Freshwater Kundendienst und Logistik verbessern? Welche anderen Vorteile konnte es schaffen, um gegenüber Algonquin besser dazustehen? Inwieweit würde man den Kunden in die Entwicklung der neuen Produktgeneration mit einbeziehen können?

Freshwaters Manager mussten sich letztendlich eingestehen, dass Algonquin ihnen nichts weggenommen hatte. Tatsächlich hatte Freshwater das Geschäft eher verloren, als dass Algonquin es gewonnen hatte. Außerdem: Wenn die beiden Hauptkunden von Freshwater so profitabel waren, warum hatte Algonquin nicht dort angegriffen? Nun begannen einige der Führungskräfte bei Freshwater, den »bösen« Konkurrenten in einem neuen Licht zu sehen – und das zeigte ihn relativ zahm und diszipliniert. Algonquin erschien ihnen nun eher als Wettbewerber mit besserem Service, nicht als preisaggressives Ungeheuer.

Allerdings konnte das Management von Freshwater die entsprechende Philosophie nicht ohne Weiteres verinnerlichen. Zuvor musste es lernen, bewusst zu unterscheiden, wo es sich zu kämpfen lohnte und wo nicht – und zwar, indem es sich jedes Mal, wenn es das Geschäft zu verlieren drohte, die gleichen Fragen stellte:

- Wie hoch ist das Gewinnpotenzial in diesem Segment?
- Wie hoch ist es bei diesem Kunden?
- Verdienen wir den Marktanteil aufgrund eines starken Produktvorteils, oder können wir ihn nur durch Preissenkungen verteidigen?
- Wie wird unser Wettbewerber auf Vergeltungsmaßnahmen reagieren?
- Wie wird er reagieren, wenn wir uns zurückziehen?

Hilfreich zur Beantwortung dieser Fragen – und folglich zum Herleiten fundierter Entscheidungen – ist die so genannte Wettbewerbslandkarte. Sie wird im Folgenden vorgestellt und erläutert.

Nutzen Sie die Wettbewerbslandkarte als Entscheidungshilfe

Die Marktdynamik, die Freshwater erlebt hat, wirft bedeutende strategische Fragen auf. Vor allem diese: Wenn ein neues Unternehmen in einen Markt eindringt, sollte man dann Zug um Zug zurückschlagen, oder ganz bewusst etwas Marktanteil abgeben, um die Verluste in Grenzen zu halten und die Gewinnbasis zu bewahren? Wenn Letzteres gilt, wo genau macht man dann die Zugeständnisse? Und wenn man sich selbst durch aggressives Vordringen im Markt einen beachtlichen Marktanteil erkämpft hat, sollte man sich dann weiterhin aggressiv verhalten, wenn die Wachstumskurve flacher wird und das eigene Produkt nur noch eines unter vielen etablierten Produkten ist? Oder sollte man besser zurückhaltend werden und sich bemühen, sein Ergebnisniveau zu halten?

Friedlicher Wettbewerb ist die Wissenschaft der profitablen Differenzierung. Wir sprechen hier bewusst von Wissenschaft und nicht von Kunst, denn um fundiert zu entscheiden, wo es sich lohnt, zu kämpfen und wo man besser etwas Marktanteil aufgeben kann, ist viel mehr erforderlich als ein flüchtiger Blick auf Marktdaten, ein offenes Ohr für die Frontgeschichten des Vertriebs oder eine Pi-mal-Daumen-Schätzung der nächsten Schachzüge des Wettbewerbs.

Die mentale Investition, mit der man sich für die »Wissenschaft« und gegen die »Kunst« entscheidet, umfasst zweierlei: Zum einen müssen Sie akzeptieren, dass ein Unternehmen auch zu viel Marktanteil haben kann. Sprich: Es kann Ihrem Ergebnis sehr schaden, wenn Sie mehr Marktanteil erringen, als Ihre Produkte tatsächlich hergeben. Zum anderen müssen Sie vollen Überblick über Ihre Wettbewerbslandschaft haben. Nur so können Sie erkennen, wo Sie die größten Vorteile haben und wo die wichtigsten Differenzierungsfaktoren liegen – und folglich auch, wo Sie um Marktanteile kämpfen sollten und wo nicht. Diese Übersicht über die Wettbewerbslandschaft nennen wir die Wettbewerbslandkarte.

Hätte Freshwater eine solche Landkarte benutzt, wäre klar geworden, dass man keine Vergeltungssschläge gegen Algonquin führen sollte, da Algonquin einen klaren Vorteil hatte: einen Kundennutzen, der von den Kunden wahrgenommen und honoriert wurde. Mit einer Preisattacke hätte man vielleicht ein paar Punkte des verlorenen Marktanteils zurückgeholt – das allerdings mit dauerhaft negativen Auswirkungen auf den eigenen Gewinn.

Lassen Sie uns zunächst darauf eingehen, wie viel Marktanteil Ihre Produkte hergeben. Richard Harmer and Leslie L. Simmel beschreiben dieses Phänomen in ihrem Arbeitspapier »How Much Market Share Is Too Much?« (zu Deutsch: »Wie viel Marktanteil ist zu viel?«). Nach ihrer Theorie erreicht ein gegebenes Produkt oder Leistungsangebot dann die natürlichen Grenzen seines Marktanteils, wenn es dem Kunden nur noch marginalen Zusatznutzen bringt. Jenseits dieser Grenze wird Preis zum Hauptdifferenzierungskriterium.[3]

Zur Veranschaulichung beschreiben Harmer und Simmel die Folgen des Preiskriegs, den der Computerhersteller Dell im Jahr 2001 anzettelte. Durch diesen Angriff hatte Dell seinen Anteil am PC-Markt von 10 auf 14 Prozent gesteigert – ein beeindruckender Zuwachs. Doch in der Folge, so Harmer und Simmel, wurde der PC-Markt zur »Profitwüste«; die resultierenden Ergebnisverluste für Dell schätzen die Autoren auf 2 Milliarden Dollar.[4]

Die Theorie von Harmer und Simmel widerspricht nicht den Ergebnissen der PIMS-Studie, die wir im vorangegangenen Kapitel erläutert haben. Sie weist vielmehr nach, dass das Marktanteilsstreben seine Grenzen hat. Jenseits dieser Grenze ist jeder Marktanteilszugewinn mit hoher Wahrscheinlichkeit nicht nur unverdient, sondern gerade deswegen schädlich für die Profitabilität.

Damit kommen wir zur Wettbewerbslandkarte. Ziel der Landkarte ist es aufzuzeigen, wo jeder Anbieter im Markt nach der Analyse Ihres Teams einen Wettbewerbsvorteil hat. Oder anders gesagt: Die Karte zeigt, wo jeder Wettbewerber im Markt die stärkste Position verdient, da er den Kunden entsprechenden Wert bietet. Wir nennen diese Bereiche das Revier eines Unternehmens. Der Wert kann sich aus überlegener Produktqualität, Service, Logistikkompetenz oder jeder anderen branchenspezifischen Anforderung ergeben. Eine solche Landkarte lässt sich auch für komplexe Märkte erstellen, in denen die Mitbewerber verschiedene Arten von Produkten an ein breites Spektrum unterschiedlicher Kunden verkaufen. Drei Schritte sind dazu erforderlich.

Der erste Schritt ist der einfachste: Er besteht darin, eine Matrix zu erarbeiten, bei der auf einer Achse die Produkte, auf der anderen entweder

Abbildung 2–2: Erster Schritt zum Aufbau einer Wettbewerbs-
            landkarte

		Kundensegmente		
		Arbeiter	Büroangestellte	Studenten
Produkte	Donuts			
	Kaffee			
	Espressogetränke			
	Bagels/kalte Sandwiches			
	Heiße Sandwiches (Frühstück)			
	Heiße Sandwiches (Lunch)			
	Gebäck			
	Tee			

Kundensegmente oder Endnutzer-Anwendungen aufgetragen sind (siehe Abbildung 2–2). Natürlich können Sie auch andere Dimensionen verwenden, um die Reviere der einzelnen Wettbewerber herauszuarbeiten, wie zum Beispiel Regionen. Nur zum Zweck der Veranschaulichung haben wir in Abbildung 2–2 und 2–3 eine sehr vereinfachte Einschätzung des Marktes für Coffeeshops im Einzugsgebiet von Boston dargestellt. In diesem Markt konkurrieren eine große lokale Fast-Food-Kette und ein Coffeeshop der gehobenen Preisklasse um drei große Kundensegmente: Arbeiter, Büroangestellte und Studenten.

Im zweiten Schritt gilt es zu bestimmen, wie attraktiv jedes einzelne Matrixfeld für Ihr Unternehmen ist. Nach unseren Erfahrungen geht das am einfachsten, indem Sie Ihre Produkt- und Marketingexperten zusammenholen und jedes Feld nach Größe, Wachstumspotenzial, Profitabilität, Wettbewerbsintensität und Differenzierungspotenzial einstufen. Lassen Sie diese Experten jedes Kriterium auf einer Skala (beispielsweise von 1 bis 5) bewerten, und fassen Sie die Ergebnisse zu einer Gesamtbewertung zusammen.

Im dritten und entscheidenden Schritt teilen Sie den Markt auf: Wer ist wo am besten? Ordnen Sie den Wettbewerber den Matrixfeldern zu, wo dieser allen anderen Spielern aus Kundensicht überlegen ist. Pro

Feld kann es in der Regel nur jeweils einen Wettbewerber geben. Wir raten Ihnen, dabei das Konzept des so genannten komparativen Vorteils und nicht des Wettbewerbsvorteils anzuwenden. Das heißt, dass Sie die Wettbewerber solchen Bereichen zuordnen, wo sie den besten Nutzen aus ihren eigenen Ressourcen ziehen und den Kunden ein akzeptables oder möglicherweise überlegenes Qualitätsniveau bieten, obgleich sie vielleicht auf dem fraglichen Gebiet nicht gerade führend sind.

Vielleicht hilft an dieser Stelle das klassische Beispiel, den Unterschied zwischen komparativem Vorteil und Wetttbewerbsvorteil zu veranschaulichen. Nehmen wir etwa eine Führungskraft und einen Assistenten. Die Aufgaben im Büro reichen von Vertragsverhandlungen bis hin zur Terminverwaltung. Wer sollte nun was übernehmen? Um das zu beantworten, werden Sie sich nicht danach richten, wer was am besten erledigen kann – das hieße, die Aufgaben nach Wettbewerbsvorteil zu verteilen. Stattdessen werden Sie die Aufgaben so verteilen, dass die Führungskraft und der Assistent ihre jeweiligen Fähigkeiten für den möglichst effizienten Betrieb des Büros einsetzen können. Und damit wären wir beim komparativen Vorteil. Vielleicht könnte die Führungskraft, sofern sie Zeit dafür hat, ihren Terminkalender – Besprechungen, Dienstreisen und andere Verpflichtungen – viel besser führen als der Assistent. Die Führungskraft hätte also einen Wettbewerbsvorteil. Der Assistent aber hat den komparativen Vorteil, denn die Zeit der Führungskraft sollte lieber anderen Aufgaben gewidmet werden.

Wenn Sie mit dem Wettbewerbsvorteil arbeiten, dann könnte dabei herauskommen, dass ein und derselbe Anbieter in jedem Matrixfeld eine mehr oder weniger überlegene Leistung erbringt. Selbst wenn das stimmt, gibt es in der Regel zwei oder drei, vielleicht sogar noch mehr etablierte Wettbewerber, die aus Kundensicht eine vergleichbare Leistung erbringen. Glaubt also nun der überlegene Anbieter, ihm gehöre die Welt und er könne alle anderen einfach verdrängen, ist die Katastrophe vorprogrammiert: Seine Konkurrenten hätten keine andere Wahl, als ihn mit niedrigeren Preisen zu attackieren im verzweifelten Versuch, ihre Positionen zu verteidigen oder neue aufzubauen. Schon wäre man auf dem besten Weg zu einem heftigen Preiskrieg, mit dem Absacken der Gewinne als unausweichlicher Folge. Für den Fall, dass Ihr Unternehmen in allen Segmenten dem Wettbewerb überlegen ist, raten wir also dazu, mit dem komparativen Vorteil zu arbeiten. Nur so gelingt es, eine einfarbige Wettbewerbslandkarte zu vermeiden, die unmöglich umzusetzen wäre.

Um nun Ihre Wettbewerber in die Matrix einzusortieren, müssen Sie möglichst genau abschätzen, was jeder von ihnen im Markt anstrebt. Überlegen Sie sich zum Beispiel Folgendes:

- Was sagt uns das Kundenverhalten über die Leistungsstärke der Wettbewerber?
- Wie haben sich Wettbewerber in letzter Zeit öffentlich über ihre künftige Strategie geäußert?
- Auf welche Ressourcen (Nutzenangebot, finanzielle Rückendeckung, angemessene Kapazitäten, überlegene Kostenposition, Vertriebsmannschaft) können Ihre Wettbewerber zur Verfolgung ihrer Ziele zurückgreifen?
- Hat einer Ihrer Wettbewerber gerade eine neue Fertigungsanlage in Betrieb genommen oder ein neues Werk eröffnet, das ihm helfen wird, bestimmte Kunden zu bedienen?

Das Endergebnis würde in etwa aussehen wie die Karte in Abbildung 2–3. Im hier dargestellten Fall hat die lokale Kette drei klare Vorteile im Segment Fabrikarbeiter sowie einen klaren Vorteil bei heißen Frühstücks-Sandwiches in allen Segmenten. Der Coffeeshop dagegen hat Vorteile bei Produkten, die eher Büroangestellte ansprechen, wie etwa Gebäck und Tee. Auf jedem dieser Gebiete ist die Stärke jedes Wettbewerbers offenkundig.

Was als möglicher »Kriegsschauplatz« bleibt, sind Espressogetränke. Sie haben wenig Relevanz für die Fabrikarbeiter, aber hohe Attraktivität für Büroangestellte wie auch für Studenten. Keiner der beiden Anbieter hat hier einen klaren Produktvorteil, sodass das Risiko besteht, dass einer von ihnen den Preis als Differenzierungsfaktor einsetzt. Daher liegt das Gefahrensymbol in diesen beiden Feldern.

Findet man außer dem Preis andere Formen der Differenzierung, wird sich das Risiko eines Preiskriegs mit der Zeit verringern oder völlig schwinden. Der bislang Dominierende (hier: der Coffeeshop) wird sich möglicherweise mit dem Verlust einiger Kunden abfinden müssen, um einen offenen Konflikt zu vermeiden und so sein Gewinnniveau zu halten.

Abbildung 2–3: Beispiel: Wettbewerbslandkarte für einen Cafeeshop

Produkte	Kundensegmente		
	Arbeiter	Büroangestellte	Studenten
Donuts	■		
Kaffee	■	■	☐
Espressogetränke		◪ (Risiko)	◪ (Risiko)
Bagels/kalte Sandwiches			
Heiße Sandwiches (Frühstück)	■	■	■
Heiße Sandwiches (Lunch)		☐	
Gebäck		☐	
Tee		☐	☐

■ = Lokale Kette im Vorteil   ☐ = Coffeeshop im Vorteil   ◪ = Keiner eindeutig im Vorteil   ✧ = Risiko eines Preiskriegs

Sie können eine solche Landkarte als Orientierungshilfe für Ihr Verhalten im Markt benutzen. Gehören Sie zu den kleineren Akteuren im Markt, werden Sie Ihre Ressourcen auf die Bereiche konzentrieren müssen, wo Sie einen komparativen Vorteil aufweisen. Weisen Sie Ihre Kunden unmissverständlich auf diese Prioritäten hin. Falls Sie in andere Felder der Matrix vorstoßen, sollten Sie so vorgehen wie Algonquin im Freshwater-Beispiel. Algonquin hat sich nicht mit Gewalt in die Kundenbasis von Freshwater hineingedrängt – vielmehr haben die Kunden Algonquin regelrecht dazu eingeladen, ihr Lieferant zu werden, da sie mit Freshwater unzufrieden waren.

Halten Sie also gezielt Ausschau nach Fällen, in denen Kunden von einem Wettbewerber schlechten Service erhalten haben. Aber starten Sie nicht gleich einen Generalangriff auf das Unternehmen im betreffenden Feld. Sie könnten eine solche Attacke nur mit niedrigeren Preisen »gewinnen«, und das würde beim Gegner höchstwahrscheinlich genau in dem Feld eine Reaktion auslösen, wo es Ihnen am meisten weh tut. Warum ein solches Risiko eingehen?

Die Wettbewerbslandkarte vermittelt jedem in Ihrem Unternehmen ein klares Bild davon, wo sich Angriffe lohnen und wo nicht. Sie und

Ihre Kollegen und Mitarbeiter können regelrecht trainieren, Ihre Wettbewerbsstrategie auf einen bestimmten Teil des Marktes auszurichten – anstatt darauf, jeden verlorenen Kunden zurückzuholen oder jeden Schlag mit einem Gegenschlag zu beantworten. Unterstreichen Sie Ihren Entschluss durch eine konsistente Kommunikation an den Markt. Kapitel 10 erläutert im Detail, wie das ohne kartellrechtliche Probleme geht. Wenn Sie auf Gebieten, auf denen ein anderer Wettbewerber den komparativen Vorteil hat, noch Marktanteile haben, so dürfen Sie diese bei Bedrohung nicht aggressiv verteidigen. Der geschicktere Zug kann sein, dem Wettbewerber diesen Marktanteil langfristig zu überlassen.

Geben Sie Marktanteile auf, wenn Sie damit Ihre Gewinne absichern können

Wenn ein Wettbewerber Ihre Position bedroht – ob durch niedrigere Preise oder ein etwas besseres Produkt zum selben Preis – und wenn Sie diesen Übergriff für ungerechtfertigt halten, dann müssen Sie schnell und entschlossen reagieren. Selbstbeherrschung und wohl überlegte Zurückhaltung ist dabei durchaus eine Option, und häufig sogar die beste. Halten Sie Ihre Aggression im Zaum, unterdrücken Sie den Drang, jedes Mal zurückzuschlagen, wenn Sie das Geschäft verlieren.

Sie werden sich im wahrsten Sinne des Wortes in einem Dilemma befinden, denn Sie müssen sich zwischen zwei scheinbar unattraktiven Optionen entscheiden: Angreifen, indem Sie die Preise senken und damit einen Preiskrieg riskieren, oder verteidigen, indem Sie Ihren Produktvorteil hervorheben – auf die Gefahr hin, dass Sie Marktanteil an einen Wettbewerber mit niedrigeren Preisen verlieren. Wir raten in der Regel dazu, Letzteres zu wählen. Voraussetzung ist, dass Sie sich differenzieren können.

Bei industriell hergestellten Produkten gelingt das durch Service, persönliche Beziehungen oder einfach durch konsistente Liefertreue und -qualität. Doch Differenzierungsversuche können auch nach hinten losgehen; beispielsweise dann, wenn der zugrunde liegende Produktvorteil aus Kundensicht keine hohe Bedeutung hat oder zu subtil ist, um von den Kunden überhaupt wahrgenommen zu werden. Sollten Sie gar Produkteigenschaften künstlich so drehen, dass sie nur anders scheinen, werden die meisten Kunden das schnell durchschauen. Und Sie stehen wieder da, wo Sie angefangen haben.

Viele Manager reagieren skeptisch auf unseren Ratschlag, bei Übergriffen der Konkurrenz auf ihre Kunden ihre Aggression zu zügeln. Sie fragen uns nach konkreten Beispielen, wie Unternehmen nicht zurückgeschlagen und dennoch überlebt haben. Das ist ein durchaus legitimes Anliegen. Wir schildern daher im Folgenden zwei Beispiele: eines, das wir öffentlich zugänglichen Quellen entnommen haben, und eines aus unserer eigenen Projekterfahrung.

Praxisbeispiel: Wie man auf Wettbewerbsangriffe reagiert

Unternehmen: Reuters
Produkt: Nachrichten und Daten aus der Finanzwelt
Quelle: Analyse öffentlich zugänglicher Quellen

Bei einem 1-Milliarden-Dollar-Auftrag, bei dem es darum ging, 25 000 Terminals von Merrill Lynch mit Finanznachrichten zu beliefern, wurde der Nachrichtengigant Reuters von Thomson Financial aus dem Rennen geworfen. Anstatt nun mit dem Angebot von Thomson gleichzuziehen, um das Geschäft zu halten, zog sich Reuters zurück. Sicherlich war das eine schwierige und bittere Entscheidung, aber nach unserer Ansicht ein mutiger und letztendlich kluger Schritt.

Hätte Reuters sich gewehrt, wäre es vermutlich zum Preiskrieg gekommen. Thomson wäre vielleicht noch weiter gegangen, und das hätten andere Reuters-Bestandskunden unter Umständen genutzt, um Zugeständnisse zu erzwingen – ein Phänomen, das wir als Ansteckungseffekt bezeichnen. Kaum etwas scheint sich so schnell herum zu sprechen wie ein erzwungener Preisnachlass, egal in welcher Branche. Anstatt also diese Lawine ins Rollen zu bringen und die Ertragskraft der ganzen Branche zu gefährden, trat Reuters den Rückzug an. [5]

Hätte Reuters seine Preise gesenkt, um die Geschäftsbeziehung mit Merrill Lynch zu verteidigen, dann hätte es damit seinen verbleibenden

Kunden im Premiumsegment implizit die folgende Botschaft gesandt: »Ja, Sie sind bereit, mehr zu zahlen, aber behalten Sie bitte Ihr Geld. Wir wollen es nicht. Unser Service ist weniger wert, wie wir gerade auch Merrill Lynch zu verstehen gegeben haben. Wenn wir also das nächste Mal mit Ihnen verhandeln, zögern Sie nicht, sich auf den Merrill-Lynch-Auftrag zu berufen und die Verhandlungsbasis entsprechend anzusetzen.«

Der Fall Reuters ist nicht nur eine Frage von hohen versus niedrigen Preisen. Vielmehr hatten Wettbewerber, die sich mit niedrigeren Gewinnen begnügten, schon angefangen, die Produkte der ehemals mächtigen Firma Reuters zu Commodities zu machen. Wenn die Vorteile eines Produktes schwinden, dann zeigen Manager häufig eine Tendenz, den Charakter des Geschäftes und der Produkte aus den Augen zu verlieren. Allzu verführerisch erscheint plötzlich die Differenzierung über den Preis. Doch eine Preissenkung durch Reuters wäre ein eindeutiges Signal an die Kunden gewesen. Sie hätten eine aggressive Reaktion des Marktführers Reuters womöglich als Defensivmanöver interpretiert – als implizites Eingeständnis, dass Thomson in punkto Produktwert ein starker Wettbewerber sei.[6] Indem Reuters Thomson den fraglichen Auftrag überließ, sandte das Unternehmen ein klares Signal an seine Kunden: Nämlich, dass es im Markt für Informationsservice immer noch ein oberes und ein unteres Ende gibt, und dass Reuters ganz klar am oberen Ende zu suchen ist. Auch sprach aus diesem Schritt die Überzeugung, dass bestimmte Kundensegmente nach wie vor bereit seien, einen Premiumservice – eine Dienstleistung, die weit über die Bits und Bytes auf dem Monitor hinausgeht – zu bezahlen. Diese Kunden wussten die Vorzüge der Marke Reuters zu schätzen, wie etwa die Qualität der gelieferten Informationen oder die Effektivität der bestehenden Geschäftsbeziehung. Solche Faktoren lassen Unternehmen häufig vor einem Lieferantenwechsel zurückschrecken, selbst wenn ein anderer Zulieferer niedrigere Preise bieten kann.

Reuters widerstand der Versuchung, seine eigenen Preise zu kontaminieren, da es seine anderen Vorteile – so sehr diese auch zwischenzeitlich geschmälert erschienen – behalten wollte. Die Belohnung ließ nicht lange auf sich warten: In den acht Monaten, die auf die Merrill-Lynch-Ausschreibung folgten, kletterte Reuters Aktienkurs unaufhaltsam in die Höhe, und das Betriebsergebnis konnte annähernd verdoppelt werden.

Ein weiteres Lehrbeispiel dafür, wie man richtig auf eine Wettbewerbs-bedrohung reagiert, liefert das Verhalten eines Unternehmens, das wir hier Mosella Industries nennen.

Praxisbeispiel: Wie man eine Wettbewerbsbedrohung abwehrt

Unternehmen: Mosella Industries
Produkt: Spezialkeramik
Quelle: Projekt von Simon-Kucher & Partners

Mosella war in Europa und den USA Marktführer.[7] Die einzigen Wettbewer-ber waren einige kleinere Firmen, die bestimmte Nischen bedienten, aber mit der Breite und Tiefe des Mosella-Produktspektrums nicht mithalten konnten. Somit gab es nur ein Minimum an Preiswettbewerb.

Das alles änderte sich grundlegend, als der größte japanische Hersteller Nikkoceram auf den Plan trat – ein finanzkräftiges Unternehmen, das den japanischen Markt mehr oder weniger für sich hatte und dort hohe Preise verlangen konnte.

Mosella nahm an, dass Nikkoceram den US-Markt mit extrem aggres-siven Preisen angehen würde, um einen hohen Marktanteil zu erringen. Sollte sich das bewahrheiten, würde Mosella die eigene Position aggressiv verteidigen. Der Alptraum wurde wahr: Nikkoceram brachte Produkte für 75 Dollar pro Charge auf den Markt und unterbot damit Mosellas Preis um 25 Prozent. Die Kunden reagierten jedoch zurückhaltend auf den Neu-ankömmling, der große Ansturm blieb aus. Dennoch fühlte sich Mosella bedroht und schlug zurück: Das Unternehmen senkte seinerseits die Preise um 20 Prozent auf 80 Dollar. Die Unternehmensleitung meinte, mit dem geringeren Preispremium einen Wechsel der Kunden zum neuen Wett-bewerber verhindern zu können.

Da Nikkoceram nun seine Marktanteilsziele in Gefahr sah, reduzierte es die Preise um weitere 20 Prozent auf 60 Dollar, womit die ursprüngliche 25-Prozent-Differenz gegenüber Mosellas Preisen wieder hergestellt war. Diese erneute Preisabsenkung gab den Ausschlag: Zahlreiche Kunden wechselten zu Nikkoceram. Natürlich versuchte Mosella erneut einen Gegenschlag; allerdings ließ seine Kostenposition keine Preissenkungen unter 75 Dollar zu. Aber das fiel ohnehin kaum ins Gewicht. Der Kampf endete, als Nikkoceram einen Marktanteil von 30 Prozent erobert hatte. Das Kräfteverhältnis im Markt war neu definiert.

Mosellas Preissenkungen hatten die Situation massiv verschärft. Vor dem Angriff durch Nikkoceram hatte Mosella 100 Dollar pro Charge verlangt, damit setzte es pro 100 Chargen 10 000 Dollar um. Im neu verteilten Markt lag sein Chargenpreis bei 75 Dollar, und wo es früher 100 Chargen verkauft hatte, waren es jetzt nur noch 70. Kurz: Dieselbe Produktmenge, die früher 10 000 Dollar erlöst hatte, brachte jetzt ganze 5 250 Dollar Umsatz ein – ein Rückgang von 47,5 Prozent. Es versteht sich, dass der Gewinn noch stärker in Mitleidenschaft gezogen wurde.

Nach dem Angriff auf den US-Markt nahm Nikkoceram den europäischen Markt, Mosellas Heimatmarkt, ins Visier. Diesmal bereitete sich Mosella anders auf den Angriff vor. Die Unternehmensleitung hatte ihre Lektion gelernt und glaubte die Reaktion Nikkocerams ziemlich genau einschätzen zu können.

Mosella stand vor der Entscheidung, ob es erneut rund 30 Prozent Marktanteil und fast 50 Prozent Umsatz verlieren wollte. Sicherlich war das keine beneidenswerte Lage, denn es sah aus, als würde man auf jeden Fall »verlieren«. Das Unternehmen hatte bereits heftige Blessuren davongetragen und wusste, dass es diesen Kampf nicht »gewinnen« konnte. Die alte Methode, jeden Prozentpunkt Martanteil heftig zu verteidigen, war Mosella teuer zu stehen gekommen; eine ähnlich aggressive Reaktion kam also nicht mehr in Frage. In Europa, das stand schnell fest, würde man intelligent nachgeben und in der Kundenkommunikation weniger die Preise hervorheben als die Stärken des eigenen Angebots.

Es gehört schon eine gehörige Portion Mut und Erfahrung dazu, eine Entscheidung zu fällen, die 30 Prozent des Umsatzes kosten wird. Die meisten Manager – ob sie das nun zugeben oder nicht – suchen in einer solchen Situation immer noch den Kick des Sieges. Doch aller Optimismus, alles Selbstvertrauen, aller Wagemut hilft nichts – die simple Mathematik lässt sich nicht wegleugnen. In diesem Fall war die Frage schlicht und einfach, ob man 30 oder eben 50 Prozent des Umsatzes im fraglichen Markt verlieren wollte. Wie aber sollte sich ein Umsatzverlust von 50 Prozent rechtfertigen lassen, wenn man doch wusste, dass Schadensbegrenzung möglich gewesen wäre?

Der neue Ansatz funktionierte. Mosella hielt fast alle Preise stabil, als Nikkoceram – wie erwartet, mit 25 Prozent Preisdifferenz – in den Markt einstieg. Mosella nahm nur geringfügige Korrekturen vor, um bestimmte Teile des Geschäftes zu halten, und seine Preise fielen im gewichteten Durchschnittt nur um 4 Prozent. Nikkoceram eroberte sich letztendlich 30 Prozent des Marktes, aber die Marktpreise blieben dabei auf weit höherem Niveau.

Mosella konnte mit seiner bewusst gewählten Strategie der Zurückhaltung nur zufrieden sein. Das Unternehmen musste zwar 30 Prozent des Absatzvolumens, aber nur 4 Prozent des Preises dreingeben. Wo man früher im europäischen Markt umgerechnet 10 000 Dollar umgesetzt hatte, waren es jetzt 6 720 Dollar und damit nur 32,8 Prozent weniger. Das sieht zwar auf den ersten Blick nach einer Niederlage aus, doch gegenüber dem katastrophalen Absturz in den USA (knapp 50 Prozent) schnitt man um fast 15 Prozentpunkte besser ab. Die Zurückhaltung ermöglichte Mosella, seinen Gewinn auf einem akzeptablen Niveau zu verteidigen.

Dass Nikkoceram trotz seiner Tiefpreise nicht mehr als 30 Prozent Marktanteil erringen konnte, ist ein weiteres Beispiel dafür, dass sich die Kunden selbst in reifen Märkten mit scheinbar austauschbaren Produkten durch Aspekte wie etablierte Beziehungen und Ausstiegsbarrieren in ihrem Kaufverhalten beeinflussen lassen. Beim zweiten Mal hat das auch Mosella gelernt.

Fazit

Unternehmen vernichten in reifen Märkten oft mit aggressivem oder allzu nachgiebigem Verhalten ihre Gewinne. Sie versuchen, ihren Marktanteil durch niedrigere Preise zu erhöhen, und denken dabei zu selten an unausweichliche Wettbewerbsreaktionen. Häufig benutzen sie Begriffe aus der Welt des Militärs, um den Wettbewerb zu beschreiben und ihr Verhalten zu rechtfertigen. Friedliche Wettbewerber dagegen haben den Gewinn als Ziel fest im Blick und agieren mit Vorsicht, Zurückhaltung und Differenzierung. Wenn sie angegriffen werden und feststellen, dass sie bestimmte Marktanteile nicht profitabel verteidigen können (also nicht »verdienen«), geben sie diese Marktanteile lieber ab. Auch differenzieren sie sich durch subtile, aber durchaus wichtige Faktoren wie Service, Lieferpolitik, Beziehungen und Marke anstatt über Preis.

Wie der Fall Freshwater gezeigt hat, kann eine aggressive Grundhaltung blind dafür machen, warum Kunden wirklich den Anbieter wechseln und wie man sie zurückgewinnen kann. Wer sicherstellen will, dass jeder in der Firma weiß, wo nicht angegriffen werden darf, kann die Wettbewerbslandkarte zu Hilfe nehmen. Sie macht transparent, wo man zurzeit einen Vorteil hat, wo man Marktanteile verteidigen sollte und wo Angriffe eher der Profitabilität schaden könnten.

Friedliche Wettbewerber wissen zudem genau, wie sich jeder ihrer Schachzüge im Markt auswirken kann. Die Beispiele von Reuters und Mosella zeigen sehr deutlich, dass dieses Wissen kostspielige strategische Fehler verhüten kann. Wie Sie solche Fehler vermeiden – indem Sie nämlich Ihre Annahmen hinterfragen und »richtig rechnen« –, erläutert das folgende Kapitel.

Anmerkungen

1 Friedrich von Hayek, The Counter-Revolution of Science (Glencoe, IL: The Free Press, 1952) 105. [Deutscher Titel: Missbrauch und Verfall der Vernunft / Teil II: Die Gegenrevolution der Wissenschaft (Mohr Siebeck, Tübingen, 2004)]
2 Details dieses Fallbeispiels wurden aus Vertraulichkeitsgründen modifiziert.
3 Richard Harmer und Leslie L. Simmel, »How Much Market Share Is Too Much?«, Arbeitspapier, CustomerValueCenter LLC, 2001–2003, S. 1.
4 Ebd.
5 Rainer Meckes und Felix Krohn, »Lessons from the Decline of the House of Reuters«, Wall Street Journal Europe, 2. Dezember 2002.
6 Ajay Kalra, Surenda Rajiv und Kannan Srinivasan, »Response to Competitive Entry: A Rationale for Delayed Defensive Reaction«, Marketing Science 17, Nr. 4 (1998): S. 383.
7 Details dieses Fallbeispiels wurden aus Vertraulichkeitsgründen modifiziert.

Kapitel 3

Mit den richtigen Annahmen arbeiten

»Wenn wir vorankommen wollen, müssen wir
gängige Sichtweisen in Frage stellen. Und dazu
muss man sehr direkt sein. Manchmal muss man
den Leuten direkt in ihre Sicherheiten treten.«

Pascal Brosset,
Senior Vice President für Innovation und Strategie, SAP[1]

Der erste und wichtigste Schritt zur Identifizierung verborgener Gewinnpotenziale besteht darin, dass Sie bestehende Annahmen über Ihre Kunden hinterfragen und gegebenenfalls ändern. Denn es ist immer leichter,
Ihre Denkweise – die Annahmen darüber, was die Kunden wollen und
was sie zu zahlen bereit sind – neu auszurichten, als Ihr Produkt- und
Serviceangebot anzupassen.

Selbst mittelfristig werden Sie kaum Gelegenheit haben, größere
physische Veränderungen an etablierten Produkten vorzunehmen. Was
sie dagegen ändern können, ist Ihr Geschäftsgebaren gegenüber den
Kunden. Die eigenen Annahmen zu hinterfragen heißt dabei, sich genau
dieselben Fragen nochmals zu stellen, für die man schon vor Jahren die
endgültigen Antworten gefunden zu haben glaubte. Es heißt auch, die
Antworten nicht reflexartig zu formulieren, sondern anhand von Fakten
und neuen Einsichten, die man aus dem Markt gewonnen hat.

Orientieren Sie Ihre Meinung über Kunden
an Fakten – nicht an überkommenen Vorstellungen

So seltsam es anmuten mag – jeden Tag treffen Manager Entscheidungen,
die nicht auf objektiven Tatsachen basieren. Stattdessen verlassen sie sich
auf Annahmen, die entweder auf die Vorgeschichte des Unternehmens
zurückgehen oder in der Branche kursieren. Zu diesen überkommenen

Vorstellungen gehört jeder Gedanke, jede Auffassung, jede Faustregel, die reflexartig und ohne Hinterfragung eingesetzt wird. Menschen machen sich gerne eine ganz bestimmte Sicht der Dinge zu eigen, und so lassen sich Manager bei ihren alltäglichen Entscheidungen von überkommenen Vorstellungen leiten. Das entspricht der menschlichen Neigung, sich bei Entscheidungen eher auf die Erfahrung zu verlassen als auf vorliegende Fakten.

Eine in der Zeitschrift *Nature* veröffentlichte Untersuchung beschreibt, wie der Mensch aktuelle Informationen und Erfahrungen aus der Vergangenheit nutzt, um zu Entscheidungen zu kommen – ein mentaler Prozess, der als Bayes'sche Analyse bekannt ist.[2] Erreicht der Grad der Unsicherheit einen Höhepunkt – beispielsweise, wenn ein Manager erfährt, dass sich die Wettbewerbsbedrohung bei einem wichtigen Kunden zuspitzt –, dann bewirkt dies, dass sich die betreffende Person stärker an vergangenen Erfahrungen orientiert als an den Tatsachen. Die meisten Menschen neigen also zur »vorprogrammierten« Reaktion, angelehnt an die Hinweise, die sie aus dem Einzelfall ableiten. Denken Sie einmal zurück an Ihren letzten Autokauf. Vielleicht haben Sie sich zuvor als Entscheidungshilfe eine Menge unterschiedlicher Informationen besorgt – Testergebnisse aus Zeitschriften, Ergebnisse von Kundenbefragungen, Sicherheits- und Leistungsdaten und dergleichen. Nehmen wir einmal an, Sie haben sich schließlich für eine bestimmte Marke und ein bestimmtes Modell entschieden und wollen nun zum Händler gehen.

Am Vorabend des geplanten Kaufs sind Sie zu einer Party eingeladen. Das Gespräch kommt auf Autos und Sie erzählen, welches Modell Sie sich ausgesucht haben. Da berichtet ein anderer Gast von seinen Erfahrungen mit diesem Fahrzeug: Lebhaft und anschaulich schildert er, wie unzuverlässig und unbequem der Wagen sei, und redet Ihnen zu, Ihre Entscheidung nochmals zu überdenken.

Wenn Sie jetzt reagieren, wie es die meisten Leute tun, überlegen Sie sich die Sache tatsächlich anders. Aber halt – schauen wir uns einmal genauer an, was hier geschieht. Die Meinung dieses Partygastes entspricht der Stichprobengröße Eins. Hinter all den Bewertungen und Umfragen aber, die Sie sich zuvor angesehen hatten, stehen Zehntausende von Autobesitzern – begeisterte wie auch enttäuschte.

Die Datenmenge für Ihre Fahrzeugwahl ist also nach der Unterhaltung mit besagtem Gast von, sagen wir, 50 000 auf 50 001 angewachsen. Wenn Sie es sich jetzt wirklich anders überlegen, dann messen Sie der Meinung dieses einzelnen Menschen mehr Gewicht bei als den Meinungen von 50 000 Besitzern genau dieses Automodells.

Unglücklicherweise verhalten sich Manager fast genau so, wenn sie sich an die Informationen klammern, die sie in letzter Zeit am meisten beeindruckt haben, und diese Daten extrapolieren. Sie neigen dazu, einzelne Beobachtungen zu verallgemeinern, auch wenn Tausende anderer Beobachtungen und die daraus gewonnenen Daten das Gegenteil besagen. Ein Phänomen, das wir den »Fluch der dünnen Datendecke« nennen.

Nach Meinung des Managementberaters Charles Roxburgh sollte man Menschen, die auf diese Weise Entscheidungen fällen, nicht kategorisch verurteilen: Zu einem gewissen Grad liege das in der Natur des Menschen, und daher fiele es Managern schwer, sich von einem intuitiven Entscheidungsprozess frei zu machen, der in unseren Gehirnen fest angelegt sei. In seinem Artikel »Hidden Flaws in Strategy« (zu Deutsch: »Versteckte Mängel der Strategie«) spricht Roxburgh vom »falschen Konsenseffekt« – einer natürlichen Neigung des Menschen, sich nur an Erlebnisse zu erinnern, welche entweder die eigenen Annahmen bestätigen oder aber Gegenbeispiele liefern, um so jede objektive Bewertung unmöglich zu machen.[3] Ganz gleich, wie viele Akten sich zu diesem Thema in ihrem Unternehmen angehäuft haben, und wie viele Tabellenkalkulationen die Festplatten ihrer Teams verstopfen, Manager neigen dazu, ihre Entscheidungen anhand einer kleinen, selektiven Menge von Informationen zu fällen. Diese rufen sie immer wieder aus denselben Quellen ab – so lange, bis sie damit auf die Nase fallen und oft auch noch darüber hinaus. Dieses Informationsverhalten wird zur Gewohnheit und hindert sie mitunter daran, selbst die offensichtlichsten Sachverhalte zur Kenntnis zu nehmen. Denn es ist unbequem, alte Annahmen zu hinterfragen oder zu überprüfen. Das Festhalten an überkommenen Überzeugungen ist auch der Hauptgrund dafür, dass Newcomer, die sich gerade nicht an die Regeln der Branche halten, zu phantastischen Markterfolgen werden. Die amerikanische Kaufhauskette Target, der Schraubenhändler Würth, die schwedische Möbelkette Ikea und die Fluglinie JetBlue sind Beispiele für Firmen, die althergebrachte Weisheiten über Bord werfen.

Ohne gelegentlichen Realitätscheck wird die gängige Meinung leicht zum schleichenden Gift. Wo ein Manager verfügbare Fakten aufgrund vergangener Erfahrungen ignoriert, steigt das Risiko, dass er vorhandene Möglichkeiten zur Gewinnsteigerung immer wieder übersieht. Gängige Überzeugungen machen Unternehmen blind, sowohl für die wirklichen Kundenpräferenzen als auch für die resultierenden Gewinnpotenziale. Früher trafen diese Unternehmen vermutlich feinere Unterscheidungen zwischen ihren Kunden, doch mit der Zeit wurden diese stumpfer. Und die Manager weigern sich, das Verständnis von ihren Kunden zu schärfen, denn das hieße ja, der »bei uns üblichen Geschäftspraxis« zuwiderzuhandeln. Im Folgenden diskutieren wir ein Fallbeispiel, das dies sehr schön belegt.

Praxisbeispiel: Bestehende Annahmen über Kunden hinterfragen

Unternehmen: Dakota Devices
Produkt: Testgerät
Quelle: Projekt von Simon-Kucher & Partners

Dakota ist ein großer industrieller Hersteller von analogen und digitalen Testgeräten, mit denen geprüft werden kann, ob bestimmte Produktionsanlagen die gesetzlichen Bestimmungen erfüllen.[4] Werksleiter oder Maschinenführer müssen diesen Test einmal täglich durchführen, in der Regel vor der ersten Frühschicht.

Seit langem Marktführer bei den analogen Geräten, bemühte sich Dakota dennoch, die digitale Version auf dem Markt durchzusetzen. Den Preis dafür hatte man 15 Prozent höher als beim analogen Gerät angesetzt. Der Absatz kam allerdings nur schleppend voran, und das zuständige Marketingteam war frustriert. Bei der Untersuchung dieser Problematik ließen wir uns von den Mitgliedern des Teams erläutern, welche Handlungsmöglichkeiten sie bislang in Betracht gezogen hatten: Sollten sie die Preise senken? Oder lieber andere Anreize bieten, um die Kunden zum Wechsel auf das digitale Gerät zu bewegen? Oder sollten sie am Produkt selbst etwas verändern, um es attraktiver zu machen?

Bevor wir uns die einzelnen Alternativen mit ihrer jeweiligen Ergebniswirkung anschauten, wollten wir mehr über die besonderen Vorteile des Produktes und deren Bedeutung erfahren. »Warum genau sollten Ihre Kunden von analog zu digital wechseln und dafür 15 Prozent mehr bezahlen?«, fragten wir sie. Die Mitglieder des Marketingteams – darunter viele der Entwicklungsingenieure und Chemiker, welche an dem Gerät mitgearbeitet hatten – schauten sich an, als ob sie die Antwort auf der Stirn der Kollegen ablesen könnten. Dann stellte der federführende Entwickler das Gerät auf den Tisch, schaute uns bedeutungsvoll an und sagte, mühsam beherrscht:

»In diesem Produkt stecken sieben Patente!«

Für die Ingenieure war das ein überzeugendes Argument. Verständlicherweise waren sie sehr stolz auf ihre Neuentwicklung, zumal sie auch Geldprämien für Patentanträge erhielten. Die Faustregel, die sie verinnerlicht hatten, lautete: Je mehr Patente ein Produkt hat, desto besser muss es sein. Und selbstverständlich gingen sie davon aus, dass die Kunden dieselbe Faustregel anwendeten und daraus schlussfolgerten, ein Produkt mit derart vielen Patenten müsse einfach besser sein.

Bei den weiteren Antworten zeigte sich das Team allerdings weit weniger informiert. Sie waren sich nicht sicher, ob das Gerät überhaupt irgendetwas konnte, das von den Kunden auch wahrgenommen wurde, denn die sahen darin schlicht und einfach ein Messgerät – zugegebenermaßen ein technisch ausgefeiltes, aber eben nur ein Messgerät. Auf die Frage, ob einige der Kundengruppen vielleicht zu viel Gegenwert fürs Geld bekämen, antworteten sie, ein Test auf Normerfüllung sei nun mal ein Test, nicht mehr und nicht weniger – also könne das Angebot kaum »zu viel fürs Geld« beinhalten. Was der Wettbewerb dagegen vorzubringen hätte? »Bessere Preise«, war die einstimmige Antwort.

Diese Sicht des Marktes erschien uns doch stark vereinfacht, und wir konnten das Team davon überzeugen, bessere Antworten auf diese Fragen zu suchen. Wir einigten uns darauf, eine kleine Stichprobe aus bestehenden und potenziellen Kunden zu interviewen. Der Fokus der Befragung lag auf den Präferenzen und Zahlungsbereitschaften der Kunden. Damit führte Dakota die Art von Marktforschung durch, die wir in Kapitel 5 detaillierter erläutern werden. Die Teammitglieder zeigten sich bereit, ihre Annahmen zu hinterfragen sowie – wichtiger noch – die Ergebnisse zu akzeptieren und ihre Marketingentscheidungen daran zu orientieren.

Die Resultate der Befragung brachten einige Überraschungen für das

Team: Die Kunden waren entweder zu abgestumpft oder aber zu gewitzt, um sich vom Argument mit den Patenten überzeugen zu lassen. Den meisten war das völlig egal. Allerdings stellte sich heraus, dass sie das digitale Gerät sehr unterschiedlich einsetzen wollten: Während einige der Kunden die bei Dakota verbreitete Meinung (»ein Test ist eben ein Test«) bestätigten, wollten andere das Gerät mehrmals täglich nutzen, also nicht nur vor der ersten Schicht. Denn die Leistung der Produktionsanlagen konnte theoretisch durch mehrere Faktoren beeinträchtigt werden, vom Energieverbrauch über die Raumtemperatur und den Luftdruck bis hin zur Dauer eines Arbeitstaktes. Durch sorgfältige Verfolgung jedes Leistungsparameters im Tagesverlauf konnten die Kunden potenzielle Probleme diagnostizieren und eine präventive Wartung vornehmen. Hieraus ergab sich ein beträchtlicher geschäftlicher Nutzen für die Kunden, denn durch den Einsatz des digitalen Messgeräts konnten sie die Produktivität ihrer Anlagen erhöhen und die Wartungskosten senken. Die meisten Kunden ließen sogar durchblicken, dass sie für ein Gerät, das ihre Energiekosten senken, akute Wartungsfälle minimieren und ihnen Stillstandszeiten ersparen konnte, ein Preispremium zahlen würden. Angesichts dieser neuen Erkenntnisse begriffen die Teammitglieder, dass sie zusätzliche Gewinnpotenziale erschließen könnten, wenn sie ihre Annahmen über ihre Kunden verändern würden – nicht aber das Produkt selbst. Das war gar nicht nötig.

Lassen Sie nicht zu, dass Kunden Ihre Leistung als selbstverständlich erachten

Industrieunternehmen mit standardisierten Produkten unterschätzen oft die Bedeutung der Dienstleistungen, die sie zusätzlich zum eigentlichen Produkt anbieten. Dagegen wissen gewinnorientierte Manager, die in reifen Märkten überdurchschnittliche Gewinne erzielen, sehr gut, dass Service, Logistik, technischer Support und Marketingunterstützung eine hervorragende Basis für Wettbewerbsdifferenzierung bieten können. Hier sitzen die Gewinnpotenziale. Selbst das gute Verhältnis zu einem Kunden kann monetären Wert haben – spätestens dann, wenn es den Kunden vom Anbieterwechsel abhält.[5]

Das Serviceangebot kann alles Mögliche einschließen, von der On-line-»Hilfe zur Selbsthilfe« bis hin zu einem umfassenden Programm mit gezielter Beratung, Ingenieurleistungen, Bestandsverwaltung und kundenspezifischem Versand. In reifen Märkten können Breite und Qualität solcher Serviceangebote wesentliche Differenzierungsfaktoren sein. Doch wie bestimmt man, welcher Kunde welchen Service bekommt und wie viel er dafür bezahlen soll? Leider machen viele Industrieunternehmen hier keine Unterschiede. Das wird auch aus der folgenden Unterhaltung deutlich: Einer der Autoren führte sie am Rande einer Konferenz mit dem Vertreter eines Fortune-500-Unternehmens, dessen Produkt sich kaum von dem des Wettbewerbs unterscheidet.

»Berechnen Sie einen Zuschlag für Lieferung am folgenden Tag?«

»Nein.«

»Und für Kleinmengen?«

»Nein.«

»Wie ist es mit Sondergrößen oder -maßen?«

»Nein. Das ist alles im Preis enthalten. Wir rechnen einfach nach Quadratmetern ab.«

»Werden denn diese Sonderleistungen von allen Kunden in Anspruch genommen?«

»Nein.«

Das ist durchaus kein Einzelfall. Ein Manager eines globalen Industriekonzerns beschrieb in allen Einzelheiten, wie sich die Bedürfnisse seiner Kunden und die Produkte und der Service seiner Firma im Lauf der Zeit weiterentwickelt hatten – nicht aber die Preisstruktur des Unternehmens.

»Früher haben wir nur das Produkt verkauft, jetzt aber würde ich sagen, dass bis zu 80 Prozent des gelieferten Wertes auf Beratung und Tests entfallen«, berichtete er. Das Produkt selbst werde nur noch als »kleiner Teil der Gleichung« angesehen. Eine Preisliste für all diese Beratungsleistungen und Tests wird man allerdings vergeblich suchen. Es gibt keine. Das Unternehmen stellt seinen Kunden ungeachtet der Zusatzleistungen seit Jahrzehnten die gleiche Art von Rechnungen aus: Sie basieren strikt auf der Produktmenge in Gewichtseinheiten.

Lassen Sie sich diese Beispiele einmal auf der Zunge zergehen. Wenn all diese Services im Gesamtpreis enthalten sind, dann verkaufen die betreffenden Unternehmen ihren Service nach Quadratmeter oder Kilogramm. In solchen Situationen ist die Frage berechtigt, wie viel ein Kilogramm Service kosten sollte. Und wie sich Service wohl in Quadratmeter umrechnen lässt. Es mag richtig sein, all diese wertvollen Dienstleistungen in das Produkt mit einzupreisen. Problematisch wird es aber, wenn man allen Kundensegmenten dieses umfangreiche Bündel aufdrängen will, anstatt für die reinen Preiskäufer ein abgespecktes Angebot zu haben. Das führt unweigerlich zum Druck auf die Preise, weil man etwas mit verkauft, was eben nicht jeder Kunde will.

Die meisten Hersteller von Industrieprodukten schlagen sich Tag für Tag mit solchen und ähnlichen Fragen herum; auch wenn sie sie vielleicht nicht so formulieren würden. Fragen Sie einmal einen Marketing- oder Vertriebsleiter, wie viel sein Unternehmen für Service in Rechnung stellt, und Sie erhalten entweder eine schroffe Antwort à la »In unserer Branche kann man für Service nichts berechnen« oder »Er ist im Preis enthalten, weil unsere Kunden ihn voraussetzen«. In einer Kultur der Nachgiebigkeit nehmen viele Manager solche Annahmen als selbstverständlich hin. Einige klammern sich sogar verzweifelt daran – ganz so, als sei ihnen der bloße Gedanke an die Berechnung des Services peinlich und als könnten sie sich dadurch outen als einer, der »es einfach nicht kapieren will«.

Der Fall Peninsula Auto Alloys zeigt dagegen, wie ein Unternehmen seine Einstellung zum Service ändern kann; vorausgesetzt, es ist zur Selbstprüfung bereit und offen für alternative Ideen.[6] Mithilfe neuer Denkansätze erkannte Peninsula, welches Gewinnpotenzial in seinen Serviceprogrammen schlummerte – demselben Service, den man bisher bei Verhandlungen als Bonbon draufgelegt hatte.

Praxisbeispiel: Die Bedeutung des Services für Kunden erkennen

Unternehmen: Peninsula Auto Alloys
Produkt: Werkstoffe für die Automobilindustrie
Quelle: Projekt von Simon-Kucher & Partners

Das Team, das für ein »Quasi-Commodity« bei dem Automobilzulieferer Peninsula verantwortlich war, konnte auf einen innovativen Durchbruch nicht hoffen: Die Grundtechnologie des Produktes war über 50 Jahre alt; einige der Wettbewerbstechnologien sogar noch älter. Ein neues oder modifiziertes Produkt war nicht in Sicht.

Die Unternehmensleitung war dennoch überzeugt, dass diesem Geschäftsbereich bei jedem Auftrag wichtige Gewinnpotenziale entgingen. Wenn einige Kunden wegen unterschiedlicher Servicegrade deutlich mehr für die gleiche Menge des Produkts bezahlten, warum konnte man das bei anderen nicht auch durchsetzen? Was musste man tun, um diese Potenziale zu erschließen?

Bei unserer ersten Besprechung mit der Vertriebsleiterin fragten wir, ob man nicht den Service extra in Rechnung stellen sollte. Die Antwort war ein spöttisches Lächeln.

»Das können wir nicht machen«, sagte sie.

Wir ließen diese Behauptung nicht so stehen, sondern schauten uns genauer an, was das Vertriebsteam bei jedem Abschluss eigentlich tat – nicht nur, was es verkaufte. Dazu mussten die Verhandlungen von Anfang bis Ende akribisch und wahrheitsgetreu erforscht werden. Einfach nur Notizen zu machen, während die Teammitglieder ihre Frontgeschichten erzählten, das hätte nicht genügt. Das Team führte uns Schritt für Schritt durch eine Handvoll Abschlüsse, vom Erstkontakt beziehungsweise der Kundenanfrage bis hin zur Auftragserteilung, einschließlich aller zugehörigen Faxe, Briefe und E-Mails. In den Kapiteln 4 und 5 ist dieser Prozess genauer beschrieben.

Gemeinsam mit dem Team kamen wir zu dem Schluss, dass die Abschlüsse immer wieder aus den gleichen Gründen zustande kamen oder platzten: Zu großen Teilen hing das nämlich davon ab, wie die Vertriebsleute das Thema Service behandelten. Einige wenige sahen darin einen echten Wertbeitrag, für den der Kunde einen Preisaufschlag zahlen sollte. Die meisten aber zogen den Service bei Verhandlungen als Ass aus dem Ärmel, ohne sich um die Zahlungsbereitschaft des Kunden oder die intern entstehenden Kosten zu kümmern.

Im Laufe der Arbeiten konnten wir uns auf vier Hypothesen über Stärken und Schwächen einigen. Sie lauteten wie folgt:

- Peninsula weiß, wie die Kunden ihre Kaufentscheidung fällen. Den stärksten Einfluss hat der Einkäufer.

- Peninsula kennt die Marktpreise. Das Team war überzeugt, ein gutes Gefühl dafür zu haben, wo Peninsula preislich positioniert war.
- Peninsula steckt im »Mittelfeld« des Marktes fest. Bei den meisten Verhandlungen hatte das Team den Eindruck, dass stark qualitätsorientierte Kunden eher zu einem der großen, multinationalen Wettbewerber tendierten, während die »kostenorientierten« kleine einheimische oder ausländische Anbieter vorzogen. Peninsula fiel als mittelgroßer Hersteller in keine der beiden Kategorien.
- Peninsula verkauft sich zu billig. Die Teammitglieder hatten das Gefühl, schon mit Vorbehalten in die Verhandlungen zu gehen und die Stärken nicht gezielt zu verkaufen.

Um diese Hypothesen zu testen, gab die Vertriebschefin ein Dutzend Interviews in Auftrag. Befragt wurden die größten Kunden, aber auch einige kleinere, von denen man glaubte, dass sie sich in den nächsten fünf Jahren zu wichtigen Kunden entwickeln würden. Die Schwierigkeit bestand darin, diese klein angelegte, aber sehr tief greifende Befragung anonym durchzuführen und jede Frage zu unterlassen, die sich direkt auf bestimmte Preisniveaus oder den Vergleich zwischen bestimmten Wettbewerbern bezog.

Nur eine der vier Hypothesen wurde von den Kunden bestätigt: Peninsula hatte sich tatsächlich in den Verhandlungen zu billig verkauft. Von den übrigen drei Hypothesen stellten die Kunden eine in Frage, die beiden anderen wurden klar widerlegt. Peninsula war nach Ansicht der Kunden durchaus nicht »im Mittelfeld«. Vielmehr war das Unternehmen für einige Kunden der Lieferant erster Wahl, für andere zumindest eine interessante Alternative. Die Annahme, dass ausländische oder überhaupt Billiganbieter eine Bedrohung darstellten, erwies sich als unbegründet. Die ausländischen Anbieter wurden von den Kunden kaum wahrgenommen. Einige der Kundenfirmen hatten sich noch nicht einmal mit dem Vertreter einer Auslandsfirma getroffen, andere bezweifelten, dass Billiganbieter zufriedenstellenden Service bieten konnten.

Was unterschied Peninsula vom Wettbewerb? Die Kunden nannten vor allem den hervorragenden persönlichen Service, ein Leistungsmerkmal, dessen Bedeutung und Wert man bei Peninsula unterschätzt hatte. Das Unternehmen stand für einen einzigartigen Mix aus Vor-Ort-Präsenz, Entwicklungsfähigkeiten und der Bereitschaft, bei Krisen oder Engpässen ohne viel Aufhebens schnell zu helfen. Für die Kunden war dies ein wichtiger Grund, nicht zu wechseln, für Peninsula folglich die beste Abwehr gegen die meisten Billiganbieter – vor allem die ausländischen, welche für einen Vor-Ort-Service von ähnlicher Güte nicht genügend Ressourcen zur Verfügung hatten.

Bei Peninsula glaubte man, die Kunden betrachteten den hohen Servicegrad als Selbstverständlichkeit. Tatsächlich galt das aber für die Produktqualität: Kein Kunde dachte auch nur im Entferntesten daran, hier nach Unterschieden zu schauen. Ironischerweise ist jedoch der Service der Bereich, an dem Firmen wie Peninsula sparen. Es ist gefährlich anzunehmen, die kosten- und ressourcenintensivsten Leistungen – wie etwa Extrastunden beim Kunden vor Ort – seien automatisch auch die, welche die Kunden nicht zu schätzen wüssten oder wo man des Guten zu viel tue. Gerade solche Leistungen können den Kern des eigenen Wettbewerbsvorteils bilden.

Auch die Entscheidungsprozesse und Preiserwartungen der Kunden kannte das Peninsula-Team nicht besonders gut. Die Einkäufer trafen nämlich nur selten die Entscheidung über die Wahl des Anbieters. Die meisten Interviewpartner gaben übereinstimmend an, ein Einkäufer hätte bei ihnen nur eine Aufgabe: beim Anbieter, den die Entwickler schon vorab ausgewählt hatten, einen niedrigeren Preis durchzusetzen.

Nachdem man erkannt hatte, wie Kunden den eigenen Service einschätzten und wie sich diese Einschätzung von einem Kunden zum anderen unterschied, änderte Peninsula Auto Alloys seine Strategie: Man versuchte nicht mehr, allen alles zu bieten. An Stelle der Carte blanche für Service begann man, bestimmte Serviceleistungen explizit in Rechnung zu stellen. Ebenso wurde darauf geachtet, dass die mit dem Kunden ausgehandelten Preise klarer aufzeigten, welches Gesamtpaket der betreffende Kunde erhielt.

Nutzen Sie den Zusammenhang zwischen Preis und Gewinn

Wenn Sie Gewinnpotenziale identifizieren und erschließen wollen, müssen Sie sämtliche Elemente des Marketing-Mixes verbessern. Kurzfristig allerdings werden Sie am meisten erreichen, wenn Sie Ihre Preisgestaltung optimieren. Hierzu gehören die Prozesse zur Festlegung von Preisstrukturen ebenso wie zur Festlegung der Preise selbst. Wer den Zusammenhang zwischen Preis und Gewinn nicht genauestens kennt, kann den Gewinn nicht optimieren.

Wenn Sie auf einer Kurve Ihren Gewinn für jeden realistischen Preispunkt abschätzen, wie würde diese Kurve dann aussehen? In den meisten Fällen ähnelt sie der Kurve, die in Abbildung 3–1 dargestellt ist und die aus einem konkreten Kundenbeispiel stammt.

Eine Gewinn-Preis-Kurve weist stets einen klar erkennbaren Gipfelpunkt, einen Höchstwert auf. Gewinnorientierte Manager, die reife Produkte in reifen Märkten verkaufen, sollten sich das Erreichen dieses Preispunktes zum Ziel setzen. Und sie sollten ihr Marketing darauf ausrichten, das Unternehmen so nahe wie möglich an diesen Punkt heranzubringen – und an das Gewinnniveau, das diesem Punkt entspricht.

Sind Ihre Preise zu niedrig, dann verzichten Sie auf Gewinn, denn selbst eine größere Absatzmenge kann die geringere Marge pro Stück

Abbildung 3–1: Wie nah sind Sie dem Preispunkt, der ihren Gewinn maximiert?

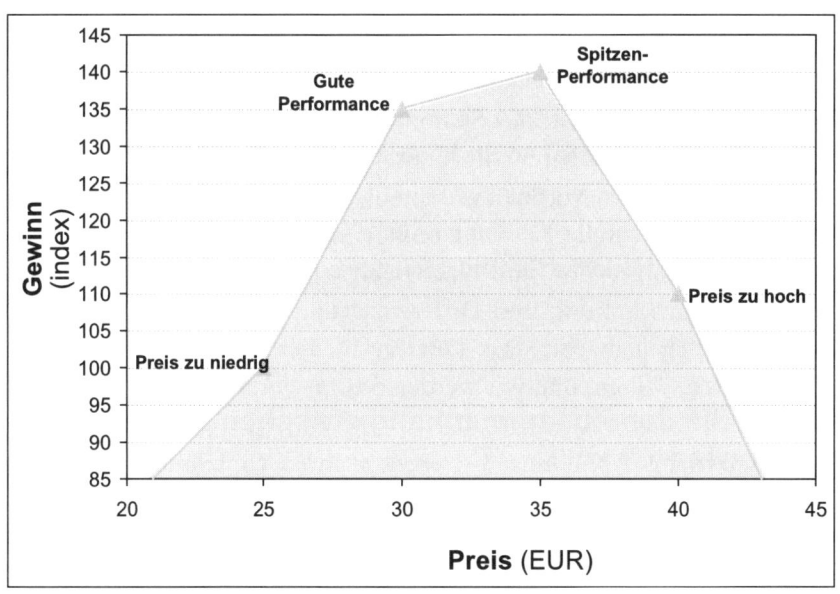

nicht wettmachen. Auch mit überhöhten Preisen verzichten Sie auf Gewinn, da die höheren Margen pro Stück nicht die geringere Absatzmenge kompensieren. Wir werden in diesem Buch mehrfach auf die Abbildung 3–1 zurückkommen, um Ihnen die Bedeutung dieses Zusammenhangs eindringlich klar zu machen. Was die Kurve zeigt, ist: Wenn Sie den optimalen Abgleich zwischen Volumen und Preis suchen, dann gibt es stets einen Punkt mit dem höchsten Gewinnpotenzial. Wenn Sie nicht wissen, wie Ihre Gewinnkurve aussieht, werden Sie die »richtige Antwort« nicht kennen. Und Sie werden nicht wissen, wie viel Geld Sie dieses fehlende Wissen kostet.

Nehmen wir an, der Stückpreis liegt – wie in Abbildung 3–1 – bei 25 Euro. Wenn Sie diesen Preis verlangen, entspricht Ihr Gewinnniveau dem Indexwert 100. Wir reden hier, wohl gemerkt, nicht von einer Gewinnmarge oder vergleichbaren Profitabilitätskennzahlen, sondern von absoluten Euro-Beträgen. Die 25-Euro-Marke jedenfalls liegt hier in dem Bereich, den wir mit »Preis zu niedrig« gekennzeichnet haben, denn bei Anhebung der Preise ergäbe sich ein deutlich höherer Gewinn.

Bei einem Preis von 30 Euro würden Sie natürlich geringere Stückzahlen verkaufen, aber Ihr Gewinn-Index würde auf 135 – also um 35 Prozent – ansteigen. Diesen Punkt haben wir »gute Performance« genannt.

Beim Anstieg von »Preis zu niedrig« auf »gute Performance« wird auch eine Dynamik deutlich, die in fast allen uns bekannten Unternehmen heftig umstritten ist: das Spannungsverhältnis zwischen Marktanteil und Gewinn. Wie bereits in Kapitel 1 ausgeführt, sind Marktanteil und Gewinn in reifen Märkten mit intensivem Wettbewerb unvereinbare Ziele. Dieser kulturelle Konflikt reißt einen Graben zwischen Managern, die zur Aggression und Nachgiebigkeit neigen, und solchen, die Gewinn, Zurückhaltung und Differenzierung bevorzugen. Wir haben bereits deutlich gemacht, dass Letztere in diesem Konflikt die Oberhand behalten sollten, und wir werden das im Verlauf des Buches weiter belegen.

Die Kurve aus Abbildung 3–1 erreicht ihren Gipfelpunkt bei einem Stückpreis von 35 Euro: Hier steigt der Gewinn-Index auf 140. Jeder Preis oberhalb oder unterhalb von 35 Euro mindert den Unternehmensgewinn. Erhöhen Sie den Stückpreis auf 40 Euro, fällt der Index von 140 auf 110 – ein Rückgang von 21 Prozent. Dieser vierte Punkt ist hier mit »Preis zu hoch« bezeichnet.

Für jedes Produkt und jede Dienstleistung, die Sie anbieten, können Sie auf diese Weise den Gipfelpunkt der Kurve bestimmen. Ebenso deckt diese Kurve auf, wo Sie Ihre Preise zu hoch oder zu niedrig angesetzt haben. In Kapitel 4 und 5 wird erläutert, wie Sie solche Kurven für Ihre eigenen Produkte ermitteln können, basierend auf internen oder externen Daten. Womöglich wird Ihre Gewinnkurve flacher oder steiler sein als die Kurve in Abbildung 3–1. Wie dem auch sei – an dieser Stelle möchten wir darauf eingehen, welche bedeutende Rolle diese Kurven für die Preisfindung in Ihrem Unternehmen spielen.

»Gute Performance« ist der interessante Bereich. Wir erleben bei unseren Projekten selten, dass Unternehmen mit ihrer gegenwärtigen Preisgestaltung oberhalb des Punktes »Preise zu hoch« oder unterhalb von »Preise zu niedrig« liegen. Die meisten sind bereits nahe an dem Punkt »gute Performance«. Sie machen ihre Sache gut. Aber die »Spitzen-Performance« haben sie noch nicht erreicht.

Mit anderen Worten: Sie wissen weder, wie profitabel sie sein könnten (und sollten), noch, dass dieses optimale Gewinnniveau definierbar und erreichbar ist. Diese Aussage würde wahrscheinlich ziemlich esoterisch und abstrakt anmuten, wäre Eines nicht gewiss: Gewinnorientierte Manager können den Unterschied zwischen »guter« und »Spitzenperformance« für die Produkte und Service ihrer Unternehmen durchaus konkret bestimmen und auch realisieren. Tun sie das, erreichen sie meist eine Gewinnsteigerung von mehreren Millionen pro Jahr, weit mehr, als sie dafür investieren müssen.

In Abbildung 3–1 steigt der Indexwert beim Übergang von »guter« zu »Spitzen-Performance« um ganze 5 Punkte, nämlich von 135 auf 140. Das mag zunächst wenig erscheinen, steigert aber Ihren Gewinn um 3,7 Prozent. Für ein Unternehmen mit 1 Milliarde Euro Umsatz und 100 Millionen Euro Betriebsgewinn sind das immerhin 3,7 Millionen mehr Gewinn pro Jahr. Für jedes Produkt und jede Dienstleistung gibt es einen Preis, bei dem eine Spitzen-Gewinnperformance erzielt wird. Stehen Sie rechts oder links von diesem Gipfelpunkt, haben Sie Ihre Preise nicht am maximalen Gewinn ausgerichtet. Sie haben Geld an Ihre Kundschaft verschenkt.

Wie können Sie diesen Gewinngipfel erreichen? Nun, zunächst einmal müssen Sie ihn kennen. Wenn Sie sich nur auf überkommene Vorstellungen verlassen, dann wäre es schon ein großer Zufall, wenn Sie den optimalen Preispunkt finden. Bis dahin gilt: Je weiter Sie davon entfernt sind, desto mehr Gewinn lassen Sie auf der Straße liegen.

Seltsamerweise wird die gerade beschriebene Verbindung zwischen Preis und Gewinn im betrieblichen Alltag ignoriert. Hier wendet man im Wesentlichen zwei Methoden an: die Kosten-Plus-Methode (bei der der Preis aus den Kosten abgeleitet wird) und die wettbewerbsorientierte Preisbildung (bei welcher er aus den Preisen des Wettbewerbs abgeleitet wird). Nach empirischen Untersuchungen verwenden 70 Prozent aller Unternehmen verschiedene Formen des Cost-Plus-Pricing.[7] Seit Mitte der 90er Jahre befragt Simon-Kucher & Partners regelmäßig Führungskräfte großer globaler Unternehmen zu ihren Preisbildungsstrategien und -methoden. Eine Gruppe von Fragen befasst sich damit, welche Informationen sie bei ihren Preisentscheidungen hinzuziehen und wie gut sie ihrer Ansicht nach informiert sind. Bei einer dieser Befragungen hielten sich rund 81 Prozent der Gesprächspartner für gut informiert über variable Kosten, 75 Prozent sagten, sie seien gut informiert über die Preise der Wettbewerber. Dagegen hatten nur 34 Prozent das Gefühl, genug über die Preis-Absatz-Beziehung zu wissen – die jedoch für die Aufstellung der Gewinnkurve eine zentrale Voraussetzung darstellt. Unter der Preis-Absatz-Beziehung (oder auch Nachfragekurve) versteht man die Absatzveränderungen, die durch Preiserhöhungen oder Preissenkungen ausgelöst werden. In engem Zusammenhang damit steht der Begriff »Preiselastizität«: Sie beschreibt die prozentuale Veränderung der Nachfrage im Verhältnis zur prozentualen Veränderung des Preises. Wenn Sie Ihre Preise um 10 Prozent senken und Ihr Absatz um 10 Prozent steigt, dann liegt Ihre Preiselastizität bei eins und Ihr Umsatz bleibt ungefähr gleich, aber Ihr Gewinn sinkt, denn Sie müssen für eben diesen Umsatz höhere Stückzahlen absetzen.

Warum stößt das Konzept der Gewinnkurve, das doch so einträglich sein kann und den Unternehmen den profitabelsten Preispunkt aufzeigt, bei so vielen Managern auf taube Ohren? Hauptsächlich wohl deshalb, weil die Manager fürchten, für ihre etablierten und komfortablen Methoden – Kosten-Plus- und Wettbewerbsorientierung – keinen praktikablen Ersatz zu haben.

Wie alle überkommenen Vorstellungen und Methoden haben auch diese beiden Ansätze gewisse Vorteile. Es überrascht daher kaum, dass die meisten Manager als Ausgangspunkt für ihre Preisgestaltung das verwenden, was sie am besten kennen und was sie am einfachsten erfassen und berechnen können. Beide Methoden haben quantitativen Charakter und eine logische Grundlage. Die Kosten-Plus-Methode ist zudem »einfach und leicht anzuwenden. Sie basiert auf harten Kostendaten und kommt scheinbar auch mit den Unsicherheiten des Marktes zurecht.«[8] Und schließlich hat man als Manager gelernt, mit den Schwächen dieser Methoden zu leben.

In der Literatur zum Thema Preisfindung dagegen stößt keine der beiden »Schnellschussverfahren« auf besondere Wertschätzung. So gehen Dolan und Simon zwar auf die wenigen Vorteile ein, kommen aber dann schnell auf die Mängel zu sprechen: »Es ist unklug, bei der Preissetzung die Nachfrageseite außer Acht zu lassen. Die Zahlungsbereitschaft der Kunden richtet sich nicht nach den Kosten eines Produktes, sondern nach seiner Leistungsfähigkeit und dem daraus resultierenden Kundennutzen.«[9] Nagle und Holden gehen so weit, die Kosten-Plus-Methode als »Kosten-Plus-Irrtum« zu bezeichnen. Nach ihren Worten ist »Kosten-Plus-Preisbildung […] seit langem die verbreitetste Methode der Preisbildung, denn es haftet ihr eine Aura der finanzwirtschaftlichen Solidität an. Nach dieser Logik wird die finanzwirtschaftliche Solidität sichergestellt, indem man jedes Produkt und jede Dienstleistung so bepreist, dass der Erlös daraus sämtliche Kosten gut abdeckt, und das Ganze gleichmäßig über alle Produkte verteilt. In der Theorie ist das ein simpler Leitfaden zur Profitabilität, in der Praxis aber die Anleitung zum mittelmäßigen Finanzergebnis.«[10]

Die Preisfindung für den 300er Chrysler liefert ein gutes Beispiel dafür, wie viel Mehrgewinn ein Unternehmen erwirtschaften kann, wenn es die Kosten-Plus-Methode missachtet. Der 300er kam in zwei Versionen auf den Markt: einmal mit einem Standard-V6-Motor, einmal mit einem 350-PS-Motor auf Basis der Hemi-Technik, einer Eigenentwicklung von Chrysler aus den 60er Jahren. Beide Versionen kosteten in der Herstellung etwa dasselbe. Hätte Chrysler nun die Kosten-Plus-Methode angewandt, hätte man keinen Grund gehabt, für den stärkeren Motor ein Preispremium zu verlangen. Man entschied sich anders. Das *Wall Street Journal* sagte dazu: »... die Hemi-Version mit der Bezeichnung 300C kostet fast 10 000 Dollar mehr. Dieses Modell hat zwar Ledersitze und andere gehobene Ausstattungsmerkmale, doch nach Analystenmeinung steckt das Unternehmen den Großteil des Preisunterschieds als Gewinn in die Taschen.«[11] Ohne genauere Analyse können wir zwar nicht wissen, ob Chrysler seinen Gewinn durch das Preispremium von 10 000 Dollar tatsächlich maximiert hat, doch worum es geht, ist klar: Chrysler erwirtschaftet einen zusätzlichen Bruttogewinn von einer Milliarde Dollar pro hunderttausend verkauften Hemi-300 C.

Lassen Sie bei Wettbewerbs-Benchmarks Vorsicht walten

Wenn Sie Ihre Preise an denen des Wettbewerbs ausrichten, liegt ein offensichtliches Problem in der Relevanz für Ihr Geschäft vor. Wenn aggressive Billiganbieter die Preise senken, dann hat das kurzfristig vielleicht gar keine Folgen für Ihren Marktanteil, wenn Sie sich am oberen Ende des Marktes bewegen. Also sollten Sie auf die Preissenkungen dieser Wettbewerber nicht reagieren. Wie in Kapitel 2 ausgeführt, kann es manchmal ebenso wenig ratsam sein, auf Preissenkungen von etablierten Wettbewerbern zu reagieren, denn damit riskieren Sie eine erneute Gegenreaktion und im schlimmsten Fall einen Preiskrieg.

Wenn Sie die Erstellung einer Wettbewerbslandkarte in Angriff nehmen wollen, wie im vorhergehenden Kapitel erläutert, werden Sie natürlich einiges an Informationen über Ihre Wettbewerber benötigen, um auf dieser Basis Entscheidungen treffen zu müssen. Allerdings sollten Sie dabei genau unterscheiden, ob Sie nur grundlegende Fragen über deren Stärken und Schwächen untersuchen, um die Landkarte ausfüllen zu können, oder ob Sie der Versuchung erliegen, sich mit Ihrer ganzen Strategie am Wettbewerb zu orientieren.

Es ist nur natürlich für Manager, sich ständig Gedanken über die Aktivitäten des Wettbewerbs zu machen. Sie verhalten sich wie Sportfans, die die Spielergebnisse auswärtiger Teams verfolgen, während ihr eigenes Team sich abmüht, überhaupt in die Vorauswahl für eine Meisterschaft zu kommen oder den Abstieg aus der Oberliga zu vermeiden.

Mick Jagger, Frontman und Gründer der Rolling Stones, sagte einmal: »[Wenn] U2 und Madonna 100 Dollar kosten, dann will man nicht 200 verlangen. Ich bin bestrebt, die Ticketpreise innerhalb der marktüblichen Größenordnungen zu halten.«[12] Unsere Frage an Sir Mick lautet: »Warum?« Als die Band 2002 im Boston Garden spielte, verkauften sich die Tickets für die vorderen Plätze auf dem Schwarzmarkt für mehrere Hundert Dollar; einige Radiosender versteigerten sie sogar für weit über 1 000 Dollar. Die Bereitschaft, für diese Tickets Geld auszugeben, ist enorm. Und viele der Stones-Fans gehören der Baby-Boom-Generation an, sind also heute in den besten Jahren – und haben das nötige Geld, um sich etwas Besonderes leisten zu können.

Das Problem ist, dass Sir Mick seine Aufmerksamkeit mehr auf die vermeintliche Konkurrenz richtet als auf das, was seiner Band gebührt. Was, wenn den Stones-Fans die Madonna-Tickets völlig egal sind, da sie ohnehin nie zu ihrem Konzert gehen würden? Was, wenn sich das Management von Madonna bei der letzten Preissetzung verkalkuliert hat? Schlimmer noch: Womöglich hat es sich sogar deshalb verkalkuliert, weil es auf etwas reagierte, was die Stones oder Bruce Springsteen oder sonst jemand gemacht hatte – und was vielleicht ebenso falsch gewesen war?

Sobald ein Wettbewerber einen Marketing-Fehltritt begeht, werden all die, welche seiner Spur folgen, den Fehler weiterführen und verschlimmern, bis die Preise irgendwann gar nichts mehr mit der Zahlungsbereitschaft der Kunden zu tun haben. Überlegen Sie sich einmal, was Sir Micks Bemerkung für Ihr eigenes Geschäft bedeutet.

Wenn Sie Ihre Preise am Wettbewerb ausrichten, dann werden die Wettbewerber aller Wahrscheinlichkeit nach dasselbe tun, anstatt danach zu schauen, was die Kunden zu zahlen bereit sind. Für die Zahlungsbereitschaft der Kunden sind die Preise des Wettbewerbs, also die Kosten der Alternativen zu Ihrem Angebot, natürlich ein wichtiger Faktor. Daher ist es umso wichtiger, dass Sie Ihre Wettbewerber nicht zu unbesonnenen Aktionen treiben (deshalb auch die Wettbewerbslandkarte). Wenn wir hören, dass Manager ihre Preise an denen des

Wettbewerbs ausrichten, dann fragen wir stets zurück, was sie wohl tun würden, wenn sie wüssten, dass der Hauptwettbewerber genau in diesem Moment dasselbe mit seinen Preisen tut.[13]

Die Moral von der Geschichte ist: In reifen Märkten werden Sie von Ihren Kunden alles Relevante über Ihren Wettbewerb erfahren, und Sie werden von ihnen alles darüber lernen, wie Sie Ihren Marketing-Mix profitabel gestalten sollten. Es ist effektiver, das Verhalten der Kunden zu beobachten als das der Wettbewerber. Natürlich sollen Sie die Wettbewerbsanalyse nicht vollständig unterlassen, aber Ihre Ressourcen sollten Sie hauptsächlich auf die Kundenanalyse fokussieren. Die Kapitel 4 und 5 gehen darauf ein, wie Sie bessere Informationen über Ihre Kunden gewinnen können.

Fazit

Manager in reifen Märkten tendieren dazu, ihre Entscheidungsfindung abzukürzen: Anstatt auf objektive Fakten und daraus abgeleitete Annahmen zu setzen, stützen sie sich auf einzelne Datenpunkte sowie in der Branche verbreitete Glaubenssätze. Als Folge kann es vorkommen, dass sie die Bedeutung und den Wert ihres Angebots für die Kunden falsch einschätzen.

Am teuersten kommt es die Unternehmen zu stehen, wenn sie dieses Verhalten bei der Preissetzung zeigen; beispielsweise, indem sie die Kosten-Plus-Methode anwenden oder ihre Preise aus Wettbewerbspreisen ableiten. Wer diese und andere »Abkürzungen« bei der Entscheidungsfindung meidet, kann sich bedeutende zusätzliche Gewinne erschließen.

Unabdingbare Voraussetzung ist, dass man sorgfältig durchrechnet, wie sich unterschiedliche Preise auf den Gewinn auswirken könnten. Die Gewinnkurve aus Abbildung 3–1 zeigt, dass es für jedes Produkt und jede Dienstleistung einen Preis gibt, bei dem das Unternehmen den höchsten Gewinn erzielt. Jeder Preis unterhalb oder oberhalb dieses Optimums – wirklich jeder! – schmälert den Gewinn.

Wenn Sie Ihre Preise nicht aus der Gewinnkurve ableiten, dann handelt es sich im besten Fall um eine intelligente Schätzung. Im schlimmsten Fall aber ist es ein fataler Fehler, der die Profitabilität Ihres Unternehmens dauerhaft schädigen kann. Die bessere Alternative ist, sich konsequent am Gewinn auszurichten und Ihre marketingrelevanten Annahmen und Entscheidungen auf möglichst fundierte Daten zu stützen anstatt auf Bauchgefühle oder Faustregeln.

Beginnen können Sie damit, dass Sie zunächst einmal Ihre vorhandenen Daten erfassen und analysieren. Hilfestellung dabei erhalten Sie im folgenden Kapitel.

Anmerkungen

1 Unterhaltung mit einem der Autoren, Februar 2003.
2 Konrad P. Koerding und Daniel M. Wolpert, »Bayesian Integration in Sensorimotor Learning«, Nature 427 (2004): S. 244–247.
3 Charles Roxburgh, »Hidden Flaws in Strategy«, McKinsey Quarterly 2 (2003).
4 Details dieses Fallbeispiels wurden aus Vertraulichkeitsgründen modifiziert.
5 Vgl. Wolfgang Ulaga und Andreas Eggert, »Value-Based Differentiation in Business Relationships: Gaining and Sustaining Key Supplier Status«, Journal of Marketing 70 (2006): S. 119–136.
6 Details dieses Fallbeispiels wurden aus Vertraulichkeitsgründen modifiziert.
7 Susanne Wied-Nebbeling, Das Preisverhalten in der Industrie (Mohr-Siebeck, Tübingen, 1985), S. 137.
8 Robert J. Dolan und Hermann Simon, Power Pricing (New York: Free Press, 1996), S. 37. [Deutscher Titel: Profit durch Power Pricing. Strategien aktiver Preispolitik (Campus, Frankfurt, 1997)]
9 Ebd., S. 37–38.
10 Thomas T. Nagle und Reed K. Holden, The Strategy and Tactics of Pricing, 2. Ausgabe (Prentice Hall, Upper Saddle River, New Jersey, 1995), S. 3.
11 Neal E. Boudette, »Power Play: Chrysler's Storied Hemi Motor Helps It Escape Detroit's Gloom«, Wall Street Journal, 17. Juni 2005.
12 Andy Serwer, »Inside the Rolling Stones Inc.«, Fortune, 30. September 2002.
13 Frank F. Bilstein und Frank Luby, »Don't Price Away Your Profits«, Wall Street Journal Europe, 23. September 2002.

Kapitel 4

Anhand interner Daten Gewinnpotenziale finden

> *»Mathematische Entscheidungen sind persönlichen Meinungen und Einschätzungen immer überlegen. Dummerweise entscheiden die meisten Unternehmen nach Augenmaß, obwohl sie auf harte Daten zurückgreifen könnten.«*
>
> Jeff Wilke, Leiter Kundenservice, Amazon.com[1]

Die Analyse von Kundenpräferenzen und Kaufverhalten kann Ihnen helfen, Entscheidungen auf Fakten statt überkommene Vorstellungen zu stützen. In diesem Kapitel erfahren Sie, wie Sie die Daten in Ihrem Unternehmen oder in Ihrem Kopf analysieren und interpretieren können. Sie müssen nicht jedes Mal, wenn Sie eine Frage zu Ihren Kunden haben, eine Marktstudie in Auftrag geben. Ihre internen Daten haben zwar sicherlich Grenzen, aber sie können sehr viel darüber aussagen, was Ihre Kunden wollen und tun und wie sie auf Wettbewerbsbedrohungen reagieren.

Verstehen Sie Nutzen und Grenzen von internen Daten

John D. C. Little, Professor emeritus an der MIT Sloan School of Management, unterscheidet zwischen zwei Arten von Daten: Statusdaten und Reaktionsdaten.[2] Viele der Informationen, die Unternehmen aus ihren eigenen Datenbanken abrufen können, sind Statusdaten: Dazu gehören Erlöse und Absatzmengen, variable Kosten, Preisniveaus, geschätzte Marktanteile und Werbebudgets. Je nach Transparenz des Marktes hat ein Unternehmen sogar die entsprechenden Daten über seine Wettbewerber.

Durch Analyse der Statusdaten lassen sich die Bereiche abgrenzen, in denen Sie sich besser differenzieren, Ihre Marketing- und Vertriebsressourcen anders einsetzen und als Folge mehr Gewinn erzielen können. Die größten Gewinnpotenziale aber lassen sich erschließen, wenn Sie so genannte Reaktionsdaten erheben: Hierzu gehören Preiselastizität, Werbewirkung und Vertriebseffektivität. Diese Daten umfassen stets eine unabhängige (ursächliche) Variable sowie eine abhängige Variable, welche die Reaktion oder Wirkung misst. Rein zeitliche Vergleiche, wie etwa die Entwicklung des Marktanteils von Jahr zu Jahr, sind keine Reaktionsdaten, da sie nichts über das »Warum« aussagen. Reaktionsdaten können Sie nur mithilfe dynamischer (Vorher-Nachher-) Vergleiche erheben, die Sie auf Basis Ihrer Statusdaten etwa durch Markttests erhalten. Diese Daten geben Ihnen die konkretesten Hinweise auf bisher unausgeschöpfte Gewinnpotenziale.

Im Folgenden werden wir Ihnen zeigen, wie Sie Ihre internen Daten nutzen können, um mehr über Ihre Kunden zu lernen, potenzielle Differnzierungspunkte zu finden, Ihren Marketing-Mix anzupassen und die resultierenden Gewinnsteigerungen zu quantifizieren. Wir werden uns in erster Linie auf Kundendaten beschränken, die bereits in Ihrem Unternehmen verfügbar sind.

Bestimmen Sie Ihre Gewinnmöglichkeiten mit Statusdaten

Warum machen wir so viel Aufhebens um diese internen Daten? Aus einem einfachen Grund: Selbst in hoch profitablen Unternehmen sind sich die Manager häufig nicht sicher, ob es nicht doch noch Gewinnreserven gibt. Um das herauszufinden und sich diesen Zusatzgewinn zu sichern, müssen sie genauestens wissen: Sind die Tausende von Einzelentscheidungen, die Ihre Teams Jahr für Jahr fällen, gewinn- oder verlustbringend, klug oder unklug, notwendig oder unnötig? Abbildung 4–1 gibt einen Überblick darüber, welche Status- und Reaktionsdaten in Ihrem Unternehmen verfügbar sein könnten. Nutzen Sie diese Liste für eine erste Bestandsaufnahme.

Eigentlich sollte man erwarten können, dass vor allem bei großen Unternehmen mit IT- und Kundendienstabteilungen die Statusdaten

Abbildung 4–1: Einige Statusdaten sind bei den meisten Unternehmen vorhanden

Welche Informationen sind verfügbar?		Wie schnell?	Wer könnte sie analysieren?
Status-daten	Volumen, Umsatz, Preis, variable Kosten nach ☐ Kundensegment? ☑ Produktgruppe? ☐ Region? ☑ Vertriebsmitarbeiter/in? ☐ _____	☐ Sofort ☐ in < 4 Wochen ☑ in 2–3 Monaten ☐ Erfordert neues Softwaresystem	☑ Finanz-Analyst ☐ Marketing-Support ☐ _____
Reaktions-daten	☑ Reaktion auf Produktwechsel ☐ Reaktion auf Preis ☑ Reaktion auf Verkaufs-förderung/Werbung ☐ _____ jeweils – nach Kunden-segment – nach Produkt-gruppe – nach Region		

komplett vorliegen, kompakt aufbereitet als Entscheidungsvorlage fürs Management. Auf aggregierter Ebene mag das auch stimmen. Aber versuchen Sie einmal, diese Daten sortiert nach Kunden, Produkten oder Vertriebsmitarbeitern abzurufen, und Sie werden Ihr blaues Wunder erleben.

Die Statusdaten, die Ihnen zum besseren Kundenverständnis verhelfen können, liegen selten in schnell abrufbarer Form vor. Die meisten unserer Projekte beginnen folglich damit, dass wir den Unternehmen behilflich sind, die vorhandenen Daten in ein einheitliches Gerüst zu bringen. Sofern die Daten überhaupt vorliegen, sind sie meist über mehrere Abteilungen verteilt. In einigen Unternehmen haben die zuständigen Mitarbeiter dieser Abteilungen fast nie Kontakt miteinander, und das aus gutem Grund: Sie berichten an unterschiedliche Vorgesetzte, werden aus unterschiedlichen Budgets bezahlt und haben völlig unterschiedliche Ziele und Anreize. Als Folge stoßen wir in der Regel auf eines von zwei Hindernissen:

- Das Unternehmen hat nicht genau das, was es braucht. Die gute Nachricht ist: Die Daten sind in der Regel vorhanden. Sie sind bloß nicht hinreichend detailliert für die relevanten Analysen. Man findet Summen und Durchschnittswerte, aber keine Einzelwerte, die nach Produkten, Kunden, Niederlassungen oder Vertriebsteams aufgeschlüsselt sind. Damit sind der Subjektivität Tür und Tor geöffnet: Wo immer die Daten Lücken lassen, werden Schätz- und Erfahrungswerte herangezogen.

- Das Unternehmen kann die Daten beschaffen, aber das dauert. Oft gehen Wochen oder gar Monate ins Land, bis die Unternehmen ihre Daten an einer Stelle gesammelt haben. Einmal baten wir einen Hersteller von Haushaltswaren, uns die Daten über Großhandels- und Ladenpreise für fünf europäische Länder und die USA zur Verfügung zu stellen. Das Team brauchte drei Monate dafür.

Ist das gemeinsame Datengerüst aufgebaut, so tun Sie gut daran, ein Team für die regelmäßige Aktualisierung und Auswertung der Daten abzustellen. Diese scheinbar einfache Aufgabe fällt selbst Unternehmen mit der ausgefeiltesten Enterprise-Resource-Planning(ERP)-Software mitunter schwer. Dadurch ist eine Nische für spezialisierte Softwareanbieter entstanden: Sie bieten Programme an, die vorhandene Daten aussagekräftig und flexibel konsolidieren.

Ein Unternehmen, das wir hier Northlight Sanitation (kurz North-San) nennen wollen, hat die beschriebenen Schritte ausgeführt und die so gewonnenen Daten dann gezielt genutzt. Nun kann man aus Statusdaten nicht so viel herauslesen wie aus Reaktionsdaten (deren Analyse wir im nächsten Abschnitt erläutern); dennoch konnte NorthSan mithilfe seiner Statusdaten eine zusätzliche Gewinnquelle identifizieren.

Praxisbeispiel: Umsatz und Gewinn nach Verkäufern differenzieren

Unternehmen: Northlight Sanitation
Produkt: Küchen und Bad-Armaturen
Quelle: Projekt von Simon-Kucher & Partners

NorthSan produziert und verkauft eine große Bandbreite an Armaturen für Küche und Bad. Mithilfe einer einfachen, aber wirkungsvollen Analyse konnte das Unternehmen zusätzliche Gewinnpotenziale identifizieren, sobald es gelungen war, die vorhandenen internen Daten sinnvoll aufzubereiten.[3]

NorthSan zählte zu den Marktführern und hatte einen großen eigenen Vertrieb. Verkauft wurde sowohl an Großhändler als auch direkt an Sanitärtechnikfirmen. Die Vertriebsleute genossen beträchtliche Freiheiten beim Aushandeln von Preisen und Konditionen. Die Unternehmensleitung hielt dies für wichtig, um in einem zunehmend wettbewerbsintensiven Markt größere Aufträge zu akquirieren und Kunden zu binden. Bislang war man bei NorthSan nur begrenzt in der Lage, Daten bis zur Ebene der einzelnen Vertreter aufzuschlüsseln. Abgesehen vom Umsatz konnte man die individuelle Leistung kaum vergleichen. Die Vertreter hätten dann vermutlich dagegen gehalten, dass sich ihre Verkaufsgebiete in puncto Wettbewerb, Kundentypen und NorthSan-Sortiment viel zu stark unterschieden. Man machte sich wohl auch deshalb nie die Mühe, der Sache auf den Grund zu gehen.

Nachdem bei NorthSan alle relevanten Daten in ein gemeinsames Datengerüst eingebracht worden waren, wurden sie weiter aufgeschlüsselt. Abbildung 4–2 zeigt einen der ersten Berichte, die daraus resultierten: die bei NorthSan übliche Kennzahl, den Nettoumsatz, für 20 ausgewählte Vertriebsleute. Allerdings konnte NorthSan nun zusätzlich bestimmen, welchen Deckungsbeitrag jeder Vertreter erzielte.

Es fällt auf, dass einer der Vertreter (hier als A2704 bezeichnet) gute 900 000 Euro Umsatz, aber einen Deckungsbeitrag von nur 5,9 Prozent erreicht hat; im Unterschied dazu erzielte A1725 einen Umsatz von nur 785 000 Euro, allerdings bei einem Deckungsbeitrag von 23 Prozent (siehe Markierungen im Schaubild).

Bei NorthSan hatte man die Unterschiede in den Umsätzen schon gekannt und die Provisionen entsprechend angesetzt. Die Verteilung der Gewinnmargen aber war eine echte Überraschung. Niemand hatte hier derart gewaltige Unterschiede vermutet.

Die alten Argumente von den unterschiedlichen Verkaufsgebieten und den speziellen Bedingungen konnten nicht darüber hinwegtäuschen, dass die Deckungsbeiträge der einzelnen Vertreter um den Faktor Fünf differierten. Der Schluss lag nahe, dass die Vertreter mit hohen Umsätzen und geringen Margen entweder zu preisaggressiv im Markt auftraten oder aber

Abbildung 4–2: Leistung des Vertriebs bei NorthSan

Mitarbeiter/in	Umsatz pro MA	Deckungs-beitrag
A0071	$1.750.127	9,7%
A2723	$1.701.336	5,3%
A3010	$1.452.975	10,0%
A0602	$1.317.975	10,2%
A2761	$1.276.251	6,3%
A0109	$1.274.088	9,6%
A2697	$1.087.099	7,3%
A0107	$1.038.523	9,8%
A1506	$1.002.236	9,5%
A2704	$900.044	5,9%
A0365	$886.176	6,7%
A0323	$870.473	6,0%
A1561	$865.473	7,5%
A1600	$806.065	10,1%
A1725	$785.291	23,0%
A1461	$756.569	9,7%
A1505	$738.686	8,0%
A2767	$727.472	6,4%
A0260	$709.873	10,3%
A1604	$707.009	14,8%

den Kundenforderungen nach niedrigen Preisen wenig oder gar keinen Widerstand entgegensetzten.

Anstatt die Daten so hinzunehmen, wollte NorthSan nun genauer wissen, warum einige der bisherigen (Umsatz-)»Stars« so wenig Gewinn erwirtschafteten. Man befragte die Vertriebsleute, begleitete einige von ihnen zu ihren Kundenbesuchen und führte mit ausgewählten Kunden im Anschluss Gespräche.

Die Ergebnisse dieser Analyse waren verblüffend: NorthSan hatte zwei

Arten von Vertretern. Die einen waren in der Lage, das Nutzenangebot der Firma gut zu erklären, und gaben bei Forderungen nach Preissenkungen nicht nach. Die anderen versuchten, den Absatz zu fördern, indem sie regelmäßig und proaktiv Preissenkungen und generöse Rabatte anboten oder die Kunden dazu bewegten, zu margenschwächeren Produkten zu wechseln. Sie verkauften so viel wie nur irgend möglich, achteten dabei aber zu wenig auf die Ergebniswirkung.

NorthSan unternahm zweierlei, um das Problem zu beheben: Die Vertreter, die auf Menge aus waren, wurden neu geschult, neu eingeteilt oder entlassen. Außerdem wurde das Anreizsystem dahingehend überarbeitet, dass Deckungsbeiträge nun stärker honoriert wurden als Absatzmengen. Durch diese beiden Maßnahmen machte die Umsatzrendite des Unternehmens einen Sprung von 11,6 auf fast 14 Prozent – eine Größenordnung, die mit unseren Angaben im Einführungskapitel übereinstimmt: Dort erwähnten wir schon, dass bei den meisten Unternehmen ein Gewinnsteigerungspotenzial von umgerechnet 1 bis 3 Prozent des Jahresumsatzes in den Marketing- und Vertriebsabteilungen schlummert.

Ohne den besseren Einblick in seine Statusdaten hätte NorthSan immer weiter die umsatzstarken Verkäufer dafür belohnt, dass sie Gewinn vernichteten. In diesem Fall war es eindeutig so, dass das Anreizsystem von NorthSan das beobachtete Verhalten förderte und bestärkte. Und man kann keinen Vertriebsmitarbeiter dafür tadeln, dass er die Art von Leistung bringt, die man explizit einfordert und honoriert.

In Kapitel 9 wird deshalb das Thema Vertriebsanreize ausführlicher behandelt.

Erheben Sie Reaktionsdaten, um Ihre Gewinnpotenziale zu quantifizieren

Wie viel Sie von Ihrem Produkt verkaufen (Absatzmenge), ist untrennbar verbunden mit dem, was Sie dafür verlangen (Preis) und wie viel Sie dafür investieren (Marketingaktivitäten). Es hat also wenig Sinn, irgendwelche Umsatz- oder Absatzziele festzulegen, die Reaktion auf eine Wettbewerbsbedrohung zu planen oder den Marketingansatz zu ändern, wenn Sie nicht ganz genau wissen, wie sich Preise und Marketinginvestitionen überhaupt auswirken. Hierfür brauchen Sie Reaktionsdaten.

Die wenigsten Unternehmen haben Reaktionsdaten unmittelbar greifbar. Warum sie noch keine geeigneten Datenbanken zur Entscheidungsunterstützung aufgebaut haben, ist eine andere Frage. An der fehlenden Rechnerleistung liegt es sicherlich nicht. In einem Artikel ist dazu nachzulesen: »Die meisten Hersteller geben sehr viel Geld für Absatzdaten aus, können aber dennoch nicht sagen, wie sich Änderungen im Preis, den Produkteigenschaften oder den Marketingausgaben auf eben diesen Absatz auswirken.«[4] Die treffendere Erklärung ist wohl, dass die Unternehmen ihre Entscheidungen im Schnellverfahren fällen und sich auf einzelne Datenpunkte, Faustregeln, aggregierte Daten und ihr Bauchgefühl verlassen, anstatt sich die Mühe zu machen, diese Effekte zu untersuchen und zu verstehen. Die meisten Unternehmen sind dazu zwar fähig, aber nicht willens.

Reaktionsdaten können Sie auf zweierlei Weise erheben: durch Schätzung auf Basis Ihrer Statusdaten (das ist möglich durch statistische Programme oder durch Expertenschätzung) oder durch Kundenbefragung. Auf die erste Methode gehen wir im Folgenden ein, auf die zweite im nächsten Kapitel.

Wenn man Reaktionsdaten auf Basis eigener historischer Daten gewinnen will, kann man dazu nur selten auf einfache oder standardisierte Analysen zurückgreifen. Anbieter von spezieller Software für die Nachfrageplanung (wie etwa PROS Revenue Management, Khi Metrics oder Vendavo) versuchen, diese Lücke zu füllen: Ihre Softwaretools erleichtern die systematische Erfassung und Analyse von Statusdaten sowie die Erstellung von Reaktionsdaten. Doch eines sollte Ihnen klar sein: Diese Software hilft Ihnen in erster Linie, Daten zu sammeln und in die richtige Form zu bringen. Ihr Urteilsvermögen kann sie in vielen Fällen noch nicht ersetzen. Ein Softwaretool, das die Entscheidungsfindung wirklich sinnvoll automatisiert, muss erst noch erfunden werden.

Die amerikanische Bekleidungs-Einzelhandelskette Casual Male ließ ihre Daten der vergangenen Jahre analysieren, um den optimalen Zeitpunkt für Preisnachlässe auf Modeartikel zu bestimmen. Bisher war es im Einzelhandel ungeschriebenes Gesetz, dass man die Preise für Badekleidung nach dem Wochenende vom 4. Juli – dem amerikanischen Unabhängigkeitstag – herabsetzte, ähnlich wie beim deutschen Sommerschlussverkauf.

Nach den Worten von Steven Schwartz, dem für Planung zuständigen Senior Vice President, hatte man »nicht die geringste Ahnung, ob der eine oder der andere Artikel mehr Gewinn bringen würde.«[5] Schwartz führte webbasierte Softwaretools zur Preissetzung ein, um die landesweiten Verkaufszahlen der Handelskette zu analysieren, und entdeckte beträchtliche regionale Unterschiede in den Verkaufszyklen. Mit einem neuen Preisgestaltungssystem konnte das Unternehmen in den folgenden neun Monaten seine Bruttomargen um 25 Prozent steigern.[6]

Ein Plus von 25 Prozent – in absoluten Zahlen war das für Casual Male eine gewaltige Gewinnsteigerung. Dennoch ist die Entscheidungshilfe, die man durch eine derart aufwändige Analyse der historischen Daten erhalten kann, nicht komplett. Was dabei nämlich nicht berücksichtigt wird, sind potenzielle Wettbewerbsreaktionen; auch lassen sich die Auswirkungen möglicher Veränderungen in Produkten und Dienstleistungen nicht abschätzen. Die Software von Casual Male erlaubte dem Unternehmen, Preisreaktionen zu berechnen, aber sie half ihm nicht zu bestimmen, ob beispielsweise ein Wettbewerber weiterhin das ungeschriebene Gesetz (»einheitliche Preissenkungen im ganzen Land«) befolgen oder ob er den neuen Ansatz von Casual Male ganz oder teilweise kopieren würde. Oder nehmen wir an, Casual Male hätte bislang nur blaue Badehosen verkauft und wollte nun in bestimmten Regionen rote herausbringen: Dann hätte das Softwaremodell die potenziellen Folgen dieser Maßnahme nicht berechnen können, denn über rote Badehosen hatte man ja keine Daten.

Um Wettbewerbsreaktionen oder auch potenzielle Effekte von Produktvariationen auf die internen Daten abzuschätzen, brauchen Sie das, was wir Expertenschätzungen nennen: Sie holen die kompetentesten und erfahrensten Leute aus Marketing, Vertrieb, Kundendienst und Produktentwicklung zusammen und erfassen in einem strukturierten Verfahren deren Wissen darüber, wie die Kunden auf bestimmte Änderungen in Ihrem Marketing-Mix reagieren werden. Dann quantifizieren Sie diese Annahmen. Wie das geht, wird im nächsten Fallbeispiel Schritt für Schritt erläutert.

Praxisbeispiel: Wie man eine Wettbewerbsbedrohung abschätzt

Unternehmen: Cortez Chemical
Produkt: Wasch- und Reinigungsmittel
Quelle: Projekt von Simon-Kucher & Partners

Cortez Chemical, ein stark diversifiziertes und sehr profitables Unternehmen, war weltweit Marktführer für Industriereinigungsmittel. Da geriet eines seiner Hauptprodukte in einem Geschäftsbereich unter Druck durch Importprodukte aus China:[7] Ein chinesischer Hersteller verkaufte an den Großhandel zu Preisen, die 50 Prozent unter denen des renommierten Markenproduktes lagen. Bei starkem Marktwachstum wäre das vielleicht nicht so dramatisch gewesen, doch hatte man schon seit längerem eine abflachende Nachfrage registriert. Der Markt war reif geworden.

Die Cortez-Produkte basierten auf einer 25 Jahre alten Technologie; die Entwicklungsabteilung hatte nichts in der Pipeline. Man konnte sich also nicht mit einer Innovation retten, zumindest nicht in den nächsten zwei Jahren. Angesichts der misslichen Lage wandte sich die Geschäftsbereichsleiterin Judith S. mit folgendem Anliegen an uns: »Helfen Sie mir, meinen Marktanteil und meine Margen zu verteidigen. Sagen Sie mir, wie stark ich die Preise senken soll, um diese Bedrohung abzuwehren.« Eine Preissenkung schien nicht nur die intuitiv richtige Maßnahme, sondern war auch leicht umzusetzen, so ihre Argumentation. Der Handlungsdruck war groß, und die nötige Unterstützung von oben schien ihr ebenfalls sicher.

Frau S. fragte nicht, ob sie die Preise senken sollte, sondern um wie viel. Wir konnten sie überreden, ihren Tatendrang zunächst zu bremsen und stattdessen die Situation nochmals genauer mit unserer strukturierten Methode zu prüfen. Sie sollte Folgendes tun:

- denjenigen Preis auswählen, der ausschlaggebend für den Gewinn war. In ihrem Fall war das der durchschnittliche Nettoverkaufspreis (NVP), den Cortez von Händlern verlangte. Denn auf den Ladenpreis hatte Frau S. keinen Einfluss, weder nach dem Gesetz noch in der Praxis.
- je einen realistischen Preispunkt oberhalb und unterhalb des NVP bestimmen. Im Fall von Cortez entsprach der niedrigere Preispunkt dem

NVP vor der letzten Preiserhöhung im Jahr zuvor. Der höhere Preis entsprach einer Preiserhöhung, die sie nach dem Willen des zuständigen Vorstands für das Folgejahr ins Auge fassen sollte. Theoretisch hätte Frau S. den höheren und den niedrigeren Preis an jedem anderen Punkt ansetzen können, doch sie fühlte sich wohler mit zwei Preispunkten, die sie und ihr Team bereits kannten.

- für jeden Preispunkt das zu erwartende Absatzvolumen schätzen. Wir baten Frau S. abzuschätzen, wie sich die Absatzmenge ändern würde, wenn sie wirklich den Preis auf die festgelegten Punkte anheben respektive senken würde.

- abschätzen, wie Wettbewerber im Gegenzug ihre Preise ändern würden. Wenn Cortez die Preise senken würde, wie würden die neuen chinesischen Wettbewerber reagieren? Wie würden andere Anbieter reagieren? Wer würde die Preissenkungen mitmachen, wer würde seine Preise eher halten und lieber Marktanteile riskieren?

- dieselben Schritte für weitere vier niedrigere Preispunkte durchlaufen.

Zu Anfang schreckte Frau S. vor den ersten beiden Schritten zurück, denn sie meinte, ihre Antworten seien reine Spekulationen. Tatsächlich aber hatte sie – wie jeder andere in ihrer Position – die Zahlen bereits im Kopf. Wann immer sie die Produktion für das kommende Jahr plante, die Absatzzahlen des abgelaufenen Jahres analysierte oder über mögliche Preissenkungen nachdachte, hatte sie schon ähnliche Schätzungen aufgestellt. Der Unterschied war nur, dass sie sie jetzt alle aufschreiben sollte. Die Ergebnisse dieser Arbeit zeigt Abbildung 4–3.

Auf den ersten Blick scheint dieses Datenblatt die Annahmen von Frau S. zu bestätigen: Ihr Umsatz (Menge mal Preis) lag aktuell bei 50 Millionen Dollar, ausgehend von einer Stückzahl von 100 Millionen und einem Stückpreis von 50 Cent. (Zur Veranschaulichung werden hier fiktive, gerundete Zahlen verwendet.) Bei Halbierung der Preise könnte sie den Absatz auf 250 Millionen Stück erhöhen; bei einem Stückpreis von 25 Cent ergäbe sich so ein Umsatz von 62,5 Millionen Dollar. Doch schauen wir uns genauer an, wie sie die Reaktion des Wettbewerbs einschätzte: Auf Basis ihrer Branchenerfahrung sowie Gesprächen mit Kollegen ging sie davon aus, dass ihr Hauptwettbewerber ebenso wie die Konkurrenz aus China die Preissenkungen mitmachen und teilweise sogar weiter gehen würden.

Abbildung 4–3: Was Frau S. bei dieser Übung ins Formular schrieb

Schätzung der Preis-Absatz-Reaktion

Product: ███████

Name: ___Judith___

today

Nachfragereaktion (geschätzt)									
Preis	US$	0,25	0,30	0,35	0,40	0,45	0,5	0,55
Absatz	Einheiten (Index)	250	200	180	~~175~~ 160	135	100	80

			Nachfragereaktion (geschätzt)						
Wettbewerber	Aktueller Preis	Akt. Markt-anteil (Stück)	Erwartete Absatzreaktion auf entsprechende Preissetzung wie oben angegeben						
1 ▬▬▬	$0,45	20%	0,22	0,27	0,32	0,36	0,41		0,52
2 ▬▬▬	$0,38	5%	0,20	0,25	0,30	0,33	0,35		0,38
3 CHINA!	$0,25	10%	0,13	0,14	0,18	0,2	0,23		0,25
4									
5									

Als Folge wären die Cortez-Produkte in einigen Fällen, verglichen mit der Konkurrenz, noch teurer als heute (d. h. der relative Preis der Cortez-Produkte würde steigen). Als Frau S. das durchrechnete, erkannte sie sofort, dass diese Reaktionen die erwarteten Mengenzuwächse zunichte machen würden. Im Ergebnis hätte sie dann ähnliche Mengen wie heute, aber zu einem weitaus niedrigeren Preis. Hier haben wir ein weiteres Beispiel für die beträchtlichen Gefahren potenzieller Wettbewerbsreaktionen, die so viele Unternehmen übersehen. Die Wettbewerber können reagieren, und sie tun es häufig auch – damit machen sie alle erhofften Zusatzgewinne zunichte.

In Abbildung 4–4 sind diese Effekte festgehalten. Wir haben hier mit Indexwerten gearbeitet und den Ist-Umsatz auf 100 gesetzt. Man bemerke den gewaltigen Unterschied zwischen beiden Kurven: Rein rechnerisch – ohne Berücksichtigung der Wettbewerbsreaktionen – ergibt die Preissenkung eine Umsatzsteigerung; mit Wettbewerbsreaktion wird daraus ein Umsatzeinbruch. Frau S. musste erkennen, dass es in diesem Fall geradezu fatal wäre, den eigenen Marktanteil mit Preissenkungen zu verteidigen. Da sie sich sicher war, dass die Chinesen jede Preissenkung mitmachen würden, und von ihren anderen Wettbewerbern dasselbe vermutete, würde das bisschen zusätzlicher Marktanteil, das sie vielleicht hinzugewänne, die zu erwartenden Verluste nicht rechtfertigen.

Abbildung 4–4: Umsatzkurven basierend auf den Angaben von Frau S.

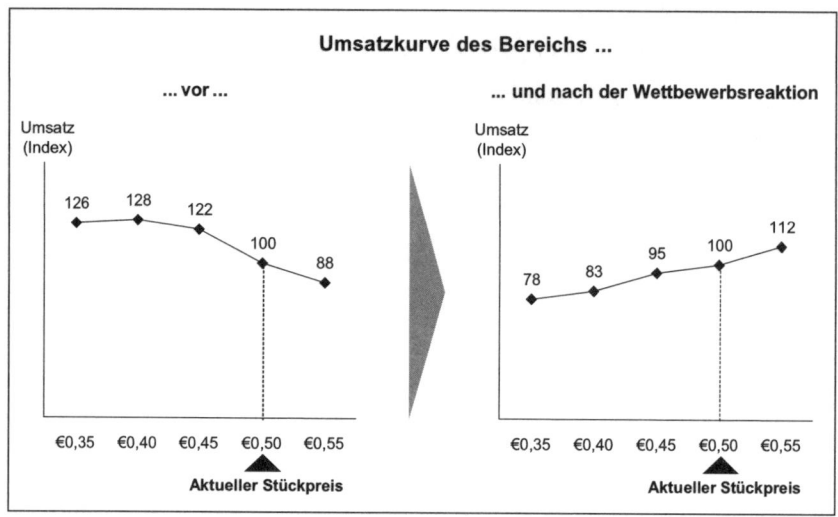

Ein Jahr später stellte sich heraus, dass die chinesischen Importe nur ein kleines Teilsegment von Händlern mit extrem preissensitiven Kunden ansprachen. Qualitätsprobleme und Lieferverzögerungen taten ein Übriges: Der Großteil des Marktes nahm diese Produkte entweder überhaupt nicht zur Kenntnis oder hatte kein Interesse, die Kundenbeziehung zu Cortez aufzugeben. Auf dem Papier erschien die Bedrohung gewaltig, doch letztendlich war sie minimal gewesen, gemessen an dem, was schließlich zählt: dem Kundenverhalten.

Dieses Resultat ihres Denkprozesses bestärkte Frau S. in ihrem Entschluss, die Preise stabil zu halten und einen kostspieligen Preiskrieg zu vermeiden. Die Expertenschätzungen auf Basis ihrer eigenen Erfahrung ließen sie erkennen: In diesem Fall war keine Reaktion die beste Option.

Sie können die gleichen Schritte mit ihren eigenen Produkten durchlaufen, um die Ergebniswirkung bestimmter Entscheidungen schnell zu ermitteln. Dieses Vorgehen hat auch einen angenehmen Nebeneffekt: Wenn Sie ein Team aus unterschiedlichen Funktionen am Prozess beteiligen, ist es interessant zu sehen, welche Annahmen und Marktkenntnisse jeder von ihnen einbringt. Die Unterschiede in den Meinungen und

Argumentationsweisen, die unweigerlich zutage treten, sollten unbedingt angesprochen und diskutiert werden: Das zwingt die Teammitglieder, ihre Annahmen zu hinterfragen.

Wir und unsere Kollegen haben diesen Ansatz hundertfach bei Unternehmen weltweit angewandt. Oft stellen die Unternehmen dabei fest, dass sie ihre Preise zu niedrig angesetzt haben. Daraus folgt, dass die meisten Unternehmen zusätzliches Gewinnpotenzial haben, das ausschließlich durch Preismaßnahmen erschlossen werden kann. In Kapitel 7 ist im Detail nachzulesen, wie einige von ihnen diese Potenziale realisiert haben.

Leiten Sie hieraus bitte nicht die Faustregel ab, dass alle Unternehmen ihre Preise erhöhen können und sollten. Das wäre eine unzulässige Verallgemeinerung. Sie müssen Ihren speziellen Fall für sich alleine und losgelöst von den anderen bewerten und sollten dabei die Erkenntnisse und Methoden aus diesem Buch zu Hilfe nehmen. Deshalb treffen wir hier auch keine Aussagen vom Typ »75 Prozent aller Unternehmen haben zu niedrige Preise.« Das klänge zwar interessant und bedeutungsvoll – aber ob Sie zur Mehrheit oder zur Minderheit gehören, werden Sie so oder so nur durch eine objektive, gründliche und gewinnbezogene Analyse Ihres Geschäftes herausfinden. Verlassen Sie sich nicht auf Spekulationen.

Kent Molding, das Unternehmen in unserem nächsten Fallbeispiel, setzte Expertenschätzungen ein, um die Preise in bestimmten Kundensegmenten anzupassen. Das Unternehmen hatte festgestellt, dass seine Preise in einigen Fällen wirklich überhöht waren. Aus diesem Wissen heraus gelang ihm, was in reifen Märkten nur selten gelingt: Es konnte mithilfe von Preissenkungen seine Gewinne steigern.

Praxisbeispiel: Welche Kunden bieten das höchste Gewinnpotenzial?

Unternehmen: Kent Molding
Produkt: Spritzguss-Lohnfertigung
Quelle: Projekt von Simon-Kucher & Partners

Das mittelständische Unternehmen Kent Molding ging ähnlich vor wie Cortez, sobald es bessere Informationen über Kunden und Profitabilität verfügbar hatte.[8] Als Anbieter für Spritzgussarbeiten bediente Kent haupt-sächlich Hersteller von Nahrungsmitteln und Körperpflegeprodukten. Der größte Kunde steuerte 10 Millionen Dollar zum Jahresumsatz bei, die kleinen Kunden im Durchschnitt rund 1 Million. Vor dem Projekt hatte man bei Kent nur in begrenztem Umfang interne Informationen erhoben. Die Auswertungen gingen nie tiefer als bis zum Umsatz pro Kunden. Als man sich aber einmal die Mühe machte, die Kosten genau auf Einzelkunden auf-zuschlüsseln und die Ergebnisbeiträge pro Kunden zu berechnen, traten ähnliche Diskrepanzen zutage wie im Falle NorthSan, den wir weiter vorne geschildert haben.

Der drittgrößte Kunde lieferte Kent nur 10,5 Prozent Ergebnisbeitrag, der achtgrößte Kunde dagegen stolze 48,9 Prozent! In absoluten Zahlen waren das über 1,5 Millionen Dollar pro Jahr – weit mehr, als Kent bei dem ver-meintlich »attraktiveren« Kunden verdiente.

Mit der Kostenstruktur des Unternehmens hatte das wenig zu tun. Die enormen Diskrepanzen gingen einzig und allein auf gewaltige Unterschiede bei den Preisen und Preisnachlässen pro Kunden zurück. Mit den Daten über kundenspezifische Gewinne hatte man bei Kent alles, was man brauchte, um das ganze Vorgehen in Vertrieb und Kundenselektion neu auszurichten. Man konnte nun die Kunden bestimmen, deren bisheriger Preis im Vergleich zum erhaltenen Service und Support nicht angemessen war. Ebenso konnte man feststellen, welche Kunden vielleicht zu geringe-ren Preisen größere Mengen eingekauft hätten.

Bei den Kunden mit den niedrigsten Deckungsbeiträgen plante man Preiserhöhungen und die Streichung diverser Rabatte, um die dort erzielten Gewinne auf das Niveau des restlichen Kundenstamms anzuheben. Sollten diese Kunden dann abwandern, war man bereit, mit dem Verlust zu leben. Bei anderen Kunden wollte man entweder direkt die Preise senken oder aber – bei den meisten – mehr Kundendienst und technische Betreuung zum selben Preis anbieten. Das Serviceniveau wurde für Kent zu einem wichtigen Differenzierungsfaktor, um diese Kunden an sich zu binden und gleichzeitig die höheren Preise durchzusetzen.

Kent nutzte Reaktionsdaten, die mithilfe von Expertenschätzungen ge-neriert wurden. Wie geplant, erhöhte man die Preise für alle Kunden mit den niedrigsten Deckungsbeiträgen. Da man zuvor die Kundenreaktionen ab-geschätzt hatte, war man sich darüber im Klaren, dass die Absatzmengen zurückgehen und einige Kunden ganz abspringen würden. Und tatsächlich fiel bei einem Kunden der Umsatz in den Keller, ein anderer ging ganz zur Konkurrenz. Kent wurde dadurch profitabler, und zudem konnte das Unternehmen die Ressourcen, welche jene Kunden beansprucht hatten, anderweitig effektiver einsetzen.

Nach dieser Neuausrichtung stieg der Umsatz von Kent Molding von 67 auf 70 Millionen Dollar; das entsprach einem Plus von 4,5 Prozent. Noch besser entwickelte sich die Bruttomarge: Sie stieg von 24,4 auf 25,8 Millionen Dollar und damit um 5,7 Prozent. Das ist nicht gerade wenig, vor allem für ein kleines Unternehmen. Hätte Kent versucht, eine ähnliche Gewinnsteigerung durch Kostensenkungen zu erzielen, hätte man dafür etwa 25 Stellen (immerhin 10 Prozent der Belegschaft) streichen müssen. Diese Umsatz- und Ergebnisverbesserung wurde in nur sechs Monaten erreicht, sie ging mit begrenzten internen Meinungsverschiedenheiten einher und erforderte kaum Investitionen. Das Management investierte, salopp gesagt, mehr Grips als Cash. Entsprechende Anstrengungen auf der Kostenseite, nämlich Entlassungen, hätten der Arbeitsmoral der Mitarbeiter ernsthaft geschadet. Auch das Kurzfristergebnis hätte gelitten, da das Unternehmen bei Kündigungen Abfindungen hätte zahlen müssen.

Fazit

Ihre internen Daten über Umsätze, Absatzmengen, Gewinne und Kosten sind eine reichhaltige Informationsquelle, die es zu nutzen gilt. So können Sie bessere Annahmen formulieren und Entscheidungen treffen, welche Ihren Gewinn steigern. Dabei gibt es zwei Arten von Daten: Statusdaten und Reaktionsdaten.

Statusdaten liefern Ihnen die grundlegenden Fakten zu vergangenen Entwicklungen: wie viel Sie verkauft haben, an wen, zu welchen Preisen usw. Je detaillierter Sie diese Daten aufschlüsseln, desto nützlicher sind sie. Mithilfe systematischer Analysen können Sie dann – wie auch NorthSan und Kent Molding – ermitteln, wo Sie die größten Gewinne erzielen und welche Marktanteile Sie notfalls abgeben sollten.

Reaktionsdaten liefern Ihnen Informationen vom Typ »Was wäre, wenn«. Hierzu gehören Preiselastizitäten und Werbewirkungen – Daten, die Ihnen helfen, die Dynamik Ihres Marktes zu verstehen und die Reaktion Ihrer Kunden auf Marketingmaßnahmen vorherzusagen.

Als Hilfsinstrument können Sie Expertenschätzungen heranziehen, um Reaktionsdaten, z. B. in Form von Nachfrage- und Gewinnkurven zu erzeugen. Mit diesem Hilfsinstrument können gewinnorientierte Manager fundierter und zielgenauer entscheiden, wo sie die Auseinandersetzung mit dem Wettbewerb suchen und wie stark sie auf Wettbewerbsangriffe reagieren sollten.

Interne Daten können Ihnen viele neue Erkenntnisse vermitteln, doch um ausgefeiltere Hypothesen testen zu können, müssen Sie Daten direkt bei Ihren Kunden erheben. Im folgenden Kapitel erläutern wir, wie solche Hypothesen aussehen und wie Sie diese testen können.

Anmerkungen

1 Fred Vogelstein, »Mighty Amazon«, Fortune, 26. Mai 2003.
2 John D. C. Little, »Decision Support Systems for Marketing Managers«, Journal of Marketing 43 (Juli 1979).
3 Details dieses Fallbeispiels wurden aus Vertraulichkeitsgründen modifiziert.
4 Peter Rossi, Phil DeLurgio und David Kantor, »Making Sense of Scanner Data«, Harvard Business Review, März–April 2000, S. 24.
5 Faith Keenan, »The Price Is Really Right«, Business Week, 31. März 2003.
6 Ebd.
7 Details dieses Fallbeispiels wurden aus Vertraulichkeitsgründen modifiziert.
8 Details dieses Fallbeispiels wurden aus Vertraulichkeitsgründen modifiziert.

Kapitel 5

Präferenzen und Zahlungsbereitschaft der Kunden bestimmen

> *»Im Grunde kommt James immer auf eine Kernaussage zurück: Sei kein Affe! Denk für dich selber nach, gehe rational vor. Stelle Hypothesen auf, gleiche sie mit den vorliegenden Fakten ab, geh nie davon aus, dass eine Frage schon voll beantwortet ist.«*
>
> Michael Lewis in Moneyball über den wegweisenden Baseball-Experten Bill James[1]

Bei der im vorherigen Kapitel geschilderten Analyse interner Daten stößt man an dreierlei Grenzen: Erstens lassen sich nur vergangene Daten erfassen und modellieren, sodass die Vergangenheit quasi als Platzhalter für die Zukunft dienen muss. Zweitens kann man potenzielle Wettbewerbsreaktionen dann nicht berücksichtigen, wenn sie das Kundenverhalten und damit den eigenen Gewinn ernsthaft beeinflussen würden. Und drittens sind solche Analysen nur dann wirklich sinnvoll, wenn man auf eine große Datenbasis zurückgreifen kann.

Achten Sie auf eine hypothesengetriebene und fokussierte Marktforschung

Wenn Sie also Ihrem Team noch keine valide Expertenschätzung zutrauen, werden Sie aufgrund dieser Einschränkungen interner Datenanalysen nicht alle marktbezogenen Fragen mit vorhandenen Daten beantworten können. Umgekehrt werden Sie Hypothesen aufgestellt haben, die Sie nur im Markt und unmittelbar mit den Kunden testen können. Stellen Sie sich beispielsweise vor, Sie müssten entscheiden, ob Ihr Produkt eine neue Eigenschaft oder Funktion erhalten soll, wie viel ein neuer Service den Kunden wert ist oder wie Sie Kunden dazu bewegen können, ihre Kaufentscheidungen nach

++ = Sehr gut … + = Bedingt … 0 = Kaum …	… geeignet, um Erkenntnisse zur Bestimmung von Gewinnpotenzialen abzuleiten	**Quellen**				
		Intern			**Extern**	
		Historische Daten	Interne Experten	Vertrieb	Einzelne Kunden	Viele Kunden (>30 pro Segment)
Qualitativ	Tiefeninterviews		0	+	++	
	Expertenurteil/ Workshops		++	+		
	Fokusgruppen				0	
Quantitativ	Strukturierte Befragung			++		+
	Statistische Analysen	++		0		
	Kaufsimulation					++
	Markttests				0	++

(Seitenleiste links: **Methoden**)

anderen als den bisherigen Kriterien zu treffen (z. B. nach Umweltaspekten). In solchen Fällen brauchen Sie ein breiteres Spektrum an Forschungsansätzen. Abbildung 5–1 zeigt brauchbare und wirtschaftlich einsetzbare Methoden, mit denen man Kundenreaktionen einschätzen, Hypothesen testen oder neue Erkenntnisse zum Kundenverhalten gewinnen kann. Mit diesen Methoden können Sie zum Beispiel folgende Fragen beantworten:

• Warum kaufen Ihre absatzstärksten Kunden so große Mengen?
• Wie stabil sind diese Kundenbeziehungen?
• Warum kaufen bestimmte andere Kunden nicht mehr?
• Mit welcher Kombination von Veränderungen – andere Produkte oder Leistungen, bessere Kommunikation, andere Anreize – können Sie mehr Umsatz mit kleinen Kunden machen oder bei großen Kunden mehr Gewinn erzielen?

Wie auch immer Sie mit den externen Recherchen verfahren – wir empfehlen dringend, mindestens zwei Methoden auszuwählen. Ein klarer Vorteil besteht darin, dass Sie die Resultate miteinander vergleichen können, sei es, weil eine Methode überraschende oder suspekte Ergebnisse liefert oder weil Sie die zusätzlichen Fakten benötigen, um andere von Ihren Hypothesen zu überzeugen. Denn Komplikationen gibt es bei der Kundenforschung genug, und dummerweise treten sie in den meisten Fällen erst dann zutage, wenn man seine Datenerfassung abgeschlossen und mit der Analyse begonnen hat. In diesem Fall helfen die Backup-Daten aus anderen Quellen und Ansätzen, die Sachlage und Streitfragen aufzuklären.

Zur besseren Veranschaulichung werden wir im Folgenden vier Fallbeispiele vergleichen. Wir haben sie ausgewählt, weil die betroffenen Manager mit sehr unterschiedlichen Herausforderungen in sehr unterschiedlichen Märkten konfrontiert waren. Das erste Beispiel handelt von einem Unternehmen, das über einen Katalog Spielwaren und Lernartikel – also relativ einfache und kurzlebige Artikel – an Millionen von Einzelkunden verkauft. Im zweiten Fallbeispiel geht es um einen Unternehmensbereich, der Pigmente an mehrere hundert weiterverarbeitende Unternehmen vertreibt, viele davon mit sehr professionellen und gut informierten Einkaufsabteilungen. Im dritten Beispiel wird ein Händler für rund 40 000 Industrieprodukte vorgestellt, der die Komplexität seines Sortiments durch Segmentbildung in den Griff bekam, damit seine Verkäufer die Preissensitivität der Kunden einschätzen und ihre Preisentscheidungen entsprechend fällen konnten. Das vierte Beispiel zeigt, wie große Unternehmen an Marktforschung herangehen, wenn der Unterschied zwischen »guten« und »Spitzen«-Gewinnen über den Lebenszyklus eines Produktes gut und gern eine Milliarde Euro ausmachen kann.

Praxisbeispiel: Wie man die Ergebniswirkung bestimmter Marketing-Veränderungen testet

Unternehmen: Bedrock Entertainment
Produkt: Spielwaren, Spiele und Lernartikel
Quelle: Projekt von Simon-Kucher & Partners

Die Produkt- und Marketingmanager von Bedrock entwickelten und priorisierten eine Reihe von Hypothesen darüber, wo Zusatzgewinne erzielt werden könnten.[2] Dann einigten sie sich auf die drei vielversprechendsten Szenarien: Sie konnten 1) ihr Produktangebot nach Kundensegmenten differenzieren, 2) für bestimmte Produkte Versandgebühren einführen und 3) zur Steigerung des Absatzes den Produktwert im Katalog besser darstellen.

Wir begannen, ganz im Sinne der Ausführungen von Kapitel 4, mit einer statistischen Analyse historischer Daten. Wie man sich leicht vorstellen kann, hat ein Versandhaus riesige und komplexe Datenbestände. Und nach der Lektüre des vorherigen Kapitels können Sie sich sicher schon denken, dass die Konsolidierung dieser Daten zu einer für unsere Zwecke brauchbaren Datenbasis viel mehr Zeit in Anspruch nahm, als man erwartet hatte. Wir brauchten mehr als vier Wochen, um exakte Daten über die Nettopreise und Absatzmengen pro Produkt jeweils zu einem Datensatz zusammenzufassen.

In einer Reihe von Clusteranalysen konnten die Eingangshypothesen des Projektes erhärtet werden: Bedrock bediente vier Kundensegmente, die sich in Kaufverhalten und Zahlungsbereitschaft klar voneinander unterschieden. Die Produktteams entwickelten für jedes Segment neue Angebote, für die anschließend in groß angelegten Markttests Reaktionsdaten erhoben werden sollten. (Auf die Themen Segmentierung und Produktanpassungen kommen wir in Kapitel 6 noch ausführlicher zu sprechen.)

Nun können historische Daten nur begrenzte Informationen liefern. Die anderen Hypothesen hätten wir ausschließlich anhand der internen Daten nicht überprüfen können: Diese Daten sagten weder etwas darüber aus, ob die Kunden Versand- und Bearbeitungsgebühren für bestimmte Produkte akzeptieren würden (da solche bisher nicht erhoben wurden), noch wie sie auf eine verbesserte Kommunikation reagieren würden. Testen konnte man diese Hypothesen nur mit Reaktionsdaten, und dazu war in diesem Fall die Erforschung direkt am Kunden notwendig.

Die Idee mit der Versandgebühr wurde in den Führungsetagen von Bedrock zum Gegenstand hitziger Diskussionen. Die Befürworter meinten, die Kunden würden eine geringe Gebühr wahrscheinlich kaum zur Kenntnis nehmen und/oder die Begründung dafür nachvollziehen können. Die meisten Unternehmen mit Direktverkauf verlangten bereits Versandgebühren – Bedrock sollte es ihnen gleichtun.

Die Gegner waren der Ansicht, diese Maßnahme sei »der Untergang des Geschäfts«, denn sie würde gegen eine ungeschriebene Abmachung zwischen Bedrock und seinen Kunden verstoßen. Ein Unternehmen, das mit dem Gratisversand groß geworden sei, würde nur kleinlich und gierig wirken, wenn es plötzlich eine Versandgebühr verlangen würde – egal, wie gering die wäre und wie gut man sie auf dem Bestellformular verstecken würde.

Was glauben Sie, wer wohl Recht hatte?

Zum Glück entschlossen sich beide Seiten, die Kunden entscheiden zu lassen. Man würde einen kontrollierten Markttest durchführen. Technisch war das recht einfach und kostengünstig zu realisieren – dazu mussten am nächsten Katalog nur kleine Änderungen vorgenommen werden. Auf den ersten Blick also eine einfache Sache. Der Erfolg des Experiments aber hing von drei Faktoren ab: Das Management musste die Durchführung des Experiments in dieser Form genehmigen; die Kontrollgruppe war richtig zu definieren; und man musste einen Weg finden, die Ergebnisse valide zu messen und zu interpretieren.

Die ausdrückliche Zustimmung aller Beteiligten ist bei jeder Marktforschung, die Sie planen, ein wichtiger Erfolgsfaktor. Andernfalls riskieren Sie, dass irgendjemand in der Organisation im Nachhinein Ihre Vorgehensweise in Frage stellt, weil ihm die Ergebnisse nicht passen. Wenn Sie sich vorab die Zustimmung aller Seiten sichern, minimieren Sie dieses Risiko. Sie können dann nach Abschluss der Umfrage Ihre Zeit damit verbringen, die Ergebnisse zu interpretieren, anstatt sich über die Methodik zu streiten.

Nun zur Definition der Kontrollgruppe: Wenn Sie einen Markttest durchführen, müssen Sie die Resultate Ihrer Testgruppe mit denen einer Kontrollgruppe – bei welcher der Test eben nicht durchgeführt wird – vergleichen. Beide Gruppen sollten eine möglichst ähnliche Zusammensetzung aufweisen. Es hat wenig Sinn, eine Testgruppe aus dem Alpenvorland mit einer aus der Hamburger Innenstadt zu vergleichen, denn dann wüssten Sie nicht, ob unterschiedliche Resultate tatsächlich auf den Test oder auf andere Faktoren zurückzuführen sind.

Zu guter Letzt brauchen Sie Einigkeit zur Messung und Interpretation der Testresultate. In diesem speziellen Fall definierten wir dazu zwei leicht erfassbare Messgrößen: die Anzahl der Bestellungen pro Gruppe und die Anzahl der Artikel pro Bestellung. Da jede Messgröße für die Testgruppe entweder höher, niedriger oder gleich sein konnte als der entsprechende Wert der Kontrollgruppe, gab es neun mögliche Resultate. Dazu ein Beispiel: Wenn die Anzahl Bestellungen und die Artikel pro Bestellung in der Testgruppe gleich oder höher wären, ließe das darauf schließen, dass die

Versandgebühren dem Radar der Kunden entgangen sind. In diesem Fall wäre den Kunden das Thema anscheinend nicht so wichtig, und Bedrock könnte eine Gewinnsteigerung erzielen – denn die Versandgebühr bedeutete einen zusätzlichen Gewinn für jede Bestellung. Wäre aber eine oder gar beide Messgrößen in der Testgruppe niedriger als in der Kontrollgruppe, dann spräche das für einen gewissen Widerstand: Die Kunden würden dann entweder gar nicht oder weniger bestellen.

Eines sollte man dabei nicht vergessen: Ein Experiment wie dieses in einem kleinen Teil des Marktes kann keine Erkenntnisse über potenzielle Wettbewerbsreaktionen vermitteln. Entweder wird der Test von der Konkurrenz gar nicht zur Kenntnis genommen, oder er wird als Experiment gesehen, das keine Reaktion erfordert. Aus diesen Gründen ist Preisoptimierungssoftware, welche Preisveränderungen durch Experimente im Markt überprüft, sehr gefährlich: Es kann passieren, dass die Resultate der Softwaretests zwar eine Preissenkung vorteilhaft erscheinen lassen; führt man diese Preissenkung dann aber landesweit ein – was niemand mehr als »bloßes Experiment« verstehen könnte –, dann sieht sich der Wettbewerb wahrscheinlich gezwungen zu reagieren, und schon sind die vorhergesagten Gewinne Makulatur.

Bedrock testete die Versandidee anhand zweier aufeinanderfolgender Katalogzyklen, da man hoffte, die Erkenntnisse aus dem ersten Test durch ein objektives, wiederholbares Resultat erhärten zu können. In der Tat lieferte der zweite Test diese Bestätigung: Beide Male waren die Messwerte für die Testgruppe niedriger als für die Kontrollgruppe. Man musste die Idee mit der Versandgebühr begraben. Sowohl ihre Befürworter als auch die Gegner waren erleichtert – hatten doch die objektiven Resultate des Markttestes das Management von einer »Bauchentscheidung« abgehalten, die Bedrock im schlimmsten Fall Millionen gekostet hätte.

Die letzte Hypothese besagte, dass bessere Kommunikaton den Absatz steigern würde. Das Testen dieser Hypothese im Markt wäre weitaus weniger umstritten, dafür aber technisch schwieriger gewesen und hätte größere Investitionen für die Umgestaltung der nächsten Kataloge erfordert. Als Alternative einigten wir uns mit Bedrock, eine Reihe von Fokusgruppen durchzuführen.

Aufgrund unserer zwanzigjährigen Erfahrung mit Fokusgruppen können wir Ihnen diese nur dann empfehlen, wenn Sie sich aus einem Gespräch mit Gruppen von Kunden tatsächlich mehr Einsichten erwarten als aus Einzelgesprächen. Anders gesagt: Eine Fokusgruppe ist nur dann sinnvoll, wenn eine Idee im Gruppengespräch wirklich zur nächsten führt und das Ergebnis aus der Gruppendiskussion gehaltvoller ist als die Summe individueller Beiträge. Und selbst dann müssen Sie die Vorteile gegen die Risiken abwägen: Starke Persönlichkeiten können eine Gruppendiskussion dominieren und die Mehrheitsmeinung beeinflussen. Auch ist es in Fokusgruppen manchmal schwierig, zwischen echtem Konsens der Teilnehmer und bloßer Resignation zu unterscheiden.

Die Ergebnisse der vier Gruppendiskussionen, die Bedrock durchführte, bestärkten uns in unserem zweiten Ratschlag zum Thema Fokusgruppen: Ihre Erwartungen hinsichtlich der Resultate müssen realistisch sein. Im Falle Bedrock fanden erwartungsgemäß einige Gruppenteilnehmer die neuen Konzepte gut, andere nicht. Nebenprodukt der fruchtbaren Diskussionen waren für Bedrock mehrere neue und nützliche Erkenntnisse darüber, wie die Kataloge bei den Kunden ankamen. Doch der eigentliche Zweck der Fokusgruppen – bestimmte Ideen zur Verbesserung der Kommunikation auszutesten – erfüllte sich nicht. Es ergab sich weder ein durchgängiges Muster noch ein unmittelbar umsetzbares Resultat. Bedrock konnte lediglich daraus schließen, dass einige seiner Ideen nur geringe Erfolgsaussichten hatten und insgesamt keine klaren »Gewinner« zu erkennen waren.

Als Faustregel gilt: Je spezifischer Ihre Aufgabe und je geringer die Notwendigkeit, das Thema von allen Seiten zu beleuchten, desto eher sollten Sie strukturierte Individualbefragungen Fokusgruppen vorziehen. Den Einsatz weiterer in Abbildung 5–1 aufgeführter Methoden, wie vor allem der Kaufsimulation veranschaulicht das nächste Fallbeispiel.

Praxisbeispiel: Neue Formen der Kundensegmentierung austesten

Unternehmen: Kleber Enterprises
Produkt: Pigmente
Quelle: Projekt von Simon-Kucher & Partners

Wie beim Bedrock-Projekt begannen wir auch hier mit der Entwicklung und Priorisierung von Hypothesen, die getestet werden sollten. Das Kleber-

Team war fest davon überzeugt, der Weg zur Gewinnsteigerung führe über eine verbesserte Kundensegmentierung sowie eine verstärkte segmentspezifische Differenzierung von Produkten, Leistungen und Preisen. [3]

Im Unterschied zu Bedrock hatte Kleber zwei eigenständige Unternehmensbereiche: Der eine bediente 1 500 kleine und mittelgroße regionale Kunden, der andere rund 50 Großkunden. Angesichts dieser Struktur erschien es sinnvoll, eine groß angelegte Umfrage unter den regionalen Kunden durchzuführen. Damit wären wir bei einer Frage angelangt, über die sich die Wissenschaftler seit langem streiten: Wie groß sollte eine Stichprobe sein? Nach unserer Erfahrung ist für die Marktforschung in industriellen Märkten eine Stichprobengröße von 40 bis 50 Teilnehmern pro Segment knapp, aber angemessen. Diese Segmente werden im Voraus festgelegt. Nehmen wir an, Sie möchten das Kaufverhalten von Kunden erforschen, die für weniger als 100 000 Euro pro Jahr bei Ihnen einkaufen: Um hier zu aussagekräftigen Ergebnissen zu gelangen, müssen Sie 40 bis 60 dieser Kunden interviewen. Bei Umfragen im Business-to-business-Bereich liegt die »Trefferquote« meist zwischen 5 und 20 Prozent; das heißt, bestenfalls erklärt sich einer von fünf kontaktierten Kunden zur Teilnahme bereit. Im Fall Kleber konnten wir also im günstigsten Fall darauf hoffen, dass immerhin 300 der regionalen Kunden an der Befragung teilnehmen würden.

Die Gestaltung der Befragung selbst hängt in der Regel davon ab, welche Methoden Sie einsetzen möchten. In letzter Zeit erfreuen sich internetbasierte Umfragen zunehmender Beliebtheit, da sie billig und schnell durchführbar sind. Auch wir haben mit solchen Online-Befragungen gute Erfahrungen gemacht; allerdings muss man bei der Qualität der Antworten Abstriche machen, wenn die Fragen zu komplex und anspruchsvoll sind, vor allem aber, wenn das Ausfüllen mehr als 45 Minuten in Anspruch nimmt. Der einzige wirkliche Nachteil dieser Methode ist jedoch, dass man sich nicht mit dem Befragten austauschen kann. Wenn Sie diesen Austausch für unverzichtbar halten, aber dennoch Kosten sparen möchten, dann sind telefonische Befragungen ein guter Kompromiss, gegebenenfalls ergänzt durch Referenzmaterialien (z. B. Produktbeschreibungen), die Sie online oder per Post zur Verfügung stellen können. Im Falle Kleber entschied man sich für 150 computergestützte persönliche Interviews von 30 bis 45 Minuten Dauer.

Eines der abgefragten Themen war die Preisgestaltung. Auch hierbei stellt sich unweigerlich eine Frage, welche in akademischen Kreisen seit Jahrzehnten heiß diskutiert wird: Wie misst man Nutzenwahrnehmung und Preissensitivität?

Bei einigen der Standardmethoden zur direkten Preisbefragung (»Würden Sie Produkt X für 19,95 Euro/für 14,95 Euro kaufen?«) haben sich im Laufe der Jahrzehnte Systemfehler eingeschlichen, sodass diese Methoden meist die Zahlungsbereitschaft der Kunden unterschätzen. Denn die Kunden – allen voran die Einkaufsabteilungen großer Industrieunternehmen – sind heute weitaus preisbewusster als noch vor 50 Jahren, als diese Methoden erstmals eingesetzt wurden. Zusätzlich verstärkt wird der Systemfehler durch die direkte Art der Befragung, da diese die Aufmerksamkeit des Befragten erst recht auf den Preis lenkt.

Bei einer weiteren Methode der direkten Befragung werden die Kunden danach gefragt, welche Preistypen oder -strukturen sie bevorzugen. Dieses Vorgehen liefert klare Ergebnisse über die Präferenzen der Kunden – nicht aber darüber, wie viel sie tatsächlich bezahlen würden. Natürlich bevorzugen Vieltelefonierer oder -surfer nutzungsunabhängige Tarife. Natürlich wollen Langstreckenflieger lieber Preisstrukturen, die Abschläge oder Bonuspunkte für lange Strecken enthalten. Doch die Fragen, die Sie interessieren sollten, sind: Wie viel würden diese Kunden tatsächlich dafür bezahlen? Und werden sie auch dann Ihre Kunden bleiben, wenn Ihre Preisstruktur einmal nicht ihren Präferenzen entspricht? Das ist nur mit einer indirekten Befragungsmethode zu klären.

Indirekte Methoden wie die adaptive Conjoint-Analyse (ACA) oder das Discrete Choice Modeling (DCM) liefern validere Messungen für Zahlungsbereitschaften und Produktnutzenwerte. Wir bezeichnen sie deshalb als indirekte Methoden, weil sie nicht nur den Preis, sondern auch andere Produktmerkmale variieren, sodass man die Zahlungsbereitschaften indirekt messen kann. Jede Methode zielt darauf ab, die Befragten mit realistischen Kaufentscheidungen zu konfrontieren, in denen sie zwischen zwei oder mehreren Alternativen abwägen müssen. Wir möchten hier nicht zu tief in die methodischen Details einsteigen und gehen daher nur kurz auf die wichtigsten Stärken und Schwächen jedes Ansatzes ein. Discrete Choice Modeling eignet sich am besten für etablierte Märkte mit klaren Wettbewerbsstrukturen. Typischerweise kommt dieses Verfahren bei Unternehmen zum Einsatz, die für vorhandene Produkte neue Gewinnsteigerungsmöglichkeiten suchen. Die adaptive Conjoint-Analyse ist einfacher in Konzeption und Durchführung, aber weniger geeignet, existierende Marktverhältnisse präzise zu simulieren.[4]

Mit dem Angebot günstiger Softwarepakete von Firmen wie etwa Sawtooth sind DCM und ACA fast für jede Firma erschwinglich geworden. Doch was billig ist, muss noch lange keine nützlichen und stichhaltigen Resultate liefern. Die komfortable Plug-and-Play-Anwendung lässt beide Methoden täuschend einfach erscheinen, und es kann eine reizvolle, mitunter sogar vergnügliche Aufgabe sein, Auswahlmöglichkeiten für die Kunden zu ersinnen. Tatsächlich aber braucht man langjährige Erfahrung, um solche indirekten Ansätze richtig zu konzipieren und zu interpretieren. Das gilt vor allem dann, wenn auch die wichtigste Variable abgedeckt werden soll: der Preis. Eine Kundenbefragung mit ACA oder DCM muss unbedingt zeitsparend ausgelegt sein, da diese Methoden selbst motivierte Interviewpartner ermüden können. Besonders hoch sind die Risiken einer schlechten Konzeption in industriellen Märkten mit einer begrenzten Anzahl von Kunden – denn dort gibt es keine Chance, anschließend eine weitere Studie durchzuführen. Sie haben genau einen Versuch, dann ist Schluss. Wir empfehlen daher, beim Einsatz von DCM oder ACA die Konzeption der Studie einem Experten zu überlassen, vor allem, wenn die Gruppe potenzieller Teilnehmer eher klein ist.

Hinzu kommt, dass diese Art der Marktforschung häufig weit mehr Ressourcen bindet, als man erwarten würde. Sie müssen die Kosten für die Anwerbung von Teilnehmern und die Durchführung der Interviews einkalkulieren, und Sie müssen den Zeitaufwand für die Entwicklung des Fragebogens, die Durchführung der Befragung und die Analyse der erhobenen Daten veranschlagen. Bei Kleber dauerte dieser ganze Prozess zwölf Wochen, etwa gleichmäßig verteilt auf die Konzeption des Fragebogens, die Befragung selbst und die Datenanalyse.

Die Kosten eines Einzelinterviews rangieren zwischen 20 bis zu mehr als 500 Euro, je nachdem wie das Interview geführt wird, wie hoch der Spezialisierungsgrad der Branche ist und ob Sie dem Interviewpartner die Teilnahme vergüten müssen. Am unteren Ende steht eine Kundenbefragung per Internet für 20 bis 30 Euro pro Interview, ohne monetäre Anreize für die Befragten. Am oberen Ende – zum Beispiel bei hoch spezialisierten

Industrien oder Produkten – könnte ein computergestütztes persönliches Interview etwa 250 Euro kosten, plus 100 bis 250 Euro für Aufwandsentschädigungen. Hinzu kommen noch die Reisekosten für den Interviewer.

Kleber bezahlte letztendlich rund 340 Dollar pro durchgeführtem Interview, einschließlich einer durchschnittlichen Aufwandsentschädigung von 140 Dollar. An Zeitaufwand sollten bei 50 bis 300 Gesprächen mindestens drei bis vier Wochen für die gesamte Befragung – die so genannte Feldphase – eingeplant werden. Bei Kleber dauerte sie vier Wochen, da sich die Vereinbarung von Gesprächsterminen mit Kunden zeitraubend gestaltete.

Vier Wochen waren auch nötig, um einen geeigneten Fragebogen zu entwerfen und von allen wesentlichen Entscheidungsträgern die Zustimmung einzuholen.

Vier Wochen - das mag zunächst lang erscheinen, aber schauen wir uns einmal genauer an, wie die Entwicklung eines komplexen Fragebogens vor sich geht.

Der Erarbeitungsprozess selbst verläuft in der Regel mehr oder weniger reibungslos. Anders sieht es aus, wenn der Fragebogen den Weg durch die Instanzen (hier: das Management) antritt. Das erinnert dann häufig an einen Gesetzentwurf, der sich in Bundesrat und Bundestag behaupten muss: Leute, denen man nie zuvor begegnet ist, haben Wind von der Sache bekommen und wollen nun alle möglichen Fragen beisteuern. Dass die Antworten darauf vielleicht faszinierend, aber im Hinblick auf die Eingangshypothesen irrelevant sind, stört sie weniger. Finden sie kein Gehör, dann gehen manche sogar so weit, Besprechungen zu torpedieren und den Projektfortschritt zu behindern. Spätestens wenn Sie die Feststellung machen, dass Sie die meiste Zeit mit Diskussionen darüber verschwenden, was nicht in den Fragebogen soll, sollten Sie die Bremse ziehen und alle Beteiligten nochmals eindringlich an die Befragungsziele sowie die zugrunde liegenden Hypothesen erinnern.

Ein Fragebogen, der ein solches Maß an Investitionen und Qualität verlangt, sollte auch angemessen getestet werden, bevor die endgültige Version programmiert wird und ins Feld geht. Auch das erfordert einiges an Zeit, aber es hilft Ihnen, die Zeit der Teilnehmer möglichst effizient zu nutzen. David Ogilvy, graue Eminenz der Werbung und eifriger Verfechter der Marktforschung, schilderte einmal sein Erlebnis mit einem von ihm selbst verfassten Fragebogen. Er habe die Fragen eigentlich ganz sinnvoll gefunden, so Ogilvy, bis er zum ersten Mal versucht hätte, sie in einer echten Interviewsituation zu beantworten: »Ein Interviewer sprach mich an und stellte mir Fragen, die ich zwei Tage zuvor selbst geschrieben hatte. Sie waren nicht beantwortbar.«[5] Ist eine Frage so formuliert, dass sie den Befragten unter Umständen verwirren könnte, dann wird das die Qualität Ihrer Daten beeinträchtigen. Halten Sie deshalb Ihre Fragen so simpel und direkt wie möglich. Vermeiden Sie das, was wir »promovierte Fragen« nennen: Fragen, die sich endlos hinziehen und hochgestochene Formulierungen, Fachausdrücke und/oder unnötige Details enthalten. Denken Sie daran: Sinn und Zweck des Ganzen ist es, von den Kunden entscheidungsrelevante Informationen einzuholen – nicht, ihnen Quizfragen zu stellen.

Liegen die Rohdaten aus den Interviews vor, dauert es im Durchschnitt weitere vier Wochen, sie zu bereinigen, zu verdichten, zu analysieren und stichhaltige Schlussfolgerungen abzuleiten. Bei Kleber zahlten sich die Geduld und Kooperationsbereitschaft des Managements aus: Die Umfrage ergab vier klar abgegrenzte Segmente, auf deren Basis die Vermarktungsstrategie des Unternehmens völlig neu ausgerichtet wurde. Produkte und Services wurden segmentspezifisch modifiziert und die Organisation entsprechend angepasst, und als Ergebnis konnte Kleber seine Umsatzrendite von 7 auf stolze 10 Prozent steigern. Für ein Unternehmen in einem wettbewerbsintensiven Geschäft mit rückläufigen Gewinnmargen war das ein gewaltiges zusätzliches Gewinnpotenzial. Das Thema Segmentierung wird in Kapitel 6 detaillierter behandelt.

Parallel dazu durchlief der Unternehmensbereich mit Großkunden ebenfalls ein Programm, das jedoch wegen der kleineren Kundenzahl völlig anders angelegt war. Eine Umfrage mit indirekten Methoden wie ACA oder DCM wäre hier nicht praktikabel gewesen. Bei normaler Erfolgsquote und 50 Key-Accounts hätten wir uns schon glücklich schätzen können, wenn wir es auf zehn Interviews gebracht hätten – weit weniger, als man für einen indirekten Marktforschungsansatz benötigt.

Als Ersatz für den Kunden-Input führten wir daher eine Reihe eingehender Befragungen mit denjenigen Vertriebsleuten und Managern durch, welche an den Vertragsverhandlungen mit den 50 Großkunden direkt beteiligt waren. Wir nennen diesen Ansatz die Deal-Autopsie. Die Hauptressource, die Kleber hier investieren musste, war Zeit. Sie sollten hier pro Gespräch einen Manntag für die Vorbereitung, Durchführung und Analyse einplanen. Achten Sie außerdem darauf, dass die Teilnehmer möglichst viel Dokumentation zur Verfügung stellen, wie etwa Kopien von Vertragsentwürfen, Verträge in der Endversion, nachträgliche Zusätze und den relevanten (externen und internen) Schriftwechsel. Diese Zusatzinformation ist hilfreich bei der Rekonstruktion des Verhandlungsprozesses und bei der Suche nach Optimierungsmöglichkeiten.

Die Deal-Autopsie dient drei wesentlichen Zielen: Best-Practice-Vorgehensweisen zu identifizieren und im Rest der Organisation publik zu machen, potenzielle Fallstricke bei Verhandlungen aufzudecken und Informationen über Verhaltensmuster der Kunden zu gewinnen. Im konkreten Fall identifizierten wir mehrere Best Practices, die zu strikteren Vorgehensregeln für künftige Vertragsverhandlungen zusammengefasst wurden. Und aufgrund der Rückschlüsse zum Kundenverhalten ließen sich die meisten Key-Accounts den Segmenten zuordnen, welche schon in der großen Studie mit den kleineren regionalen Kunden definiert worden waren.

Beachten Sie stets, dass es bei der Deal-Autopsie nicht um eine Überwachung der Mitarbeiter geht; mehr dazu im folgenden Unterkapitel. Wenn Sie also eine solche Deal-Autopsie durchführen, sollten Sie sich zunächst darauf konzentrieren, was die Vertriebsteams gut gemacht haben, nicht auf ihre Mängel. Sollte der Eindruck entstehen, dass es eher um Schuldzuweisungen geht als um Verbesserungen, dann werden Sie mit der ganzen Geschichte nur Ihre Zeit vergeuden. Niemand wird sich kooperativ zeigen. Wir möchten hier nochmals betonen, was wir am Ende des ersten Kapitels bereits gesagt haben: Sie können Ihre verborgenen Gewinnpotenziale nur finden und erschließen, wenn Sie Ihre Aufmerksamkeit auf die Potenziale selbst richten – nicht auf die Gründe für die Nichterschließung. Sie sind auf der Jagd nach Gewinnen, nicht auf Hexenjagd.

Nutzen Sie Ihre Vertriebs- und Serviceteams als Informationsquellen

Eine Frage, die viele Unternehmen beschäftigt, ist: Wie kann man mithilfe seiner Vertriebs- und Serviceleute nützliche Informationen gewinnen? Dass diese Mitarbeiter über Informationen verfügen, die Managemententscheidungen beeinflussen könnten, leuchtet ohne weiteres ein – verbringen sie doch in der Regel viel mehr Zeit mit Kunden als jedes Vorstandsmitglied und jede Führungskraft.

Schauen wir uns an, wie Unternehmen in der Praxis Kundeninformationen einholen, finden wir oftmals ein interessantes Paradoxon vor: Der Vertrieb verbringt zwar den größten Teil seiner Zeit im direkten Kundenkontakt – wenn aber die Marketingabteilung etwas über Kunden in Erfahrung bringen möchte, lässt sie eine Kundenbefragung durchführen und interpretiert die Resultate selbst. Zur Begründung heißt es häufig: Wenn die Vertriebsleute das alles nur im Kopf behalten und nichts davon aufschreiben, wie vollständig und objektiv können ihre Berichte dann sein?

Dass Ihr Vertrieb eine wahre Fundgrube für wertvolle Rohinformationen ist, steht außer Zweifel. Die Frage ist also: Wie müssen Sie mit Ihren Vertriebsleuten reden, um diese Informationen erfolgreich aus ihnen herauszuholen? Nun, als Erstes empfehlen wir Ihnen, anstatt einer Unterhaltung ein strukturiertes Interview zu führen – ähnlich wie Kleber das mit seinen Regionalkunden gemacht hat. Geben Sie ihnen eine Reihe kurzer Fragen vor, die sie schnell beantworten können. Je mehr quantitative Fragen darunter sind, desto besser. Formulieren Sie offene Fragen sehr sorgfältig, damit das Ganze nicht zum Geschichtenerzählen gerät – seien das nun eigene Erlebnisse oder Anekdoten, die man im Laufe der Jahre von anderen gehört hat. Stellen Sie außerdem sicher, dass Sie nur Fragen stellen, welche tatsächlich der Vertrieb am besten beantworten kann. Auch hier ist die hohe Kunst gefragt, die Zeit des Gesprächspartners nicht zu vergeuden. Vergewissern Sie sich vorab, ob Sie die Antworten nicht in anderen Quellen finden können – etwa in relevanten Unterlagen, Produktbeschreibungen, Fachzeitschriften und dergleichen –, bevor Sie eine Frage an Vertriebsmitarbeiter richten.

Wohlgemerkt: Wenn Sie Ihren Vertrieb so als Informationsquelle nutzen, dann muss das die direkte Marktforschung nicht ausschließen. Denn wer 400 Kunden je zwei Stunden lang befragt, erhält natürlich 800 Stunden lang Einblick in deren Denkweisen und hat obendrein den Verlauf der Gespräche in der Hand. In der Regel lohnt sich diese Investition, sofern die Interviews so geführt werden wie zuvor beschrieben: hypothesengesteuert und fokussiert.

Davon abgesehen, ist es einfach schade, dass die wertvollen Informationen aus den Tausenden oder gar Millionen Mitarbeiterstunden, die Vertriebsleute und Servicetechniker beim Kunden verbringen, so wenig genutzt werden. Besonders gilt das für Servicetechniker, denn die haben häufig weder die Geduld noch die Neigung, ihre Kommentare in einer für Marketing und/oder Entwicklung verdaulichen Form zurückzuspielen. Der Gründer eines führenden Maschinenbauunternehmens drückte das einmal so aus: »Das Feedback von Servicetechnikern kann ganz schön unangenehm sein. Sie sagen klipp und klar, auf welche Schwierigkeiten sie gestoßen sind, was schief gelaufen ist, was geändert und verbessert werden muss. Sie haben einen hervorragenden Durchblick bei solchen Problemen, aber in den meisten Firmen nicht genügend Gelegenheiten, ihre komplexen Erfahrungen direkt an die Entwicklungsingenieure zu bringen. Und als Techniker mögen sie es gar nicht, wenn sie schriftliche Besuchsberichte abliefern sollen.«[6] Eine strukturierte Befragung, wie oben dargestellt, würde ihnen mehr als entgegenkommen und könnte den Marketing- und Entwicklungsteams zusätzlichen – wenn auch indirekt gewonnenen – Kunden-Input liefern.

Im nachfolgend geschilderten Fallbeispiel haben Vertriebsinformationen ganz wesentlich zur Entwicklung und erfolgreichen Umsetzung von Preisempfehlungen beigetragen. Der Vertrieb war darauf sehr stolz und stand voll hinter diesen Empfehlungn – denn er hatte nicht nur daran mitgearbeitet, sondern das Management hatte auch seinen Input ernst genommen und in die Endresultate mit einbezogen.

Es geht um einen Großhändler für Industriezubehör – hier Kinston genannt – mit über 40 000 Produkten im Sortiment. Mehr als 20 000 Mitarbeiter in über 100 Ländern verkaufen diese Artikel an Bauunternehmer, Werkstätten und andere Firmen.

Praxisbeispiel: Preiselastizitäten bestimmen

Unternehmen: Kinston
Produkt: Vertrieb von Industriezubehör
Quelle: Projekt von Simon-Kucher & Partners

Kinston hatte mit dem gleichen Wettbewerbsdruck zu tun, um den es in diesem Buch immer wieder geht:[7] Die Kunden waren anspruchsvoller geworden. Sie stellten die Differenzierungsargumente der unterschiedlichen Anbieter in Frage und forderten immer größere Preisnachlässe. Und je mehr sich der Wettbewerb verschärfte, desto mehr wurde der Preis – nicht Service oder Qualität – zum Gegenstand der Kundenverhandlungen. Da sich Kinston bereits durch einen hoch effizienten Betrieb mit exzellenter Logistik auszeichnete, sah man wenig Möglichkeiten, durch weitere Kostensenkungen zusätzliche Gewinnpotenziale zu erschließen.

Stattdessen versuchte Kinston weiterhin, sein Preispremium zu erhalten. Als Argumente führte das Unternehmen seine Wettbewerbsvorteile hinsichtlich Sortimentsgröße, technischer Kompetenz und Logistik sowie seinen bekannten Markennamen ins Feld. Trotz alledem gingen die Gewinne stetig zurück. Man musste dringend etwas unternehmen, um die Margen wieder zu verbessern oder zumindest ein weiteres Schrumpfen zu verhindern. Wo hatte man realistische Chancen, die Gewinne zu erhöhen?

Zum ersten Mal in seiner Unternehmensgeschichte unternahm Kinston eine quantitative Analyse der Preisdynamik in seinem Markt. Um diese richtig anzugehen, brauchte man eine Methode zur Abschätzung der Preiselastizität und Bestimmung der Gewinnkurve. Wie aber geht so etwas bei 40 000 Produkten? Denn eine solche Erhebung für jedes einzelne Produkt durchzuführen wäre natürlich absurd.

Die effiziente Vorgehensweise bestand darin, Kunden und Produkte in sinnvolle, homogene Gruppen zu unterteilen. Am Ende einigte man sich auf 39 Gruppen. In einer Reihe von Workshops und Diskussionsrunden stellten dann Teams aus Vertriebsleuten gemeinsame Schätzungen darüber auf, wie sich bestimmte Preisänderungen auf die Nachfrage auswirken würden. Auf Basis der Nachfragekurven konnte das Projektteam Preiselastizitäten berechnen, und die entsprechenden Informationen wurden anschließend auf dem Laptop jedes Vertriebsmitarbeiters zur Verfügung gestellt.

Kinston ging noch zwei Schritte weiter und setzte zwei Verfahren ein, die bereits in Kapitel 4 und 5 besprochen wurden: Zum einen wurden die Daten aus den bisherigen Geschäftsabschlüssen eingehend analysiert. So erhielt man weitere Informationen über Preiselastizitäten in Ergänzung zum Expertenurteil des Vertriebs. Zum anderen wurde eine Umfrage unter 100 Kunden durchgeführt. Vom Konzept her ähnelte die Befragung der von Kleber, wobei Kinston jedoch den Umfang auf eine Hand voll repräsentativer Produktgruppen begrenzte.

Drei Datensätze über Preiselastizitäten aus drei unterschiedlichen Quellen: ein beeindruckendes Beispiel für unsere Empfehlung, auf der Suche nach Gewinnsteigerungspotenzialen mehrere Methoden einzusetzen. Mit einer derartigen Fülle von Informationen konnte Kinston seinen Vertriebsleuten sehr präzise Anweisungen dazu geben, wie weit Preisnachlässe gehen durften und ab wann sie Profitabilität gefährdeten.

Um den Einsatz des neuen Systems zu fördern, wurde die Vergütung des Vertriebs von Grund auf überarbeitet. Was dabei im Einzelnen geändert wurde, ist in Kapitel 9 geschildert: Dieses Kapitel widmet sich dem Thema Anreize für Vertriebsleute, Vertreter und Vertriebspartner.

Richten Sie den Aufwand für Marktforschung am Gewinnpotenzial aus

Die zusätzlichen Gewinne, die Kinston mit seinen Maßnahmen erzielte, waren in absoluten Beträgen weit höher als im Falle Bedrock oder Kleber. Ein Vielfaches mehr aber steht auf dem Spiel, wenn beispielsweise ein Autohersteller ein neues Modell oder ein Pharmakonzern ein bahnbrechendes neues Medikament auf den Markt bringt. In diesem Abschnitt erläutern wir daher, wie man vorgeht, wenn das zusätzliche Gewinnpotenzial nicht Millionen, sondern Milliarden Euro beträgt.

Praxisbeispiel: Wie man für ein neues Produkt den profitabelsten Preis definiert

Unternehmen: Jetson Motors
Produkt: Neues Automodell
Quelle: Projekt von Simon-Kucher & Partners

In den 90er Jahren brachte Jetson Motors ein völlig neues Modell mit zukunftsweisendem Design heraus. Man hoffte, damit eine ganz neue Fahrzeugkategorie zu schaffen. Das neuartige Fahrzeug sollte Autokunden ansprechen, die Flexibilität und Funktionalität bei überschaubarer Größe und zu einem erschwinglichen Preis suchten.[8]

Nach herkömmlicher Ansicht lag die preisliche Positionierung eigentlich auf der Hand: Der Preis für das Fahrzeug musste unter der psychologischen Grenze von 15 000 Euro liegen. Zu diesem Preis konnte man das Fahrzeug profitabel fertigen; und der Gedanke, zum ersten Mal überhaupt ein Fahrzeug dieser Preisklasse anzubieten, hatte durchaus seinen Reiz – kostete doch das bislang günstigste Modell dieses Herstellers über 20 000 Euro. Darüber hinaus würde man bei diesem Preis ein Premium von rund 9 Prozent gegenüber dem erfolgreichsten Wettbewerbsfahrzeug des Segments erzielen. Das entsprach der Premiumpositionierung der Marke.

Alles passte zusammen. Man avisierte einen Preis von 14 750 Euro und hoffte, die Erstjahresproduktion von 300 000 Stück komplett abzusetzen. Dann kamen erste Zweifel auf.

War es wirklich sinnvoll, bei einem so unkonventionellen Fahrzeug auf konventionelle Denkansätze zurückzugreifen? Welchen Wert hatte der Markenname eigentlich in diesem neuen Segment? Man konnte hier nur auf wenige Referenzdaten zurückgreifen, da der Hersteller bislang in diesem Segment noch überhaupt nicht vertreten war. Wie viel wären die Kunden wirklich bereit, für das neue Design und die neuen Komfort-Features zu zahlen? Wie viel Prozent der Kunden würden sich überhaupt für das neue Design und die neue Ausstattung interessieren?

Je mehr solcher Fragen auftauchten, desto fragwürdiger wurde der Preis von 14 750 Euro. Das Unternehmen beschloss, seine Hypothesen über Design, Ausstattung und Preise direkt mit potenziellen Kunden zu testen. Diese bekamen ein Video gezeigt, das ihnen die Vorteile des Fahrzeuges – die sie ansonsten vielleicht nicht wahrgenommen hätten – vor Augen führte. Im Grunde war das Video ein Ersatz für den Besuch beim Händler und das genauere In-Augenschein-Nehmen des Wagens. Um das erwartete Verhalten der Kunden quantitativ zu erfassen, wurde eine Kombination aus zwei indirekten Methoden eingesetzt: DCM, um das Auswahlverhalten zwischen dem neuen Fahrzeug und den Wettbewerbsmodellen zu bestimmen, und ACA, um zu ergründen, was die Kunden für die einzelnen Features zu zahlen bereit waren. Auf Basis dieser Daten wurde ein komplexes Entscheidungsunterstützungsmodell entwickelt, welches diverse Marktszenarien simuliert. Anhand der Kundenpräferenzen laut Befragung konnte Jetson verschiedene Produktkonfigurationen für sein eigenes wie auch für Wettbewerbsfahrzeuge eingeben, und das Simulationsmodell errechnete die zugehörigen Marktanteile. Die Ergebnisse überraschten alle – am allermeisten die Experten aus Marketing und Technik:

- Polarisierung. Das neue Design polarisierte die Kunden. Etwa ein Viertel zeigte sich als echte Fans, der Rest lehnte das Fahrzeug kategorisch ab. Somit war klar, dass der Preis nur den Input der Fans reflektieren durfte, denn nur diese würden einen Kauf ernsthaft in Betracht ziehen.
- Zahlungsbereitschaft. Was die Fans für das Fahrzeug auszugeben bereit waren, übertraf die Erwartungen. Sie fanden sowohl die Funktionalität als auch die Marke hoch attraktiv.
- Resultierende Empfehlungen. Unser Projektteam schlug einen Preis von 15 500 Euro vor, der die herkömmliche »Preisschwelle« völlig außer Acht ließ. Wir prognostizierten außerdem, dass das Unternehmen dennoch die gesamte Produktion des ersten Jahres zu diesem Preis abverkaufen würde.

Der Autohersteller folgte unseren Empfehlungen und verkaufte im ersten Jahr 293 000 Fahrzeuge. Das entsprach einer Kapazitätsauslastung von 98 Prozent – also volle Auslastung, wenn man bedenkt, dass es sich um das erste Produktionsjahr handelte. Durch die 750 Euro Mehrpreis per Fahrzeug und die Absatzmenge erzielte das Unternehmen einen Zusatzgewinn von 220 Millionen Euro pro Jahr, verglichen mit der ursprünglichen Planung.

Die stichhaltigeren Kundeninformationen und die Quantitizierung der

Zahlungsbereitschaften in Euro und Cent gaben den Ausschlag. Hätte das Unternehmen diese Studie nicht durchführen lassen, hätte es niemals vor der Markteinführung gemerkt, dass sein neues Fahrzeug die Autokäufer in eine »Liebe« und eine »Hass«-Fraktion teilte. Und selbst mit den Ergebnissen der Untersuchung hätte man beträchtliche Gewinnpotenziale übersehen, wenn man diese beiden Fraktionen in einen Topf geworfen und einen Einheitsbrei daraus gekocht hätte. Mit Summenwerten und Durchschnitten wäre man auf die falsche Fährte geraten – wie schon in Kapitel 3 beschrieben.

Durch diese Studie erkannte man bei besagtem Autohersteller auch die praktischen Effekte einer anderen Art von Schwelle, die nur wenige Manager bewusst zur Kenntnis nehmen: nämlich, wie viel Preispremium man maximal verlangen kann, ohne gegenüber dem Wettbewerb an Position zu verlieren. Bis zu dieser Schwelle wird ein Unternehmen kaum Kunden verlieren, solange es sein Preispremium schrittweise erhöht. Wird aber die Schwelle überschritten, ist die Absatzwirkung dramatisch. Die Kunden wenden sich vom Produkt ab, da aus der »großen« Preisdifferenz zum Wettbewerb ein »krasser« Unterschied geworden ist.

Durch die Erhöhung auf 15 500 Dollar stieg im geschilderten Fall das Preispremium gegenüber dem Haupt-Wettbewerbsfahrzeug von rund 9 auf über 14 Prozent. Da aber aus Kundensicht der Bezugspunkt für die betreffende Marke ein viel teureres Fahrzeug war, erschien die Verschiebung um 5 Prozentpunkte akzeptabel.

Fazit

Interne Datenanalysen sind leistungsfähige Instrumente, aber häufig nicht ausreichend oder geeignet, um bestimmte kundenbezogene Hypothesen zu testen – etwa, warum sich die Kunden genau so und nicht anders verhalten oder wie sie auf Veränderungen in Produkt und Service reagieren würden. Zuverlässig testen können Sie diese Konzepte nur durch direkte Marktforschung, konkret: Markttests oder Kundenbefragungen.

Falls Sie einen Markttest durchführen (wie Bedrock Entertainment im geschilderten Fallbeispiel), so sollten Sie zwei wesentliche Erfolgskriterien beachten: erstens ein klares Vorgehen zur Auswertung der Resultate, zweitens eine Kontrollgruppe, um objektive und relevante Vergleiche sicherzustellen.

Falls Sie die Zahlungsbereitschaft der Kunden testen wollen, so empfehlen wir, unbedingt mehrere Methoden einzusetzen. Mindestens eine davon sollte ein indirektes Verfahren wie DCM oder ACA sein: Nur mit solchen Methoden können Sie die Auswahlenscheidungen, die Ihre Kunden treffen müssen, auch quantitativ erfassen und zuverlässig »in Euro und Cent« ausdrücken.

Für welches Verfahren Sie sich auch entscheiden: Vergewissern Sie sich, dass der Aufwand in einem gesunden Verhältnis zum fraglichen Gewinnpotenzial steht. Je größer dieses ist, desto nutzbringender wird es sein, die Zahlungsbereitschaft Ihrer Kunden möglichst präzise zu bestimmen. Bei Autoherstellern und Pharmaunternehmen geht es bei solchen Entscheidungen nicht selten um mehr als eine Milliarde Euro – da sind größere Investitionen in komplexe Kundenforschung und -analyse nicht nur gerechtfertigt, sondern unverzichtbar.

Mit der richtigen Kombination aus internen und externen Daten können Sie bestens vorbereitet daran gehen, wohlverdiente zusätzliche Gewinnpotenziale zu erschließen. Davon handelt das nächste Kapitel: Es zeigt Ihnen, wie Sie Ihren Marketing-Mix neu konzipieren und ausrichten können.

Anmerkungen

1   Michael Lewis, Moneyball: The Art of Winning an Unfair Game (W.W. Norton & Company, New York, 2003), S. 98.
2   Details dieses Fallbeispiels wurden aus Vertraulichkeitsgründen modifiziert.
3   Details dieses Fallbeispiels wurden aus Vertraulichkeitsgründen modifiziert.
4   Detailliertere Ausführungen finden sich in Paul E. Green und V. Srinivasan, »Conjoint Analysis in Consumer Research: New Developments and Directions«, Journal of Marketing 54 (Oktober 1999) oder Dick McCullough, »A User's Guide to Conjoint Analysis«, Marketing Research 14, Nr. 2 (Sommer 2002), S. 19.

5 David Ogilvy, Ogilvy on Advertising (Vintage Books, New York, 1985), S. 164.
6 Hermann Simon, Hidden Champions: Lessons from 500 of the World's Best Unknown Companies (Boston: Harvard Business School Press, 1996), S. 137–138 [Deutscher Titel: Die heimlichen Gewinner (Hidden Champions). Die Erfolgsstrategien unbekannter Weltmarktführer (Campus, Frankfurt, 1996)].
7 Details dieses Fallbeispiels wurden aus Vertraulichkeitsgründen modifiziert.
8 Details dieses Fallbeispiels wurden aus Vertraulichkeitsgründen modifiziert.

Kapitel 6

Marketing-Mix optimieren – Gewinnpotenzial maximieren

»Wenn man weiß, was und wie man messen muss,
ist die Welt schon weit weniger kompliziert.«
Steven D. Levitt und Stephen J. Dubner in »Freakonomics« [1]

Inzwischen sollten Sie einen Überblick darüber haben, wie Sie Ihre zusätzlichen Gewinnpotenziale finden und quantifizieren können. Beginnend mit diesem Kapitel erfahren Sie nun, wie Sie diese Potenziale erschließen.

Um sich Gewinne von Ihren Kunden zurückzuholen, brauchen Sie die geballte Kraft Ihres Marketing-Mix: Produkt, Distribution, Kommunikation und Preis. Wie in den vorangegangenen Kapiteln erläutert, müssen Sie dazu bereit sein, die bislang für Sie maßgeblichen Annahmen in Frage zu stellen und gegebenenfalls durch andere zu ersetzen. Dieses Kapitel stellt Ihnen nun Ideen und Techniken vor, mit denen Sie die ersten drei Elemente Ihres Marketing-Mix verbessern können. In Kapitel 7 geht es ausschließlich um das vierte Element, den Preis: Aufgrund seiner zentralen Bedeutung für Ihren Gewinn gehen wir darauf ausführlicher ein.

Zu Beginn dieses Kapitels kommen wir zunächst auf das Thema Segmentierung zu sprechen und erläutern dann, wie man sein Produkt- und Serviceportfolio an seinen Segmenten ausrichtet. Abschließend wird gezeigt, wie Sie bei Auswahl und Timing Ihrer Werbemaßnahmen vorgehen sollten, um mehr Kunden anzulocken – und sie nicht aus Versehen dem Wettbewerb in die Arme zu treiben.

Segmentieren Sie Ihre Kunden nach Präferenzen und Zahlungsbereitschaften

Eine effektive Kundensegmentierung zeichnet sich vor allem dadurch aus, dass Sie damit mehr Gewinn machen als ohne Segmentierung. Das erreichen Sie nur, wenn Sie mit ihrer Hilfe Ihre Kundensegmente tatsächlich unterschiedlich behandeln, z. B. durch angepasste Produkt- und Serviceangebote, Preise und Vertriebskanäle. Eine solche praktisch umsetzbare Segmentierung muss natürlich 1) die Zuordnung Ihrer Kunden zu relativ homogenen Gruppen ermöglichen und 2) helfen, diese Gruppen quantitativ zu beschreiben und die Segmentzugehörigkeit jedes Kunden einfach zu bestimmen (womit Sie den Kunden auch quantitativ beschreiben, ihn den zuständigen Mitarbeitern zuweisen und seine Entwicklung verfolgen können).

Ganz anders dagegen stellt sich der rudimentäre Segmentierungsansatz dar, der bei vielen Unternehmen immer noch gebräuchlich ist. Dieser basiert nämlich auf lediglich zwei Faktoren: wo die Kunden angesiedelt sind und wie viel Menge sie abnehmen. Diese Vorgehensweise ist – ganz so wie die in Kapitel 3 beschriebene Kosten-Plus-Methode bei der Preisfindung – eine allzu bequeme Vereinfachung des realen Marktes, die Managern nur scheinbar eine Hilfestellung bietet. Es handelt sich dabei um ein Überbleibsel aus der Zeit, als es noch keine Computer gab und Manager nicht viel mehr als Adressen und Absatzzahlen zur Verfügung hatten. Unter solchen Umständen blieb einem gar nichts anderes übrig, als anhand dieser Daten zu segmentieren. Die Manager von damals machten einfach das Beste aus ihren begrenzten Ressourcen.

Ebenso wie die Kosten-Plus-Kalkulation ist auch die rein absatzbasierte Segmentierung quantitativer Natur, nutzt verfügbare Informationen und lässt sich leicht kommunizieren und verstehen. Auf den ersten Blick scheint diese Segmentierungsmethode sogar die oben dargelegten Kriterien zu erfüllen. Doch wie alle abgekürzten Entscheidungsverfahren hat sie einen wesentlichen Nachteil: Mit der eigentlichen Quelle Ihres Gewinns – den Kundenpräferenzen und der Bereitschaft der Kunden, für bestimmte Produkte und Services zu bezahlen – haben mengenbasierte Segmentierungen oft wenig oder gar nichts zu tun. Letztendlich kommt aber Ihr zusätzlicher Gewinn von den Kunden, und diesen Gewinn müssen Sie erst noch erzielen. Deshalb sollten Sie Ihren Marketing-Mix unbedingt an den Präferenzen und der Zahlungsbereitschaft der Kunden ausrichten.

In der heutigen Zeit haben gewinnorientierte Manager nicht nur eine Fülle von Daten zur Verfügung, sondern auch Mittel und Wege, diese Daten schnell und zuverlässig zu analysieren. Geografie und Absatzvolumen waren vielleicht früher einmal nützliche Platzhalter für Kundenpräferenzen und Zahlungsbereitschaft, doch wir mussten allzu häufig feststellen, dass dieser Zusammenhang schon lange nicht mehr existiert. Dieser Ansatz hilft Ihnen nicht zu entscheiden, welche Kunden Sie weniger intensiv bedienen sollten und welche für bestimmte Produkte und Services mehr zu zahlen bereit sind als andere.

Wenn Sie Ihren Markt nach Kundenpräferenzen und Zahlungsbereitschaften anstatt nach Geografie und Volumen segmentieren, dann werden Sie schnell merken, wie Sie Ihre Produkte- und Services an den Präferenzen jedes Kundensegments ausrichten und mehr Gewinn erzielen können. Mit dieser neuen Sichtweise werden Sie in der Lage sein, Ihre Vertriebsteams und Ihr Marketingbudget effektiver einzusetzen. In einigen Fällen könnte dabei herauskommen, dass Sie einen weniger umfassenden Kundendienst anbieten oder aber zusätzliche Produkt- oder Servicevarianten hinzufügen. In anderen Fällen könnte es heißen, dass Sie sich ausschließlich auf eine ausgewählte Gruppe von Segmenten konzentrieren und Ihr Produkt- und Serviceportfolio um alles bereinigen, was Sie für diese Segmente nicht benötigen. Die Wettbewerbslandkarte aus Kapitel 2 kann Ihnen helfen zu bestimmen, welche Produkte Sie aus dem Sortiment nehmen könnten. In jedem Fall aber werden Sie eine Segmentierung haben, die Ihre Profitabilität verbessert.

Die nächsten beiden Fallbeispiele veranschaulichen, wie man Schnellschuss-Entscheidungen vermeiden und seine Kunden nach ihren Präferenzen segmentieren kann. Im zweiten Fall wird gezeigt, wie die fortschrittlicheren Segmentierungsansätze Unternehmen helfen, sich zwischen Bündelung und Entbündelung ihrer Produktangebote zu entscheiden – immer orientiert am Gewinnpotenzial.

Praxisbeispiel: Eine neue Segmentierung erarbeiten

Unternehmen: Earnhardt Electronics
Produkt: Elektronische Komponenten
Quelle: Projekt von Simon-Kucher & Partners

Earnhardt Electronics ist ein führender Hersteller kleiner elektronischer Komponenten, die in Kraftfahrzeuge, Haushaltsgeräte, Unterhaltungselektronik und Klimageräte eingebaut werden.[2] Das Unternehmen hatte seit langem einen regional strukturierten Vertrieb; das heißt, die Vertriebsleute deckten jeweils alle Kunden einer bestimmten Region ab. Diese Vertriebsstruktur war nicht etwa eingeführt worden, um den Präferenzen der Kunden entgegenzukommen, sondern um Kosten zu sparen und die effektive Verkaufszeit zu maximieren. Die Vertriebsleute von Earnhardt waren qualifizierte Techniker und verbrachten oft viel Zeit mit Abstimmungsgesprächen vor Ort, um die komplexen, häufig nach Kundenwunsch konfigurierten Produkte zu verkaufen. Diese Kundennähe betrachtete das Unternehmen als wichtigen Wettbewerbsvorteil.

Ende der 90er Jahre gab es zwei wesentliche Veränderungen in den Kundenbedürfnissen, die Earnhardt völlig unvorbereitet trafen: Zum einen stellten die Kunden höhere technische Anforderungen; zum anderen verlangten sie nach branchenspezifischen Lösungen anstatt der zeit- und kostenaufwändigen Anpassung von Standardprodukten. F&E und Fertigung stellten sich erfolgreich auf diese neuen Anforderungen ein; die bisherige regionale Kundensegmentierung und Vertriebsstruktur aber wurden damit obsolet. Die Kunden einer Vertriebsregion waren keine homogene Gruppe – sie waren also weder mit konsistenten Marketingbotschaften und Vertriebskanälen zu erreichen, noch konnte man ein einheitliches Produkt-Service-Paket für sie schnüren.

Earnhardt musste eine neue Segmentierung erarbeiten und zudem seine Vertriebsleute weiterqualifizieren. Bei Kundengesprächen in den vier wichtigsten Branchen (Automobil, Haushaltsgeräte, Unterhaltungselektronik, Klimatechnik) wurde deutlich, dass die Kunden vom Vertrieb mehr erwarteten als nur technische Informationen – wie beispielsweise Kenntnisse über Markt und Verbrauchertrends, fundiertes Wissen über Wettbewerbsangebote und aktuelle Informationen über Innovationen aus anderen Ländern, vor allem Japan und Korea. Earnhardt war zuversichtlich, dass seine Vertriebsleute diese Anforderungen für jeweils eine Branche bewältigen konnten – aber dass sie sich ein derartiges Spezialwissen für vier Branchen in gleicher Breite und Tiefe aneignen und sich immer auf dem Laufenden halten würden, konnte man nicht erwarten. Glücklicherweise hatten viele Vertriebsmitarbeiter schon von sich aus – wenn auch unsystematisch – begonnen, sich zu spezialisieren, da in ihren Gebieten zufällig eine oder zwei Branchen stärker vertreten waren.

Anstelle der vormals regionalen Struktur führte Earnhardt nun eine Vertriebsorganisation nach Branchen ein. Dank der Vorkenntnisse und Erfahrung der Vertriebsleute ging die Reorganisation reibungslos vonstatten und dauerte nur vier Monate. Dass mit der neuen Organisation die vermeintlichen Kostenvorteile der vorherigen entfielen, war klar. Einige Vertriebsleute mussten nun das ganze Land abdecken, was die Reisekosten in die Höhe trieb und die effektive Verkaufszeit minderte. Diese Nachteile wurden jedoch durch die Vorteile des neuen Systems mehr als wettgemacht. Mit der neuen Segmentierung nach Kundenbranchen erreichte Earnhardt bereits ein Jahr nach Implementierung wieder zweistellige Wachstumsraten.

Natürlich könnte man einwenden, Earnhardt habe mit dieser Veränderung viel zu lange gewartet. Wie viel Geld das Unternehmen dadurch verloren hat, dass es frühe Warnsignale der Kunden übersah oder Veränderungen so lange hinauszögerte, bis sich der Druck der Kunden im Ergebnis bemerkbar machte, lässt sich nur schwer abschätzen. Ein großes Hemmnis war der starke Wunsch, die augenscheinlichen Kostenvorteile des regional strukturierten Vertriebs zu nutzen – anstatt sich vom Gewinnpotenzial auf Kundenseite leiten zu lassen.

Im Unterschied zu Earnhardt haben andere Industrieunternehmen bereits früher den Übergang zur branchenorientierten Segmentierung vollzogen. Wir möchten Ihnen diesen Ansatz beileibe nicht als neue Idee verkaufen – oder behaupten, er sei für alle Unternehmen ein Muss. Einmal waren wir für einen Klienten tätig, der Ende der 80er Jahre eine divisionale, branchenorientierte Unternehmensstruktur global eingeführt hatte. Zehn Jahre später konnten wir durch eine groß angelegte Kundenbefragung in mehreren Ländern nachweisen, dass die ursprüngliche Regionalstruktur in diesem Fall sinnvoller war und zusätzliche Gewinnpotenziale eröffnete.

Kommen wir nun zum nächsten Schritt, in dem es um die Zahlungsbereitschaft der Kunden geht. Wie viel Mehrgewinn können Unternehmen erschließen, wenn sie ihre Kunden nach diesem Kriterium segmentieren?

Richten Sie Ihr Produktangebot an den Zahlungsbereitschaften der Kunden aus

Nach Segmentierung Ihrer Bestands- und potenziellen Kunden gemäß Präferenzen und Zahlungsbereitschaft werden Sie vermutlich feststellen, dass Sie einige der Segmente besser und profitabler bedienen können als andere. Unter Umständen sind Sie dann gut beraten, allen Mut zusammenzunehmen und diese letzteren Segmente möglichst bald aufzugeben – vor allem, wenn sie auf der Wettbewerbslandkarte in Feldern angesiedelt sind, in denen Sie keinen komparativen Vorteil haben. Sie können diesen Segmenten beispielsweise weniger Ressourcen zuteilen oder sie ganz ignorieren. Das ist leicht gesagt, aber schwer umzusetzen, wenn führende Köpfe in Ihrem Unternehmen immer noch eine Kultur der Aggression pflegen. Daher lohnt hier die Wiederholung einiger Punkte aus den vorangegangenen Kapiteln.

Wie im ersten Kapitel ausgeführt, müssen Unternehmen immer die Möglichkeiten prüfen, in neue Märkte einzusteigen und neue Produkte zu entwickeln. Sie müssen festlegen, wie sie erfolgreich über ihr Kerngebiet hinaus- und in benachbarte Marktbereiche hineinwachsen können.[3] Solche Erkundungen erfordern allerdings viel Zeit und hohe Investitionen. Irgendwann in einigen Jahren werden Sie vielleicht das neue Produkt haben, mit dem Sie profitabel in anderen Märkten – quasi »in der Nachbarschaft« Ihrer heutigen Märkte – agieren können. Der Zeitrahmen der hier vorgestellten Techniken, Ansätze und Maßnahmen aber umfasst Monate, nicht Jahre. Der Fall Earnhardt hat gezeigt, dass Unternehmen ihre Vertriebs- und Serviceteams innerhalb weniger Monate umdirigieren und eine umgehende Gewinnsteigerung erzielen können. Ein ähnlicher Zeitrahmen gilt für Veränderungen im Produktportfolio: Es geht weitaus schneller, Produkte anders zu konfigurieren, als neue

Produkte zu entwickeln und auf dem Markt einzuführen. Eine wirksame, aber häufig recht knifflige Methode ist die Bündelung und Entbündelung von Produkten. Wenn es zu Ihrem Geschäft gehört, solche Bündel für Kunden zu konzipieren, dann wären Sie sicherlich dankbar für einige übergreifende, allgemeingültige Regeln, wann Sie bündeln und wann Sie sich eher für separate Angebote (Entbündelung) entscheiden sollten. Eine Gruppe von Wissenschaftlern machte sich einmal auf die – im doppelten Wortsinn – erschöpfende Suche nach einfachen Regeln und musste sich am Ende geschlagen geben: »Es gibt keine simplen Regeln [für die Bündelung].«[4] Dessen ungeachtet stellten sie fest, nach bisherigen Erfahrungen beruhe »die optimale Lösung [...] darauf, wie die Zahlungsbereitschaft der Kunden verteilt ist.«[5]

Die Segmentierung nach diesem Kriterium hilft Unternehmen zu bestimmen, ob die Bündelung oder die Entbündelung profitabler ist. Ein gutes Beispiel dafür liefert der Autohersteller Callisto Motors: Er ließ genau untersuchen, wer für ein bestimmtes Extra bei einem Premium-Modell etwas bezahlen würde, und realisierte damit einen Mehrgewinn von über 50 Millionen Dollar.[6]

Praxisbeispiel: Entbündelung eines Produktangebots – ja oder nein

Unternehmen: Callisto Motors
Produkt: Fernsehen im Auto
Quelle: Projekt von Simon-Kucher & Partners

Als die Autohersteller damit anfingen, immer mehr Premiumfahrzeuge mit Fernsehgeräten auszustatten, integrierten sie diese in der Regel in das – als Sonderzubehör erhältliche – Navigationssystem. Callisto bot die TV-Funktion sogar kostenlos an, da man sie als nettes Zusatz-Feature zum Navigationssystem betrachtete.

Als die Markteinführung eines neues Modells ins Haus stand, debattierte das Marketingteam darüber, ob man diese Praxis beibehalten oder künftig einen Preis für die TV-Funktion verlangen sollte. Eine Kundenbefragung ergab sehr unterschiedliche Meinungen und auch Kenntnisse über dieses Extra:

- Viele Kunden hatten bis dato gar nicht gewusst, dass die TV-Funktion bereits in ihrem Fahrzeug eingebaut und verfügbar war.
- Von denen, die darüber Bescheid wussten, gebrauchten die meisten die Funktion selten oder nie.
- Nur etwa 10 Prozent der Kunden nutzten diese Funktion regelmäßig und betrachteten sie als ein Muss für ihr Fahrzeug.

Angesichts dieser Erkenntnisse beschloss das Unternehmen, die TV-Funktion künftig nur noch als Sonderausstattung anzubieten und zu bepreisen, sie also vom Navigationssystem zu entbündeln. Eine tiefergehende Analyse ergab einen optimalen Preis von 1 400 Dollar. Dahinter stand folgende Rechnung:

- Segment. Bei einem Preis von 1 400 Dollar würden rund 10 Prozent aller Käufer des neuen Modells die Fernsehfunktion erwerben. Die große Mehrheit davon kaufte ihre Fahrzeuge ohnehin in Vollausstattung, ohne wirklich genauer hinzuschauen, was dieses Paket im einzelnen enthielt.
- Erlös. Das Unternehmen rechnete für das Modell mit einem Gesamtabsatz von rund 400 000 Stück im Laufe des Lebenszyklus. Eine Quote von 10 Prozent für die TV-Funktion bedeutete demnach 40 000 Käufer und damit 56 Millionen Dollar Mehrumsatz.
- Menge. Die Wahrscheinlichkeit, dass Kunden das neue Modell aufgrund der Entbündelung der Fernsehfunktion gar nicht kaufen würden, schätzte man als sehr gering ein. Wenn überhaupt, würde es nur minimale Mengenverluste geben – hatten doch 90 Prozent der Kunden ohnehin kein Interesse an der TV-Funktion.
- Gewinn. Die Grenzkosten für die TV-Funktion waren minimal, sodass sich der Löwenanteil der 56 Millionen Dollar Mehrumsatz direkt im Ergebnis niederschlug.

Dieses Vorgehen bei Entscheidungen über Bündelung/Entbündelung eignet sich für viele Branchen und insbesondere für Fälle, in denen niedrige Grenzkosten einem hohen empfundenen Kundennutzen gegenüberstehen. Ungeachtet unseres früheren Hinweises, dass es keine allgemeingültigen Regeln für Produktbündelung gibt, können wir doch eine Faustregel anbieten: Wenn nur eine relativ kleine Kundengruppe einem bestimmten Produktmerkmal enormen Wert beimisst, ist es wenig sinnvoll, dieses Merkmal allen kostenfrei anzubieten, um damit die große Kundenmasse zu

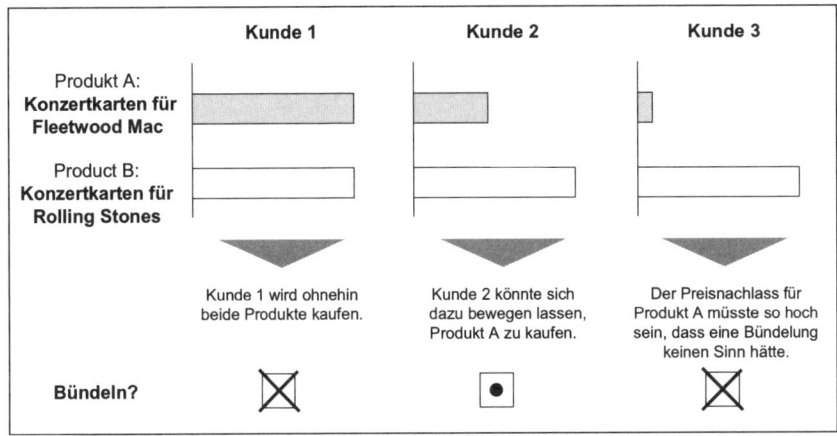

erreichen. Viel sinnvoller ist es, das ohnehin kaufwillige kleinere Segment dafür separat zahlen zu lassen.

Ob man einen Betrag für einen Produktbestandteil in den Gesamtpreis integriert oder separat verlangt, ist nur eine von vielen Fragen beim Thema Bündelung. Schwieriger ist die Entscheidung, ob man vergleichbare oder komplementäre Produkte überhaupt miteinander bündelt. Verschafft man sich erst einmal einen Überblick, ob und wie viel jedes Segment für die betreffenden Produkte zu zahlen bereit ist, hat man schon eine gute Entscheidungsgrundlage.

Nehmen wir als fiktives Beispiel Konzertkarten für die Rolling Stones und Fleetwood Mac (Abbildung 6–1). Wie bereits in Kapitel 3 erwähnt, würden viele Stones-Fans weit mehr zahlen als den nominalen Ticketwert, um die Band live zu sehen. Ihre Zahlungsbereitschaft ist also übergroß. Allerdings sind sie in unserem Beispiel nicht unbedingt gewillt, den vollen Preis für ein Fleetwood-Mac-Ticket zu zahlen – trotz grundsätzlichen Interesses an der Band. (Siehe Kunde 2 in Abbildung 6–1.) Würde nun ein Konzertveranstalter Tickets für die Stones und Fleetwood Mac im Paket anbieten, könnte man einen Teil der enormen Zahlungsbereitschaft für die Stones-Tickets zum Verkauf der Fleetwood-Mac-Tickets nutzen. Viele Kunden würden das Paket kaufen und beide Konzerte besuchen. Ohne Bündelung hätten sie nur die Eintrittskarte für die Stones gekauft.

Das funktioniert jedoch nur, wenn der Kunde zumindest eine gewisse Bereitschaft zeigt, für beide Teile des Bündels zu bezahlen. Hat er aber – um beim Beispiel zu bleiben – an Fleetwood Mac überhaupt kein Interesse, dann müsste das Gesamtpaket entweder einen extrem hohen Preisnachlass enthalten oder es würde floppen. (Siehe in Abbildung 6–1.) Würde unser Veranstalter etwa versuchen, die Stones zusammen mit den Backstreet Boys im Paket anzubieten, dann hätte er vermutlich schlechte Chancen, es sei denn, die Stones-Fans würden die Backstreet- Boys-Karten für ihre Kinder kaufen.

Nun sind Konzertkarten ein relativ simples Beispiel. Je mehr Segmente und je mehr Produkte und Dienstleistungen man hat, desto wichtiger ist die Kenntnis der unterschiedlichen Zahlungsbereitschaften für eine wirksame Bündelung. Vor eben dieser Herausforderung stehen Banken in aller Welt. Das Fallbeispiel einer führenden europäischen Bank (hier »Bank42 AG« genannt) macht deutlich, wie komplex sich eine solche Bündelung gestalten kann und wie wichtig es ist, die Zahlungsbereitschaften der Kunden genau zu kennen.[7]

Praxisbeispiel: Das optimale Produkt-Service-Bündel bestimmen

Unternehmen: Bank42
Produkt: Girokonten und Kreditkarten
Quelle: Projekt von Simon-Kucher & Partners

Seit Jahrzehnten eines der führenden Finanzinstitute, sieht sich die Bank42 AG nun mit einer Reihe verschiedener Entwicklungen im Privatkundensektor – ihrem Kerngeschäft – konfrontiert. Eine neue Generation anspruchsvoller Kunden ist herangewachsen, die sich bestens mit Computern auskennt und eine weit höhere Markttransparenz genießt, als sich ihre Eltern und Großeltern je hätten träumen lassen. Der Bankkunde des 21. Jahrhunders kann sich schnell einen Überblick verschaffen und das günstigste Angebot finden.

Am schlimmsten aber wird es für die Banken, wenn die Kunden ihre Geschäfte über mehrere Finanzinstitute abwickeln, um das jeweils beste Angebot nutzen zu können. Das schafft Probleme für diejenigen Banken, die versucht haben, Kunden mit attraktiven Produkten wie etwa kostenlosen Girokonten anzulocken. Profitabel ist diese Strategie nur dann, wenn sich wirklich Cross-Selling-Effekte ergeben – das heißt, wenn die Girokunden dann auch die anderen Leistungen der Bank in Anspruch nehmen. Gehen sie damit aber zu anderen Banken, ist die Strategie fehlgeschlagen.

Angesichts zunehmender Kundenverluste und rückläufiger Gewinne erkannte das Management von Bank42, dass nur schnelles Handeln eine Katastrophe verhindern konnte. Man beschloss, als mögliche Lösung die Produktbündelung ins Auge zu fassen. Auf dem Papier schien das ein guter Weg, um Kunden an sich zu binden, neue Kunden zu gewinnen und die Gewinne zu erhöhen. Spezifisch sah man darin vier Vorteile: Erstens konnte man Kunden anlocken, indem man mit »Einfachheit« warb. Die einzelnen Produkte im Bündel waren vielleicht nicht immer das beste Angebot im Markt, aber das Gesamtpaket war sehr attraktiv. Zweitens schuf man damit Ausstiegsbarrieren für die Kunden: Wenn sie das Servicebündel nicht mehr nutzen wollten, würden sie mehrere Beziehungslinien zu ihrer Bank gleichzeitig aufgeben (Giro, Kreditkarte, EC-Karte, …) und müssten für alle einen Ersatz suchen. Drittens schuf man damit Eintrittsbarrieren für den Wettbewerb: Je umfangreicher ein attraktives Angebot ist, desto schwieriger wird es für spezialisierte Wettbewerber, die Kunden wegzulocken. Schließlich und endlich – das simpelste Argument – waren die Manager der Überzeugung, mit einem gut gestalteten Servicebündel mehr margenstarke Produkte an interessierte Kunden verkaufen zu können.

Um das Konzept in die Tat umzusetzen, mussten sie das ABC der Bündelung beherrschen. Denn wie bereits oben erläutert, haben Produkt- und Servicebündel nur dann Erfolgsaussichten, wenn sie die Zahlungsbereitschaft der Kunden von einem Produkt auf das andere übertragen. Die einfache Tabelle in Abbildung 6–2 zeigt, wie das im Fall der Bank42 funktionieren konnte: Hier ist angegeben, wie viel die Kunden der beiden größten Segmente (»jung« und »traditionell«) jeweils für Online-Banking und Kreditkartennutzung zu zahlen bereit waren. Wie man sieht, unterscheiden sich diese Beträge deutlich – aber die Summe daraus ist für beide Segmente fast gleich. Bank42 konnte sich diesen Umstand durch Bündelung beider Serviceangebote zunutze machen. Man veranschlagte für das Bündel 5,50

Abbildung 6–2: Angebotsbündelung im Banking

	Maximale Zahlungsbereitschaft (in Euro pro Monat):		
Kunden-segment	Online-Banking	Kreditkarte	Summe für beide Leistungen zusammen
Jung	5	0,50	5,50
Traditionell	2	4	6,00

Euro. Da greifen beide Segmente zu und kaufen damit sowohl Online-Banking als auch die Kreditkarte, sodass der Gesamtumsatz 11 Euro beträgt. Unter der Annahme geringer variabler Kosten ist das deutlich attraktiver für die Bank als das bisherige Angebot von 5 Euro für das Online-Banking und 4 Euro für die Kreditkarte. Dann kaufen die beiden Segmente jeweils nur ein Produkt (jung = Online-Banking und traditionell = Kreditkarte) und der Gesamtumsatz beträgt nur 9 Euro.

In der Realität war die Situation der Bank42 natürlich weitaus komplexer. Wie die meisten Full-Service-Banken bot auch die Bank42 Giro- und Sparkonten, Kreditkarten, festverzinsliche Anlagen, Geldmarktfonds, Privatkredite und Hypothekendarlehen an.

Im Grunde könnte man schon das einfache Girokonto als Bündel aus Produkten und Services betrachten: Darin eingeschlossen sind die Kontoführung, die Nutzung von Geldautomaten und Überweisungen. Die meisten Banken nehmen heute – wenn überhaupt – nur eine Gebühr für diese Leistungen; nur wenige lassen sich die Kontoführung und jede einzelne Transaktion extra vergüten. Hier setzte Bank42 mit der Suche nach einem attraktiven Bündel an: Was konnte man mit dem Basisprodukt (dem herkömmlichen Girokonto) kombinieren, um Kunden zu binden, Neukunden zu gewinnen und die eigenen Gewinne zu erhöhen? Und wie viel durfte es kosten?

Zur Klärung dieser Fragen setzte Bank42 viele der in den Kapiteln 4 und 5 beschriebenen Methoden ein. Die Anzahl möglicher Bündel schien nahezu unendlich, sodass das Projektteam möglichst schnell eine Vorauswahl treffen musste. Eine Analyse interner Daten sowie der Experten-Input der

Abbildung 6–3: Angebotsbündel Bank 42

	Standard	Komfort	Exklusiv
Monatsgebühr (Euro)	5	8	11
Kontoführung Girokonto	X	X	X
Online-Banking	X	X	X
EC-Karte	X	X	X
Zinsen für Girokonto		X	X
Kreditkarte		X	
Private Unfallversicherung bei Nutzung öffentlicher Verkehrsmittel		X	
Kreditkarte Gold			X
Auslandskrankenversicherung			X
Autoversicherung (Ausland)			X
Reise-Rücktrittskostenversicherung			X
Reise-Servicehotline			X

Führungskräfte ergab zwei Resultate: eine Einschätzung zur Positionierung der eigenen Produkte im Vergleich zum Wettbewerb sowie eine überschaubare Liste von Elementen, die man in das Servicebündel mit aufnehmen könnte. Bank42 entschied sich, über das Naheliegende hinauszudenken, und schloss auch Nicht-Bankenleistungen wie Reiseversicherungen in den Auswahlprozess mit ein. Um die Wettbewerbsbeurteilung zu validieren und die Liste möglicher Bündel weiter einzugrenzen, veranstaltete man Fokusgruppen in drei wichtigen Regionen.

Die nicht bankentypischen Elemente des Bündels kamen überraschend gut an und schafften es in die Endrunde. Anhand der verbleibenden »Favoritenliste« konnte Bank42 nun eingehendere Kundenforschung betreiben, um die Zahlungsbereitschaften zu bestimmen. Wie in Kapitel 5 erläutert, ist der beste Ansatz hierzu eine der indirekten Befragungsmethoden, also entweder Discrete Choice Modeling (DCM) oder adaptive Conjoint-Analyse (ACA). Im vorliegenden Fall erschien die ACA besser geeignet, da das Unternehmen die Zahlungsbereitschaft für jedes einzelne Element des potenziellen Bündels kennen musste. DCM wäre hingegen angebracht gewesen, wenn die Bank bereits einige Bündel mitsamt den möglichen Elementen ins

Auge gefasst und auch gewusst hätte, gegen welche Servicebündel des Wettbewerbs sie damit konkurrieren würde.

Anhand der Umfrageergebnisse konnte Bank42 die Tabelle aus Abbildung 6–2 stark verfeinern. Auf dieser Basis wiederum konnte man nicht nur ein, sondern gleich drei Servicebündel entwickeln, welche die Zahlungsbereitschaft der Kunden für die enthaltenen Elemente gezielt nutzten. Abbildung 6–3 zeigt die drei Bündel mit den jeweiligen Einzelleistungen. Das Management von Bank42 war so überzeugt von diesem Resultat, dass man beschloss, die drei Servicebündel landesweit einzuführen und nicht erst durch weitere Tests absichern zu lassen.

Mit der Markteinführung der drei Servicepakete konnte die Bank42 AG ihre Ziele realisieren: Die Kundenfluktuation wurde reduziert, das Unternehmensergebnis verbessert. Der Gewinn stieg in den ersten Jahren nach Markteinführung um 15 Prozent.

Ein weiteres Beispiel für die Bündelung von Finanzservices – Bank-, Versicherungs- und anderen Leistungen – ist das Bonviva-Angebotspaket von Credit Suisse. Die Bank stellt dieses Paket allen Kunden mit einem Anlagevermögen von mindestens 15 000 Franken oder einem Hypothekendarlehen von mindestens 200 000 Franken zur Verfügung. Im Paket eingeschlossen sind ein kostenloses Girokonto, 50 Prozent Nachlass auf die Kreditkartengebühr im ersten Jahr, eine gebührenfreie EC-Karte sowie Vorteile bei Zinsen und Transaktionsgebühren. Hinzu kommen Notfalldienste (z. B. bei Verlust des Schlüssels), ein Lifestyle-Magazin mit Sonderangeboten für Reisen und Events sowie eine Reihe von Ermäßigungen bei Hotels, Autovermietungen und Restaurants.

Werben Sie kräftig für Ihre Produkte, sofern Sie sich der Wirkung sicher sind

Wie viel finanziellen Nutzen ziehen Unternehmen aus ihren Investitionen in Werbung und Verkaufsförderung? Diese Frage ist so alt wie die Werbung selbst. In seinem Buch Scientific Advertising, erstmals 1923 veröffentlicht, kommentierte Werbepionier Claude C. Hopkins die Markt-expansionsbemühungen eines Unternehmens spöttisch so: »Die Absicht ist löblich, aber altruistisch. Das neue Geschäft, das er aufbaut, muss er mit Rivalen teilen. Er fragt sich, warum sein Umsatzzuwachs in keinem Verhältnis zum Aufwand steht.«[8] Fehlgeleitete oder zum falschen Zeitpunkt durchgeführte Werbemaßnahmen werden schnell zu wohltätigen Spenden an die Wettbewerber.

Einer unserer Klienten stand vor der Markteinführung eines neuen Mittels gegen Erkrankungen der Atemwege und fragte uns um Rat, ob er schon in den ersten zwölf Monaten danach in Marktexpansion investieren solle. Die Herausforderung bestand darin, dass nach wie vor viele Patienten sich ihrer Erkrankung nicht bewusst waren, sondern es als normale Alterserscheinung abtaten. Wie in nahezu jedem Markt, in dem es Absatzmittler gibt (in diesem Falle die verschreibenden Ärzte), würde das Unternehmen seine Investitionen geschickt auf »Push«- und »Pull«-Marketing verteilen müssen. Dabei wäre es theoretisch in jedem der beiden Bereiche sinnvoll, kräftig zu investieren – vor allem bei neuen Produkten: Mehr »Push« über den Außendienst, damit die Ärzte die Arznei häufiger verschreiben; mehr »Pull«, damit sich mehr Patienten in ärztliche Behandlung begeben.

Ebenso zwingend erscheint allerdings auch die Theorie, dass es möglich sein muss, Timing und Aufwand für Push- und Pull-Maßnahmen optimal auszutarieren: Denn investiert man gar nichts oder zur falschen Zeit, kann man nicht wirklich eine Umsatzsteigerung erwarten; gibt man aber zu viel aus, wird das Gesetz des abnehmenden Ertrags wirksam – man wird wahrscheinlich in die Hopkins'sche Falle gehen und mit den eigenen Marketingausgaben dem Wettbewerb mehr Umsätze zuführen. Die richtige Antwort muss folglich irgendwo dazwischen liegen.

Dieses theoretische Hin und Her mag nicht ganz so spannend sein wie die Situation von Bedrock Entertainment in Kapitel 5, aber es führte letztendlich zu einer ähnlichen Lösung. Da der Klient mehr Daten und Fakten aus dem Markt wollte, ermittelten wir die Werbeausgaben, Umsätze und Marktanteile anderer rezeptpflichtiger Arzneimittel und untersuchten, was gut funktionierte und was weniger und was das Unternehmen mit seinem Werbebudget tun sollte.

Die Marktexpansionsstrategien hinter den erfolgreichen Produkten folgten alle dem gleichen Muster: Sie konzentrierten sich zuerst auf die Push-Seite, um den Markt zu durchdringen, dem Wettbewerb Anteile abzunehmen und eine klare Differenzierung bei den Ärzten aufzubauen. Eine unabhängige Studie zum Thema Pharmamarketing ergab, dass jeder Dollar, der in Außendienstaktivitäten beim Arzt investiert wurde, in den ersten drei Jahren nach Markteinführung 10,42 Dollar Ertrag einspielte – fast doppelt so viel wie Printwerbung.[9] Im Stadium der Markteinführung empfiehlt sich also die Priorisierung der Push-Aktivitäten, insbesondere wenn es etablierte Wettbewerber gibt.

Das Risiko kommt dann in der zweiten Phase, der Phase der Marktausweitung. Hier geht es darum, Bewusstsein für eine Krankheit und ihre Behandlung zu schaffen und damit letztlich die Anzahl der Patienten zu erhöhen, welche mit rezeptpflichtigen Medikamenten behandelt werden können. Die Hersteller erfolgreicher Medikamente zur Senkung des Cholesterinspiegels investierten sehr stark in Konsumentenwerbung, um die Pull-Seite hochzufahren. Und die Patientenwerbung für das bahnbrechende Migränemittel Imitrex enthielt ein kurzes Quiz, das potenziellen Patienten helfen sollte, zwischen »normalen« Kopfschmerzen und Migräne zu unterscheiden. Geschickt verbindet der Hersteller GlaxoSmithKline so eine Diagnosehilfe mit der Platzierung des eigenen Produktes.

Genau auf diese Art der Differenzierung kommt es an. Wie Hopkins ausführte, wird man bei seinen Investitionen in Marktexpansion immer Trittbrettfahrer haben – das heißt, die Wettbewerber werden zu einem gewissen Grad von den eigenen Bemühungen profitieren. Je gezielter aber die Differenzierung, desto besser kann man diesen ungewollten Effekt minimieren.

Das Antidepressivum Paxil hatte keine solche Feindifferenzierung aufzuweisen, als ein Hersteller versuchte, den Marktanteil im übervollen Markt für Selektive Serotonin-Reabsorptions-Inhibitoren (SSRI) zu erhöhen. Diese Arzneimittel helfen, den Serotoninspiegel im Gehirn zu regulieren – die Menge des Hormons also, das für Stimmungen und Gefühle zuständig ist. Eine Regressionsanalyse der Marktdaten ergab, dass das Unternehmen an jedem investierten Dollar für Paxil-Patientenwerbung nur 90 Cent verdiente. Diese Pull-Kampagne bewirkte zwar eine Markterweiterung, aber das brachte Paxil nicht genügend Marktanteilszuwächse, um die Investitionen zu rechtfertigen.

Investitionen von Pharmafirmen in Patientenwerbung erreichen meist drei bis vier Jahre nach Markteinführung ihren Höhepunkt, bevor sie deutlich abfallen. Laut Benchmark-Analysen setzen Pharmafirmen ihre Werbeausgaben am besten ein, indem sie sich so lange auf Push-Maßnahmen konzentrieren, bis sie im Markt Fuß gefasst und eine klare Differenzierung erreicht haben. An diesem Punkt verschiebt sich das Schwergewicht in Richtung Pull. Je stärker die Differenzierung gegenüber den Konkurrenten, desto geringer das Risiko, dass der Wettbewerb mehr von den Expansionsbemühungen profitiert als man selber.

Der genaue Zeitpunkt dieses Übergangs von Push zu Pull mag sich von einer Branche zur anderen unterscheiden. Zweifellos aber lohnt diese Frage eine genauere Untersuchung, wenn Absatzmittler die Produktwahl der Kunden stark beeinflussen. Solche Absatzmittler können z. B. im Bereich Informationstechnologie so genannte Value-added Resellers (VAR) sein – also Händler, die Produkte mit »Mehrwert« weiterverkaufen –, aber auch Versicherungsagenten, Finanzberater oder Autohändler, die unterschiedliche Marken auf Lager haben.

Fazit

Der Königsweg zur Erschließung verborgener Gewinnpotenziale führt über den Marketing-Mix: Durch subtile Veränderungen lässt sich sicherstellen, dass die Marketinginstrumente ihre volle Wirkung entfalten können. Bei den meisten Unternehmen in reifen Märkten sind die Kundensegmentierung, die Auswahl und Bündelung von Produkten und Services sowie der Einsatz der Marketinginvestitionen verbesserungsfähig.

Herkömmlicherweise werden Kunden danach segmentiert, wie viel sie kaufen (= Menge oder Umsatz) und wo sie sich befinden (= Region). Dieses abgekürzte Verfahren ist in den meisten Fällen obsolet, denn Managern stehen heute viel mehr Daten und Analysemöglichkeiten zur Verfügung. Besser für den Gewinn ist die Segmentierung nach Präferenzen und insbesondere nach Zahlungsbereitschaften.

Sobald Sie über diese beiden Kriterien genau – und objektiv – Bescheid wissen, können Sie fundierte Entscheidungen zu Ihrem Produkt- und Serviceangebot und zu den Möglichkeiten zur Bündelung fällen. Manchmal ist auch eine Entbündelung angezeigt, sofern eine hohe Zahlungsbereitschaft gewisser Kunden attraktive Ertragsmöglichkeiten schafft. In anderen Fällen können die Analysen Aufschluss darüber geben, wie ein Bündel geschnürt und bepreist werden sollte, um Ihren Gewinn zu optimieren.

Das größte Risiko bei Investitionen in die Marktausweitung besteht darin, dass Sie Ihrem Wettbewerb unter Umständen mehr in die Taschen spielen als sich selbst. Hier kommt es auf Timing und Schwerpunktsetzung an. Am besten ist Ihr Geld investiert, wenn Sie ein bestimmtes Segment von Kunden (und gegebenenfalls von Händlern) zu Ihrem Produkt hinleiten können, anstatt im Gesamtmarkt verstärkte Kaufaktivitäten auszulösen.

Das richtige Vorgehen bei Segmentierung, Produktpolitik und Marketingkommunikation ist also wichtig. Das stärkste Element des Marketing-Mix ist jedoch der Preis. Im nächsten Kapitel gehen wir darauf ein, wie gewinnorientierte Manager das Preis-Nutzen-Verhältnis steuern als Manager, die sich nur am Marktanteil orientieren – und wie sie es damit schaffen, die Preise profitabel zu erhöhen.

Anmerkungen

1 Steven D. Levitt und Stephen J. Dubner, Freakonomics: A Rogue Economist Explores the Hidden Side of Everything (William Morrow, New York, 2005), S. 14. [Deutscher Titel: Freakonomics. Überraschende Antworten auf alltägliche Lebensfragen (Riemann, München, 2006)]
2 Details dieses Fallbeispiels wurden aus Vertraulichkeitsgründen modifiziert.
3 Chris Zook, Beyond the Core: Expand the Market Without Abandoning Your Roots (Boston: Harvard Business School Press, 2004), S. 3–5.
4 Ralph Fuerderer, Andreas Herrmann und Georg Wuebker, Optimal Bundling: Marketing Strategies for Improving Economic Performance (Springer Verlag, Berlin, 1999), S. 25.
5 Ebd.
6 Details dieses Fallbeispiels wurden aus Vertraulichkeitsgründen modifiziert.

7   Details dieses Fallbeispiels wurden aus Vertraulichkeitsgründen modifiziert.

8   Claude C. Hopkins, My Life in Advertising and Scientific Advertising (NTC Business Books, Lincolnwood, Illinois, 1986), S. 266.

9   Scott A. Neslin (Tuck School of Business at Dartmouth), »ROI Analysis of Pharmaceutical Promotions (RAPP): An Independent Study«, 22. Mai 2001, S. 15.

Kapitel 7

Preise erhöhen und wohlverdienten Gewinn realisieren

»Niedrige Preise und hohe Gewinne
kommen selten zusammen.«

Peter Drucker[1]

Preiserhöhungen – wann, wie, wie viel, warum – zählen zu den wichtigsten Entscheidungen, die gewinnorientierte Manager in reifen Märkten treffen müssen – auch zu den kompliziertesten und riskantesten. Das mag auf den ersten Blick nicht so scheinen, da Preise schnell, häufig und ohne große Kosten geändert werden können. Fluggesellschaften machen das mehrmals täglich.

Aufgrund dieser enormen Flexibilität neigen Manager nicht selten zum Missbrauch der Preispolitik. Von allen Elementen des klassischen Marketing-Mix ist der Preis das kurzfristig flexibelste und wirkungsvollste. Damit wird er für Manager, die einer Kultur der Aggression oder der Nachgiebigkeit verhaftet sind, zur Waffe der Wahl. Man erinnere sich an Dells Preiskrieg im PC-Markt (Kapitel 2): Durch Preisaktionen verlor das Unternehmen um die 2 Milliarden Dollar an Gewinn, und die Branche wurde zur » Gewinnwüste«[2] – ein Beispiel für die destruktive Seite des Marketing.

Wenden wir uns nun der anderen, der konstruktiven Seite des Marketings zu. Hier beginnen wir am besten mit dem Zusammenhang zwischen dem Wert, den Sie liefern, und dem Preis, den Sie dafür verlangen können. Der Preis ist der Spiegel des Wertes – Ihr Instrument, um bei den Kunden Wert abzuschöpfen. Beide Aspekte sind in Abbildung 7–1 gegeneinander aufgetragen: Die Diagonale, die hier zu sehen ist, nennen wir den Konsistenzkorridor. Wenn Sie Ihre Produkte nach Preis und wahrgenommener Leistung eintragen und das Ergebnis innerhalb dieses Korridors steht, befindet sich der Markt häufig in einem stabilen Gleichgewicht.

Abbildung 7–1: Preis- und leistungsbezogene Gewinn-
  steigerungsmaßnahmen

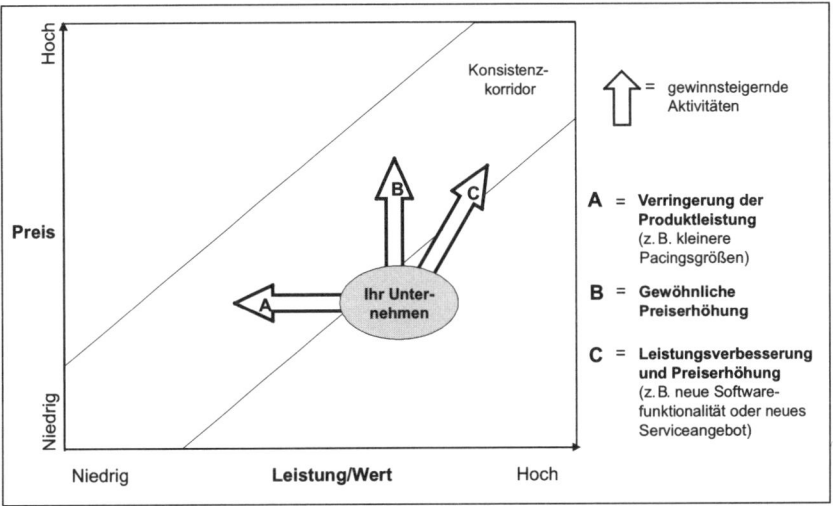

Bei Unternehmen mit verborgenem Gewinnpotenzial finden sich die Produkte und Services weit unterhalb des Konsistenzkorridors. Denken wir nur an Peninsula Auto Alloys (Kapitel 3): Weil das Unternehmen glaubte, seine Kunden hielten seine Leistung für selbstverständlich, reflektierten seine Preise nicht den gelieferten Wert. Dagegen lernte Kleber Enterprises (Kapitel 5) durch hypothesenorientierte Marktforschung, wie es sich in den Korridor hineinmanövrieren konnte. Bei Kinston (ebenfalls Kapitel 5) führte der Weg in den Korridor über restriktivere Preisermäßigungen, was letztlich einer Preiserhöhung entspricht.

Doch nicht jedes Produkt liegt unterhalb des Korridors. So fand Cortez (Kapitel 4) durch Nutzung von Expertenschätzungen heraus, dass es im Konsistenzbereich angesiedelt war und tunlichst von Preisänderungen absehen sollte.

Abbildung 7–1 zeigt drei Ansätze, mit denen Unternehmen ihre Preise erhöhen können. Man kann zum Beispiel weniger Wert zum gleichen Preis anbieten. Diese Methode ist im Schaubild mit »A« gekennzeichnet. Man denke nur an den Lebensmittelbereich: Verringerte Packungsgröße, gleicher Preis. Oder man kann den Preis direkt erhöhen, ohne etwas an der Leistungserbringung zu ändern (im Bild Pfeil »B«). Oder man kann den Kunden zusätzlichen Wert anbieten und einen angemessenen Betrag dafür verlangen (Pfeil »C«).

Preisaggressive Unternehmen lenken ihre Marketingaktivitäten ganz bewusst und gezielt in die umgekehrte Richtung. Sie greifen an, indem sie den Kunden mehr Wert zum selben Preis oder denselben Wert zu einem niedrigeren Preis anbieten. Vor allem Technologieunternehmen tun das häufig: Sie steigern die Werthaltigkeit ihrer Produkte und senken dabei die Preise. Sony, Samsung und Philips versuchten auf diese Weise, im Markt für Flachbildschirme Vorteile zu erringen.

In diesem Kapitel geht es hauptsächlich darum, wie Unternehmen die Maßnahmen aus Abbildung 7–1 umgesetzt haben. Insbesondere werden Beispiele für reine Preiserhöhungen sowie für Preiserhöhungen durch höherwertige Angebote (durch Produkt- oder Serviceverbesserungen) vorgestellt. Kapitel 8 beschreibt dann einige Beispiele für die destruktive Kraft des Marketings und zeigt, wie man solche Entscheidungen vermeidet.

Die Unternehmen in diesem Kapitel nutzten eine Kombination aus Techniken aus den ersten Kapiteln – neue, auf Fakten basierende Annahmen, Abschätzung der Nachfragereaktionen, Analysen interner Daten, hypothesengesteuerte Marktforschung sowie Segmentierung nach Kundenpräferenzen – und gewannen daraus den Mut und die Zuversicht, um entgegen herkömmlicher Überzeugungen ihre Preise zu erhöhen. Zu den Fallbeispielen zählen neben einem Industriegüterhersteller auch ein bekannter Internet-Service-Provider (ISP) sowie ein Baseballteam aus der amerikanischen Profiliga.

Erhöhen Sie die Preise, wenn Sie mehr Nutzen bieten können

Als Erstes schauen wir uns eine Firma an, die mit hypothesengesteuerten Analysen arbeitete. Dieses Unternehmen ist ein typisches Beispiel für die Variante »C« aus Abbildung 7–1: Die Firma lernte, den Kunden zusätzlichen Nutzen zu bieten und dann diesen Nutzen durch höhere Preise und eine andere Preisstruktur auch für sich auszuschöpfen.

Praxisbeispiel: Durch höhere Preise mehr Gewinn abschöpfen

Unternehmen: PlusPumpen
Produkt: Spezialpumpen
Quelle: Projekt von Simon-Kucher & Partners

In manchen Branchen – von Software bis hin zu langlebigen Industriegütern – beurteilen Manager den Wert dessen, was sie einkaufen, auf Basis der Lebenszykluskosten oder der Total Cost of Ownership (TCO). Und wie zu erwarten, versucht in diesen Märkten mindestens einer der Anbieter, sich durch die niedrigsten TCO zu differenzieren: Er rechtfertigt den Preis für die Anschaffung seines Produktes, indem er dessen Langlebigkeit, geringen Wartungsaufwand oder hohen Wiederverkaufswert hervorhebt. Das funktioniert dann – und nur dann –, wenn die TCO aus Kundensicht wirklich hohe Bedeutung haben. Jedoch: Wenn diese Logik auch bei vielen Investitionsgütern greift, so heißt das noch lange nicht, dass alle Käufer solcher Produkte sie anwenden.

Genau diese Lektion musste PlusPumpen lernen, ein Unternehmen, das Spezialpumpen für viskose Materialien herstellt.[3] Diese Pumpen sind einem starken Verschleiß ausgesetzt, sodass hohe Wartungs- und Ersatzteilkosten entstehen. Gerade deshalb hatte das Management von PlusPumpen den Wert seiner Produkte hervorgehoben und den Preis auf Basis der Lebenszykluskosten definiert. Verkaufsgespräche wurden zur hohen Kunst entwickelt, denn neben dem Einkaufspreis kamen Betriebs- und Wartungskosten, Ersatzteilpreise und Produktlebenszyklen zur Sprache.

Zu Beginn der Suche nach schlummernden Gewinnpotenzialen konfrontierten wir die Unternehmensleitung mit einer ketzerischen Hypothese: Was, wenn die Kunden die Pumpen gar nicht aufgrund der Lebenszykluskosten kauften? Oder, noch deutlicher ausgedrückt: Vielleicht scherten sich die Kunden gar nicht um all die detailgenauen Kostenanalysen, auf die man bei PlusPumpen so stolz war?

Eingehende Gespräche mit Kunden bestätigten diese Hypothese. Von zehn Faktoren, die beim Pumpenkauf eine Rolle spielten, rangierten die Lebenszykluskosten auf dem vorletzten Platz. Wichtigstes Kriterium war die Zuverlässigkeit des Produktes, gefolgt von der Ersatzteilverfügbarkeit.

Die von den Kunden genannten Gründe leuchteten durchaus ein: Die Investition für eine Pumpe hatte an den Investitionen für ein ganzes Werk einen Anteil von weniger als 1 Prozent. Ihre Zuverlässigkeit aber war höchst kritisch – der Ausfall einer einzigen Pumpe konnte zum Ausfall des gesamten Werkes führen, und die damit einhergehenden Produktionsverluste würden das Unternehmen weit mehr kosten als die Pumpen selbst. Die Lebenszykluskosten waren zwar interessant, aber kein wichtiges Kriterium für die Kaufentscheidung.

Aufgrund dieser Informationen benutzte PlusPumpen die gesammelten Schätze an Kosteninformationen nicht länger als Grundlage für seine Preisangebote. Stattdessen wurden die Preise deutlich erhöht und den Kunden dafür eine Auswahl an Ersatzteilen ohne gesonderte Berechnung vor Ort zur Verfügung gestellt. So war die unmittelbare Verfügbarkeit der Teile sichergestellt, und die Kunden konnten die Betriebsstillstände bei Ausfall einer Pumpe minimieren oder sogar ganz vermeiden. Die Kosten für PlusPumpen stiegen mit dieser Lösung um 5 Prozent, die Transaktionspreise aber um 10 Prozent – bei gleichbleibendem Absatzvolumen. Das Team hatte also einen Weg gefunden, höhere Preise zu erzielen und den Kunden gleichzeitig ein besseres Angebot zu machen. Der gesamte Prozess, einschließlich der Neuschulung des Vertriebs und der Freigabe neuer Verkaufsunterlagen, konnte in weniger als sechs Monaten abgeschlossen werden.

PlusPumpen hatte zur rechten Zeit seine Positionierung, die so selbstverständlich erschien, einer genaueren Prüfung unterzogen. Das dabei Gelernte half dem Unternehmen, sich selbst und nicht das Produkt umzustellen. So erzielte es bei jedem Geschäftsabschluss höhere Erträge, ohne auch nur eine Schraube am physischen Produkt festzuziehen oder auszutauschen. Vielmehr realisierte es die Gewinnsteigerung, indem es sich besser auf die Präferenzen seiner Kunden einstellte.

Erhöhen Sie die Preise, um in einem schrumpfenden Markt Ihre Gewinne abzusichern

Denken Sie einmal an eines Ihrer Produkte oder Leistungsangebote, das zunehmendem Wettbewerb ausgesetzt ist. Kurze Frage: Sind die Preise für dieses Produkt- oder Serviceangebot zu hoch? Die meisten Manager würden diese Frage instinktiv bejahen, vor allem bei Produkten in einem schrumpfenden Markt. Vielleicht schrumpft der Markt ja gerade, weil die Preise zu hoch sind?

Zu einem Marktrückgang kommt es meist aus drei Gründen:

1. Ein Wettbewerber findet das Gewinnpotenzial in Ihrem Markt so groß, dass er auch einen Teil davon abhaben will – entweder indem er einen Ihrer Wettbewerbsvorteile untergräbt, oder indem er sich mit einem niedrigeren Gewinnniveau als Sie zufrieden gibt. Man denke an die Preise für Ferngespräche nach der Deregulierung.
2. Ein Unternehmen hat eine Technologie entwickelt, die Ihre Produkte obsolet macht – wie damals beim Kampf der Schreibmaschine gegen Textverarbeitungsprogramme. Oder
3. der seltenere Fall: Ein Unternehmen schafft es, vergleichbare Güter oder Dienstleistungen zu deutlich und dauerhaft niedrigeren Kosten herzustellen.

Wie dem auch sei, Ihr Produkt hat seine beste Zeit hinter sich. Was Sie nun vor sich haben, ist vermutlich der wichtigste Scheideweg im Lebenszyklus dieses Produktes. Wie sollen Sie mit diesem Rückgang umgehen? Würden niedrigere Preise das Geschäft neu beleben – könnten Sie damit die Konkurrenz abwehren und Ihre Absatzmenge auf hohem Niveau halten? Sowohl Ihr Bauchgefühl als auch die herkömmlichen Denkweisen sprechen dafür. Wir aber schlagen etwas ganz anderes vor, wenn Ihr Produkt zu stagnieren, zu schwächeln oder gar obsolet zu werden droht: Halten Sie die Preise konstant, oder erhöhen Sie sie sogar! Mit konstanten oder höheren Preisen werden Sie in der Lage sein, aus dem betroffenen Geschäft den größtmöglichen Gewinn abzuschöpfen.

Im Hinblick auf diese Entscheidung müssen Sie die Konsequenzen auf zwei Ebenen durchdenken: Einerseits müssen Sie jetzt die richtige Entscheidung treffen, andererseits dürfen Sie nichts tun, was den Rückgang Ihres Geschäftes noch beschleunigen oder Ihre Entscheidungsfreiheit in den nächsten Monaten einschränken könnte. Auch sollten Sie Ihre Position auf der Gewinnkurve (Kapitel 3, Abbildung 3–1) genau kennen. Niedrigere Preise können mitunter tatsächlich zu höheren Gewinnen führen; allerdings nur, wenn die derzeitigen Preise über dem Gipfelpunkt der Gewinnkurve liegen. Auf Kent Molding traf das bei einem seiner Kunden zu (vgl. Kapitel 4), aber das war eher eine der berühmten Ausnahmen, welche die Regel bestätigen. Bei den meisten Unternehmen sind die Preise einfach zu niedrig – selbst wenn die Branche schrumpft und die Versuchung groß ist, sich möglichst schnell zurückzuziehen und verbrannte Erde zu hinterlassen.

AOL hat dieser Versuchung als Internet-Provider widerstanden. Nach unserer Schätzung brachte die Entscheidung für eine Preiserhöhung dem Unternehmen um die 70 Millionen Dollar Mehrgewinn ein, und das in einem stark rückläufigen Markt.

Praxisbeispiel: Umfang von Preisänderungen bei absehbarem Marktrückgang

Unternehmen: AOL
Produkt: Internetzugang
Quelle: Analyse öffentlich zugänglicher Informationen, Interviews mit Marktexperten

Wir zollen dem AOL-Management ausdrücklich Anerkennung für eine Ent-scheidung, die es 2001 fällte – zu einer Zeit, als der Markt für Internet-Einwähldienste erste Zeichen der Schwäche zeigte.[4] Zum einen vermied man bei AOL nicht nur Preissenkungen, sondern erhöhte die Preise sogar ungeachtet aller Wettbewerbsbedrohungen. Zum anderen kommunizierte man diese Absicht auf sehr geschickte Weise und mit reichlich zeitlichem Vorlauf an den Markt. Auf den ersten Punkt kommen wir jetzt zu sprechen, auf den zweiten gehen wir in Kapitel 10 ein.

Anfang 2001 fand sich die neu fusionierte AOL Time Warner inmitten eines harten Konkurrenzkampfes um Internet-Einwähldienste im amerika-nischen Markt wieder. Der Druck kam von allen Seiten: Microsofts MSN war im Marketing aggressiver geworden; EarthLink ließ TV-Spots ausstrahlen, in denen AOL gnadenlos verulkt wurde; der Neueinsteiger NetZero ver-langte Monatsgebühren, die knapp halb so hoch waren wie die von AOL. Doch damit nicht genug: Hinzu kam zu allem Übel die Bedrohung durch eine neue Technologie: den Breitband-Internetzugang.

Was hätte AOL tun sollen? Im ersten Reflex lag es nahe, die Preise radikal zu senken und damit das Geschäft gegen Wettbewerber und neue Technologien zu verteidigen. Letztendlich aber setzte sich AOL über all diese Binsenweisheiten hinweg und erhöhte im Mai 2001 die Preise von monatlich 21,95 auf 23,90 Dollar. Was trieb das Unternehmen zu dieser Entscheidung, und was bedeutete diese Preisänderung? Nach unseren Erkenntnissen spielten vier Faktoren eine Rolle:

- AOL wusste, dass es von hohen Wechselbarrieren profitierte: Seine Kunden, offenbar überzeugt vom hauseigenen Slogan »So easy to use, no wonder it's Number One«, würden nur unter Zögern zu einem anderen Anbieter abwandern, insbesondere weil sie dann ihre E-Mail-Adressen und die Listen mit ihren Online-Kontakten – die so genannten »buddy lists« – verlieren würden. Dieser ganze Stress war vielen ein Neuanfang nicht wert.
- Ebenso wusste man, dass der Zuwachs an neuen Teilnehmern schon bald nachlassen würde. AOL selbst hatte um die 23 Millionen Internetkunden, fast viermal so viele wie MSN, wo man jeden Schachzug von AOL genau verfolgte. Wenn sich das Wachstum erst verlangsamen würde, wäre es nicht mehr so wichtig, mit niedrigen Preisen neue Nutzer hinzuzugewinnen, und es käme umso mehr darauf an, den durchschnittlichen Erlös pro Kunden zu erhöhen.
- AOLs Kosten waren stark angestiegen, da die Kunden die Vorzüge des Pauschaltarifs ausnutzten. Und da man beim Einwahlservice stets eine feste Marge veranschlagt hatte (im Wesentlichen über eine Kosten-Plus-Strategie), würde man diese Marge nur mit einem höheren Preis halten können.[5]
- AOL war sich bewusst, dass die Breitbandtechnologie über kurz oder lang das Geschäft mit Einwähl-Services ablösen würde. Insofern war die Preiserhöhung der erste bewusste Schritt zu einer Exit-Strategie. Bis das Unternehmen seine Breitbandstrategie schließlich öffentlich vorstellte, war der heimische Kundenstamm bereits um 13 Prozent auf rund 20 Millionen geschrumpft. Doch in den 15 Monaten dazwischen hatte AOL mit jedem dieser 20 Millionen Nutzer monatlich 1,95 Dollar mehr umgesetzt.

Zugegeben – an den 3 Millionen Nutzern, die man nach und nach verloren hatte, verdiente AOL nun gar nichts mehr. Doch der Vergleich mit dem Szenario »Weitermachen wie bisher« zeigt ganz klar, dass AOL seine Gesamtsituation durch die Preiserhöhung verbessert hat. Es erzielte zwischen 70 und 100 Millionen Dollar mehr Umsatz, wenn man davon ausgeht, dass die Hälfte der verlorenen Kunden wegen Breitband abgewandert sind. Und da die Preiserhöhung als solche keine Zusatzkosten verursacht hat, schlug sich der Großteil dieses Mehrumsatzes unmittelbar als Gewinn nieder. Wir haben hier mit konservativen Schätzungen gearbeitet, denn der Kundenstamm von AOL wuchs sogar nach der Preiserhöhung mehrere Monate lang unvermindert weiter, bevor der erwartete Rückgang einsetzte.

Durch gründliches Durchdenken möglicher Folgen und Überprüfen aller Alternativen fand AOL also eine kontraintuitive und profitable Methode, mit dem Rückgang des Geschäfts umzugehen. Und man widerstand der Versuchung, sich mit irgendwelchen heldenhaften Plänen zur Verteidigung von Marktanteilen und »Rettung« des Einwählgeschäfts ins Abenteuer zu stürzen.

Erhöhen Sie die Preise für ausgewählte Kundensegmente

Wie erhöht man die Preise für bestimmte Kundensegmente? Vor allem, wenn es sich nicht um Allerweltsartikel handelt, sondern um solche mit einer starken emotionalen Komponente? Und wenn – um noch eins draufzusetzen – die Medien jede Preisänderung und ihre Beweggründe von allen Seiten beleuchten? Genau diese Konstellation haben wir häufig im Sport. Schauen wir uns daher als Nächstes an, wie die Toronto Blue Jays, ein Verein der amerikanischen Baseball-Profiliga, bei der Festlegung der Eintrittspreise für die Saison 2004 vorgingen.

Die Situation der Blue Jays stellt sich komplizierter dar als die von AOL oder PlusPumpen: Das Team bietet Zuschauerplätze in mehreren Preiskategorien an, von denen jede mit einem anderen Wert einhergeht – abhängig von Faktoren wie der Entfernung zum Spielfeld (und mithin der Sicht) oder der Verpflegungsqualität. Als Folge haben die Blue Jays ihre Preis-Leistungspunkte in Abbildung 7–1 überall. Sie mussten also bestimmen, welche der Punkte innerhalb und welche außerhalb des Konsistenzkorridors lagen und mit welchen Maßnahmen sie alle im Korridor zusammenbringen konnten.

Praxisbeispiel: Festlegung der Eintrittspreise für einzelne Spiele

Unternehmen: Toronto Blue Jays Baseball Club
Produkt: Eintrittskarten für Baseball-Profiliga
Quelle: Projekt von Simon-Kucher & Partners

Die Allgegenwart des Sports, die Faszination von VIP-Logen in neuen Stadien, die Millionengehälter der Profisportler – das alles zusammen vermittelt den Eindruck, Sport sei ein Riesengeschäft. Die Toronto Blue Jays, ein Baseballteam der nordamerikanischen Profiliga, sind da keine Ausnahme. Die Blue Jays gehören dem führenden kanadischen Mobilfunkbetreiber Rogers Communications, und sie spielen im Rogers Centre (zuvor als SkyDome bekannt), dem weltweit ersten Stadion mit einziehbarem Dach. Einer ihrer Stars, der preisgekrönte Pitcher Roy Halladay, unterschrieb eine Vertragsverlängerung, die ihm für weitere vier Jahre 42 Millionen Dollar einbringt.[6] Abgesehen von solchen Extrembeispielen gleicht die Baseballliga aber eher einer Ansammlung kleiner Familienbetriebe.

»Diese Branche muss sich definitiv weiterentwickeln«, so Steve Smith, früher als Vice President bei den Blue Jays verantwortlich für den Kartenverkauf. »Im Baseball geht es heute noch zu wie in alten Zeiten, als alle Clubs letztendlich Kleinunternehmen waren.«

Die zentrale Frage ist: Wo sollte diese Weiterentwicklung beginnen? Es gibt nur wenige andere Geschäfte auf der Welt, die sich so leicht quantitativ erfassen lassen wie Baseball. Teams wie die Oakland A's, die Boston Red Sox und eben die Blue Jays arbeiten mit sehr ausgefeilten quantitativen Systemen zur Bewertung von Spielern und zur Ermittlung der Gehälter.

Allerdings: Bis dato hatte kein Club eine auch nur annähernd so ausgefeilte Methode, um zu bestimmen, wie viel die Fans für Einzelspiel-Tickets oder auch Saisonkarten – die zwischen einem und zwei Drittel der gesamten Umsätze ausmachen – bezahlen sollten. Die Ironie des Ganzen war, dass die betreffenden Statusdaten durchaus verfügbar waren; also etwa, wie viel die Fans für welchen Platz bei welchem Spiel gezahlt hatten. Man musste diese Statusdaten nur nutzen, um Daten zur Nachfragereaktion zu generieren, ähnlich wie die Firma Casual Male aus Kapitel 4 das getan hat. Dazu passt der folgende Kommentar einer Sport- und Wirtschaftskolumnistin: Sie sieht den Schlüssel zur stärkeren Datenorientierung im Sport-Business »außerhalb der traditionellen Vorgehensweisen im Sport und innerhalb der Strategien, die sich in anderen Branchen als erfolgreich erwiesen haben.«[8]

Traditionell nehmen Sportvereine für bestimmte Plätze immer den gleichen Preis, egal für welches Spiel. Die Blue Jays aber folgten dem Beispiel anderer Teams im Profi- und College-Sport und führten eine variable Preisgestaltung ein; das heißt, die Eintrittskarten wurden mal billiger, mal teurer verkauft – je nach dem Zeitpunkt des Spiels und je nach Gegner. Dabei hatten die anderen Teams mit der variablen Preisgestaltung und deren Ergebniswirkung sehr unterschiedliche Erfahrungen gemacht; über die Einzelfallbeobachtung hinaus wusste also keiner genau, ob dieses System der Gewinnlage eines Vereins nützte oder schadete.

Als die Blue Jays ihr variables Preissystem auswerteten und darüber beratschlagten, ob man es in der nächsten Saison beibehalten sollte, gab es Befürworter und Gegner: Genau wie bei Bedrock (Kapitel 5) brachten beide Seiten eine Fülle von Argumenten vor. Die Gegner des Systems behaupteten, die variablen Preise verwirrten die Fans, und äußerten Zweifel an der finanzwirtschaftlichen Wirkung. Die Befürworter hielten dagegen, die Differenzierung fördere den Umsatz, da sie die Zahlungsbereitschaft der Fans stärker berücksichtige und abschöpfe.

Der Vertrieb der Blue Jays war fest davon überzeugt, dass es Möglichkeiten für Umsatzsteigerungen geben müsse. Doch war man sich nicht sicher, ob die variable Preisgestaltung das vorhandene Potenzial ausschöpfte. Der Störfaktor in der Debatte war wie immer die gängige Branchenmeinung, die besagte, die Zuschauerzahlen hingen zu 80 Prozent von der spielerischen Leistung des Teams ab. Niemand bei den Blue Jays hatte den Wahrheitsgehalt dieser Theorie jemals ernsthaft überprüft.

Um die Streitfrage zu klären, nahmen die Befürworter des neuen Preissystems die Beweislast auf sich. Mit unserer Hilfe entwickelten sie ein Modell, das die Besucherzahlen für eine bestimmte Sorte von Spielen vorhersagen und zudem herausfiltern konnte, welche Faktoren die Zuschauerzahlen beeinflussten. Anhand der vorliegenden Statusdaten erarbeiteten wir Reaktionsdaten sowie diverse Szenarien, um zu ermitteln, mit welchen Preisen sie den höchsten Umsatz erzielen konnten. Da wir die Grenzkosten des Kartenverkaufs als vernachlässigbar einstuften, entsprach der Mehrumsatz in diesem Fall dem Mehrgewinn.

Zur Erfassung der Rohdaten entwickelten wir ein Datengerüst, in dem wir die Informationen aus unterschiedlichen, getrennt verwalteten Datenbanken zusammenführten. Diese Sammlung umfasste am Schluss über 5 Millionen Datenpunkte, einschließlich der Preise, die tatsächlich pro Spiel und Sitzplatz gezahlt wurden.

Da die Blue Jays im Laufe der Saison zahlreiche Sonderangebote für einzelne Spiele offerierten, variierte der tatsächlich gezahlte Preis pro Ticket je nach Platz und Spiel; selbst wenn der nominale Preis gleich war. Dank dieser Vielfalt an tatsächlichen Preisvarianten konnten wir die Nachfragereaktion und die Preiselastizität ziemlich genau analysieren. Neben dem Kartenpreis bezogen wir diverse andere Größen in die Analyse ein, darunter den jeweiligen Gegner, das Datum des Spiels, den Monat, gratis verteilte Fanartikel (wie etwa Bobbleheads – die überaus populären Spielerpuppen mit wackelnden Köpfen), den bislang erreichten Punktestand, die Dauer der derzeitigen Gewinn- beziehungsweise Verlustphase sowie schließlich, ob das auch in Toronto beheimatete Hockeyteam Maple Leafs an dem Abend ebenfalls gespielt hatte.

Die beiden wichtigsten Ergebnisse der Analyse waren klar: Erstens hatten nur vier Faktoren bestimmenden Einfluss auf die Besucherzahlen im Rogers Centre: der Ticketpreis, der Wochentag, der Monat und der Gegner. Zweitens variierte die Bedeutung jedes Faktors sehr stark nach den Sektoren des Stadions – und damit nach Kundensegmenten. Keiner der Faktoren beeinflusste die Besucherdichte im ganzen Stadion gleichmäßig stark. Die beiden Maßstäbe für das »Gewinnen« – erreichte Punktezahl und Dauer der gegenwärtigen Phase von Siegen/Niederlagen – hatten nur in bestimmten Sektoren einen starken Einfluss, und das auf Dauer nicht in ähnlich hohem Maße wie die vier oben genannten Faktoren. Andere Variable, wie etwa der Spielplan der Maple Leafs, beeinflussten die Besucherdichte ebenfalls nur in bestimmten Sektoren des Stadions, in anderen Bereichen dagegen kaum. Es schien, als ob jeder Sektor auf ein anderes Kundensegment zugeschnitten war, dessen Bedürfnisse sich klar von denen der Fans im Nachbarsektor unterschieden.

Die Reaktionsdaten nach Einzelsektoren lieferten dem Management der Blue Jays die nötige Grundlage, um die finanziellen Konsequenzen seiner Entscheidungen abzuschätzen und verschiedene hypothetische Szenarien zu entwickeln. Wie etwa: Sollten sie mehr oder weniger ermäßigte Spiele anbieten? Um wie viel höher oder niedriger sollten die Ticketpreise bei bestimmten Gegnern an bestimmten Wochentagen sein? Wie veränderten sich die Besucherzahlen, wenn der Preisunterschied zwischen verschiedenen Rängen größer oder kleiner wurde?

Das Datenmaterial erhärtete auch einige Hypothesen, welche die Funktionäre des Vereins bereits aufgestellt hatten. So hatte sich der Senior Vice President für Kommunikation und Public Relations, Rob Godfrey, dafür stark gemacht, dass bestimmte Plätze auf dem SkyDeck – der obersten Platzreihe – billiger angeboten werden sollten. Unser Datenmodell bekräftigte nicht nur seine Intuition, sondern half auch zu bestimmen, wie weit die Preise ergebnisverträglich gesenkt werden konnten.

Abbildung 7–2 zeigt, wie die Blue Jays ihre Ticketpreise für »reguläre« Spiele gegenüber dem Vorjahr veränderten. Aufgrund unserer Empfehlung erhöhten sie die Preise für Top-Plätze unter Beachtung der Faktoren, welche die Besucherzahlen beeinflussen. Für »Premium«-Spiele waren die Preise etwas höher als in Abbildung 7–2 gezeigt, für die »normalen« Spiele etwas niedriger. Sämtliche Preise sind in kanadischen Dollar ausgewiesen. Auch die Preise für einige Plätze in der obersten Sitzreihe stiegen leicht an (das sind die beiden Datenpunkte links), doch wurde dies überkompensiert durch eine drastische Preissenkung für die übrigen Plätze auf gleicher Höhe (dritter Datenpunkt von links). Bei »normalen« Spielen kosteten sämtliche Plätze im obersten Rang nur 2 Dollar.

Eine letzte Einschränkung für die Entscheidungsfindung jedes Sportvereins ist die öffentliche Akzeptanz, und diese wiederum hängt von der Reaktion der lokalen Medien ab. Im Fall der Blue Jays reagierte die Presse positiv, sowohl auf die Änderungen als auch auf die zugrunde liegende Logik. Ein Kolumnist dazu: »Die meisten Preiserhöhungen betreffen das obere Ende der Preistabelle, wo 8 Dollar mehr oder weniger die Großverdiener nicht sonderlich schmerzen dürften. Wir können das folglich als Sieg für den Normalbürger verbuchen.«[9]

Abbildung 7–2: Eintrittskarten für Spiele der Toronto Blue Jays vor und nach den Preisanpassungen

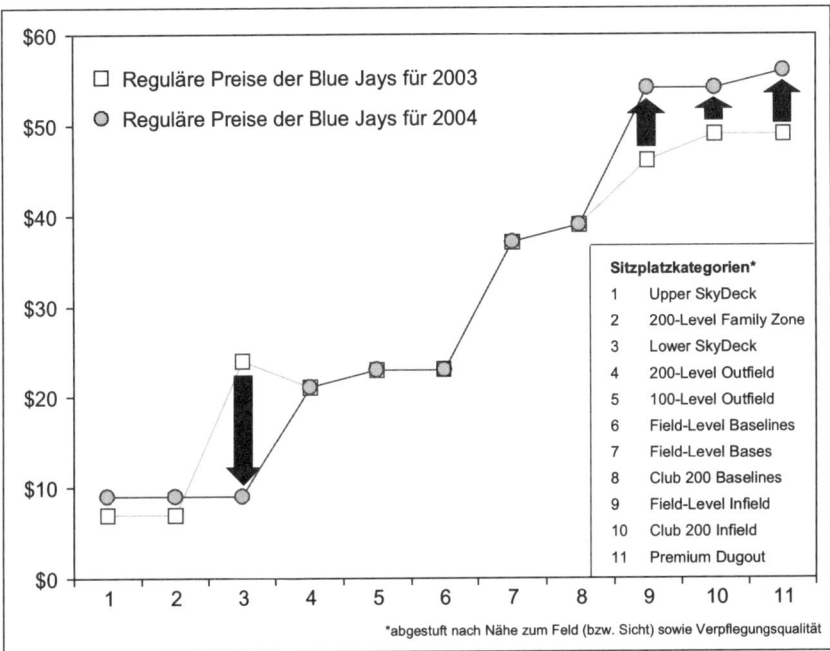

Smith und Godfrey hatten den Preisgestaltungsprozess der Blue Jays auf eine objektivere Ebene gehoben. Gewappnet mit dem Datenmodell und mit besseren Kenntnissen zu den Einflussfaktoren der Besucherzahlen, konnte der Verein seine Annahmen mit Zahlen hinterlegen. Man konnte abschätzen, was eine bestimmte Entscheidung den Verein kosten beziehungsweise ihm einbringen würde.

Die beiden Beispiele Blue Jays und Casual Male zeigen, was ein Unternehmen alles erreichen kann und wie schnell Veränderungen umgesetzt werden können, wenn die Entscheidungsfindung einem konsequenten quantitativen Prozess unterzogen wird. Im Falle der Blue Jays gingen in der ersten Saison nach Implementierung der Preisstruktur sowohl Besucherzahlen als auch Umsätze in die Höhe, obgleich das Team die Saison mit einer schlechteren Spielebilanz abschloss als im Jahr zuvor.

Nutzen Sie den Preis bei Low-Involvement-Produkten als Wertindikator

Wie erschließt man zusätzliche Gewinne, wenn es den Kunden egal ist, wie viel sie zahlen – entweder, weil sie keine Zeit haben, nach dem günstigsten Angebot zu suchen, oder weil sie das Produkt dringend benötigen?

Vielleicht haben Sie irgendwann einmal die Fernsehshow »Der Preis ist heiß« gesehen und eine gewisse Genugtuung empfunden, als einer der Kandidaten den Preis für den Mikrowellenherd oder die Packung Miracoli nicht kannte – Sie aber schon. Den meisten von uns aber geht es so wie dem bedauernswerten Spielkandidaten, wenn wir einen Baumarkt oder ein Kaufhaus betreten.

Vor kurzem erstanden die Autoren dieses Buches innerhalb weniger Tage ein Vorhängeschloss, eine Schneeschaufel, einen Satz Pappteller, einen Wasserhahn und ein kleines Faxgerät. Jeder der Käufe war ungeplant und ergab sich entweder aus einem akuten Bedürfnis oder schlicht aus einem Impuls heraus. Keiner von uns hatte auch nur die geringste Ahnung, wie viel diese Artikel kosten würden, und wir hatten uns auch zuvor nicht näher mit der Thematik befasst. Doch jeder von uns verließ den Laden mit dem Gefühl, günstig – wenn nicht gar zu günstig – eingekauft zu haben. Anhand des Vorhängeschlosses wollen wir nun einmal zeigen, wie sich der Händler womöglich Gewinnchancen entgehen ließ.

Im Nachhinein wissen wir nun, dass man nicht einfach in einen Baumarkt spazieren und so mir nichts, dir nichts ein Vorhängeschloss kaufen kann. Es gibt viele Arten von Vorhängeschlössern. Nehmen wir an, Sie haben die Wahl zwischen mehreren Modellen, die zwischen 5 und 12 Euro kosten. Falls Sie nicht zufälligerweise irgendwelche obskuren Informationen über Vorhängeschlösser irgendwo im Hinterkopf gespeichert haben, wählen Sie nun eine der drei folgenden Vorgehensweisen:

- Sie kaufen das billigste, denn Sie brauchen eigentlich kein spezielles Vorhängeschloss.
- Sie kaufen das teuerste, da es sich ja nicht um hohe Beträge handelt und Sie glauben, das teuerste müsse auch das beste sein.
- Sie kaufen eines in der mittleren Preislage, um weder die schlechteste Qualität zu erhalten noch den höchsten Preis zu zahlen.

Der betreffende Autor wählte Option 3 und kaufte ein Vorhängeschloss für 8 Euro. Damit wurde er zum Beispielfall für den so genannten Kompromisseffekt: Dieser besagt, dass sich Marken oder Produkte Marktanteile sichern, indem sie sich in der Mitte zwischen zwei Alternativen positionieren.[10] Doch was wäre geschehen, wenn sich die Preise zwischen 8 und 15 Euro statt 5 und 12 Euro bewegt hätten? Wahrscheinlich hätte er ebenfalls den Artikel zum mittleren Preis gekauft, aus denselben Gründen.

Dieses Phänomen gibt Einzelhändlern die Chance, den Preis selbst zum Wertindikator zu machen. Es mag irrational sein, aber die meisten Menschen assoziieren niedrigere Preise automatisch mit schlechterer und höhere Preise mit besserer Qualität. Sofern sie nicht genauer überprüfen, ob sie tatsächlich den Gegenwert fürs Geld erhalten, nehmen sie diese Assoziation als Grundlage ihrer Kaufentscheidung.

In Wahrheit ist es doch so: Wir wissen nur deshalb, was ein Vorhängeschloss kosten sollte, weil führende Händler eben bestimmte Preise festsetzen. Der Handel hat also – innerhalb vernünftiger Grenzen – beträchtlichen Freiraum bei der Preisgestaltung für Produkte, die man als einzelner Kunde nur selten kauft. Und daraus wiederum folgt, dass Händler das Potenzial für Gewinnsteigerungen leicht übersehen können. Nehmen wir nur einmal an, ein Baumarkt veranschlagt bei Vorhängeschlössern eine Handelsspanne von 100 Prozent, bezieht also die 8-Euro-Schlösser zum Einkaufspreis von 4 Euro. Würde das Unternehmen für dasselbe Schloss 10 Euro verlangen und das Sortiment so reduzieren, dass dieser Preispunkt in der Mitte steht, dann würde es bei diesen Schlössern 50 Prozent mehr pro Stück verdienen. Bei den 5-Euro-Schlössern könnte sich der Gewinn sogar mehr als verdoppeln, wenn sie für 8 Euro angeboten und das untere Ende der Skala markieren würden.

Ist das Wucherei? Bei Naturkatastrophen und anderen Notsituationen wäre es vielleicht illegal und unmoralisch, höhere Preise zu verlangen. Im alltäglichen Geschäft aber ist das mit Sicherheit keine Wucherei. Dass Sie dennoch das Gefühl haben, es könnte Wucher sein, ist zu erklären durch:

- den viel niedrigeren Preis, den wir Ihnen zu Beginn der Geschichte genannt haben (und mit dem wir Ihren Referenzpunkt bestimmt haben),

- die tief verwurzelte Ansicht, der Endpreis eines Produktes müsse irgendwie in direktem Zusammenhang mit seinen Kosten stehen.

Aber kennen Sie überhaupt die Kostenstrukturen von Obi? Oder von Praktiker oder Hornbach? Das würde uns überraschen. Wenn Sie nicht gerade für einen Schlossfabrikanten arbeiten oder für die *Heimwerker Praxis* schreiben, dann haben Sie vermutlich nicht die geringste Ahnung, was ein Vorhängeschloss im Großhandel kostet, noch denken Sie groß darüber nach, wenn Sie mal eines brauchen.

Diese Beträge scheinen trivial, können sich aber bei großen Produktportfolios schnell aufaddieren. Hier liegt eine reichhaltige Quelle für potenzielle Gewinnsteigerungen. Für den Durchschnittskunden ist ein Baumarkt nicht viel mehr als eine Riesenansammlung relativ selten gekaufter Produkte. Der passionierte Heimwerker oder Vielnutzer hingegen sieht das Geschäft mit völlig anderen Augen. Eine komplexere Preisstruktur kann dabei helfen, diese beiden Segmente klar voneinander zu trennen: Man könnte beispielsweise anbieten, dass Kunden gegen Zahlung einer relativ hohen Vorabgebühr attraktive Preisnachlässe auf bestimmte Produktgruppen erhalten. Die Vielnutzer würden von diesem Angebot gerne Gebrauch machen, um im Einkaufsalltag von den niedrigen Preisen zu profitieren. Doch wer nicht gerade Heimwerker oder Hobbygärtner ist, für den käme das Angebot nicht in Frage. Natürlich hätte man die Wahl zwischen den beiden Alternativen, aber mit größter Wahrscheinlichkeit würde man für seine Vorhängeschlösser, Schneeschaufeln und Wasserhähne eher den höheren Regalpreis bezahlen. Den meisten würde nie auffallen, dass die Person, die an der Kasse hinter ihnen steht, für den gleichen Wasserhahn deutlich weniger bezahlt.

Gehen Sie bei Preisanpassungen aufgrund geänderter Kosten umsichtig vor

Wenn bei Unternehmen in reifen Märkten die Materialkosten stark ansteigen, kommt es häufig zu einer weiteren Schnellschuss-Entscheidung, die auf gängigen Vorstellungen beruht: Der Kostenanstieg wird ganz oder zum Großteil in Form höherer Preise an Kunden weitergereicht. Ganz nach der simplen Formel: Wenn die Kosten 5 Prozent steigen, dann erhöhen wir die Preise auch um 5 Prozent und rechtfertigen das mit den gestiegenen Kosten. (Wobei zu den Kosten in diesem Fall nicht nur die Aufwendungen für Rohmaterialien und Energie zählen können, sondern auch Wechselkursschwankungen.)

Wie bei den anderen Schnellschuss-Entscheidungen, die wir bereits angesprochen haben, hat auch diese quantitativen Charakter und sogar eine gewisse faktische Grundlage. So kommt es dann dazu, dass beim Anstieg der Materialkosten oft eine seltsame Eintracht beim Preisverhalten der Anbieter zu beobachten ist. Prinzipiell ergibt diese Eintracht Sinn, und für viele reife Märkte wäre es gut, wenn dort eine vergleichbare Vernunft öfter einkehren würde.

Doch ebenso hat sie das Potenzial, Manager ganz gefährlich in die Irre zu führen, sodass sie wohlverdiente Unternehmensgewinne verlieren. Wie das vor sich geht, wollen wir kurz erläutern. Man erinnere sich an Abbildung 3–1, das Bild mit der Gewinnkurve: Wenn Ihre variablen Kosten deutlich in die Höhe gegangen sind, dann rückt der optimale Preis – der, bei dem Sie den höchsten Gewinn erzielen – unter Umständen tatsächlich weiter nach rechts, insbesondere wenn sich Ihre Wettbewerber entscheiden, die Kostensteigerung auch weiterzureichen. Wie weit, hängt von der Preiselastizität und dem Ausmaß der Kostenveränderungen ab. Doch nur selten ist es ratsam, die Preise um den Prozentsatz des Kostenanstiegs zu erhöhen. In den meisten Fällen wird es eher so sein, dass die Preiserhöhung geringer ausfallen sollte als der Kostenanstieg.

Die gleichen Zusammenhänge kommen zum Tragen, wenn die variablen Kosten signifikant zurückgehen. In dem Fall bewegt sich die Gewinnkurve vielleicht nach links; das heißt, der Preis, bei dem man den höchsten Gewinn erzielt, wäre niedriger. Aber diese Veränderungen können, wie gesagt, sehr subtil sein. Das erklärt auch, warum Unternehmen mit sehr großem Kostenvorteil – wie Aldi oder Southwest Airlines – profitabel bleiben, auch wenn sie weitaus niedrigere Preise verlangen als die Konkurrenz.

Wir betonen nochmals: Die Welt, die sich Dell, Southwest und Aldi geschaffen haben, ist für die Mehrheit der Unternehmen in reifen Märkten unerreichbar. Die meisten Anbieter in reifen Märkten haben eine vergleichbare Kostenbasis, sodass sich Änderungen an den Materialkosten ähnlich auswirken. Wer also versucht, eine marginal geringere Kostenbasis zum Vorwand für Preissenkungen oder aggressive Aktionen zu machen, wird mit hundertprozentiger Sicherheit seine Gewinne gefährden. Außerdem: Warum sollten Sie Ihre Produktivitätssteigerungen vollständig an die Kunden weiterreichen?

Und ein letzter Punkt zum Thema: Wenn die Fixkosten steigen oder fallen, hat diese Veränderung keinerlei Auswirkung darauf, wo der gewinnoptimale Preis auf der Gewinnkurve liegt. Sie sind entscheidend bei der Frage, ob Sie dieses Produkt überhaupt profitabel verkaufen können, aber der Gipfelpunkt bleibt der gleiche. Wo die Kurve nach oben und unten ausschlägt, hängt nur von der Zahlungsbereitschaft der Kunden und Ihren variablen Kosten ab. Die Fixkosten spielen dabei keine Rolle.

Denken Sie bei Preisverhandlungen an den Preis-Leistungs-Konsistenzkorridor

Nicht jedes Unternehmen geht mit einem einzigen Grundpreis an den Markt wie AOL. Oder mit einem Dutzend Preispunkte wie die Toronto Blue Jays. Industrielle Hersteller beispielsweise verhandeln im Laufe eines Jahres über Hunderte oder sogar Tausende von Preisen für einzelne Transaktionen. Dabei macht es die Vielfalt der Rahmenbedingungen – Kunde, Produktspezifikationen, Serviceanforderungen, benötigte Menge, Konditionen – schwer, eine Transaktion mit der anderen zu vergleichen.

Nichtsdestotrotz können auch Unternehmen, die mit ihren Kunden Preise verhandeln, den Preis-Leistungs-Korridor aus Abbildung 7–1 nutzen. Er bildet das letzte Teilchen des Puzzles, das wir in den vorangegangenen sechs Kapiteln zusammengesetzt haben. Inwiefern, dürfte im Folgenden klar werden: Wir fassen hier für Sie einige Tipps zusammen, wie Sie in Verhandlungen höhere Preise durchsetzen beziehungsweise zumindest Ihre Preise behaupten können.

- Zwingen Sie den Kunden dazu, Leistung gegen Preis einzutauschen. Der Kunde behält in Verhandlungen immer dann die Oberhand, wenn

Sie die ganze Zeit nur über Preise diskutieren. Geben Sie hier nach, ist das nichts anderes als ein Preisnachlass. Vielmehr müssen Sie kontern, indem Sie nur dann einen niedrigeren Preis akzeptieren, wenn auch der Gesamtwert Ihres Angebots reduziert wird. In Abildung 7–3 ist dieser Ansatz veranschaulicht. Die Wertminderung kann vielfältige Formen annehmen, von Abstrichen im technischen Kundendienst über eine kürzere Garantiezeit und längere Lieferzeiten bis hin zu einem geringeren Qualitätsniveau in den Produktspezifikationen.

- Nutzen Sie den Wert jedes Produktmerkmals zu Ihrem Vorteil. Eines muss Unternehmen in reifen Märkten ganz klar sein: Selbst wenn sie »Commodities« verkaufen, sind sie doch nur selten in einem echten Commodity-Geschäft tätig. Mit anderen Worten: Vielleicht sind Ihre Produkte bezüglich der Funktionalität wirklich austauschbar gegen die meisten Konkurrenzprodukte. Aber Sie verkaufen nicht Weizen oder Gold. Wer Sie sind, wie Sie verkaufen, wie Sie liefern, welchen Support Sie den Kunden bieten – das alles kann über den erfolgreichen Verkauf mitentscheiden. Häufig sind diese materiellen und immateriellen Faktoren wichtiger als der Preis (was natürlich kein gwiefter Einkäufer Ihnen gegenüber zugeben würde!). Der Zeit- und Ressourcenaufwand, den ein Kunde in die Verhandlungen steckt, ist häufig ein Signal dafür, wie wertvoll diese zusätzlichen Aspekte für ihn sind. Dieses Wissen hilft Ihnen vielleicht nicht immer, höhere Preise durchzusetzen, aber sollte Ihnen die Zuversicht vermitteln, hart zu bleiben und keine unnötigen Zugeständnisse zu machen.
- Denken Sie daran: Manchmal sind Zugeständnisse nötig. Eine Preisverhandlung dreht sich nie ausschließlich um Produkt und Preis. Schlussendlich ist es eine Diskussion zwischen Menschen, von denen jeder seine eigenen Motive und Anreize hat. Ihr Verhandlungspartner braucht vielleicht einen Sieg, weil er oder sie für Zugeständnisse des Anbieters belohnt wird. Stellen Sie sich darauf ein, und behalten Sie einige Posten als Manövriermasse in der Hinterhand. Seien Sie aber ebenso bereit, die Verhandlung abzubrechen, wenn der Kunde ganz offenbar nicht gewillt ist, für den gebotenen Wert einen angemessenen Preis zu bezahlen.

Preissteigerungen sind komplex in Planung und Ausführung. Wie schon in unserem Beispiel am Ende des ersten Kapitels ausgeführt, gibt es keine

Abbildung 7–3: Leistungsreduktionen helfen, den Gewinn zu sichern:
Wenn Sie unter Preisdruck geraten, geben Sie nur
nach, wenn Sie auch die Leistung reduzieren

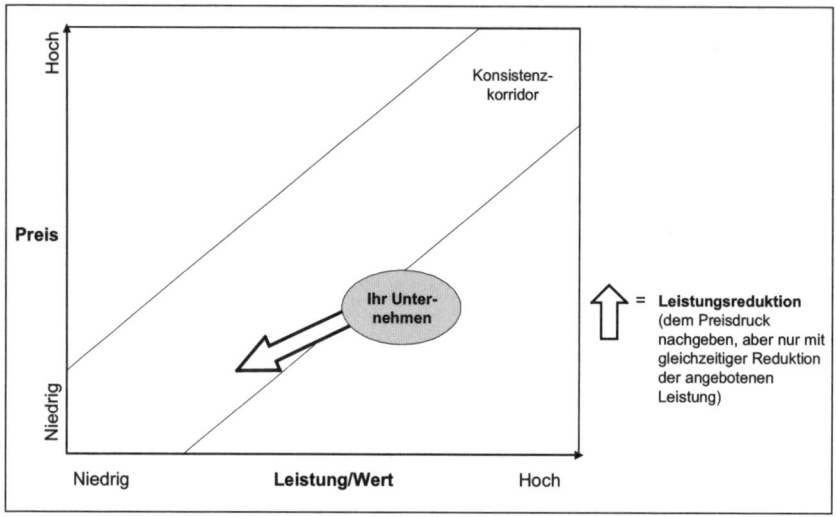

andere Maßnahme, in der die verschiedenen Erkenntnisse, Techniken und Hilfsinstrumente aus diesem Buch so zusammenwirken wie bei einer Preiserhöhung. Sie bietet Ihnen die größte Chance, mehr Gewinn zu erzielen. Solche Entscheidungen sollte man mit großer Sorgfalt und Energie angehen.

Fazit

Preiserhöhungen sind eine wichtige Gewinnquelle. Man muss sich allerdings vergewisssern, dass man die Implikationen genau versteht, bevor man seine Preise erhöht.

Form und Ausmaß von Preiserhöhungen sind abhängig von Ihrer Position im Preis-Leistungs-Diagramm in Abbildung 7–1. Auch wenn es der Intuition zu widersprechen scheint: Eine Preiserhöhung ist meist die profitabelste Strategie, um Gewinne zu halten oder zu steigern, wenn der Markt abzubröckeln beginnt. Man kann die Preise direkt erhöhen, ohne mehr Wert zu bieten. Man kann die Preise konstant halten und den gelieferten Wert verringern. Und man kann die Preise erhöhen, nachdem man sein Wertangebot durch Qualitätssteigerungen oder zusätzliche Services verbessert hat.

Bei der Entscheidung, ob und wie viel man seine Preise erhöhen sollte, ist eine Reihe weiterer Aspekte zu berücksichtigen.

- Wenn die Kunden sich mit dem Produkt nicht näher befassen, ist der Preis oft der wichtigste Wertindikator. Nutzen Sie das zu Ihrem Vorteil.
- Gehen Sie nie davon aus, dass Sie gestiegene Materialkosten vollständig an Ihre Kunden weiterreichen können. Ihr gewinnoptimaler Preis ändert sich zwar, aber das Ausmaß der Änderung hängt von der Preiselastizität der Kunden ab – nicht nur von der Veränderung der variablen Kosten.
- Fixkosten spielen keine Rolle für den gewinnoptimalen Preispunkt eines Produktes.

Viele Unternehmen, vor allem im B2B-Sektor, veröffentlichen keine Preislisten, sondern handeln ihre Preise bei Einzelabschlüssen aus. Solche Preisverhandlungen sollten stets ein Geben und Nehmen bei Wert und Preis sein, nicht nur eine Frage des »Wie viel«. Wenn Sie Preise verhandeln, denken Sie daran, dass Ihr Gegenüber vielleicht einen Verhandlungserfolg braucht. Seien Sie bereit, dort Zugeständnisse zu machen, wo es am wenigsten weh tut – also in anderen Bereichen als dem Preis.

Zu guter Letzt sei betont, dass die Preis-Leistungs-Beziehung auch eine destruktive Seite hat. Im nächsten Kapitel erläutern wir, warum Sie sich davon fernhalten sollten.

Anmerkungen

1 Hermann Simon, »Pricing Becomes a Science«, Financial Times, 31. Oktober 2000.
2 Richard Harmer und Leslie L. Simmel, »How Much Market Share Is Too Much?«, Arbeitspapier, CustomerValueCenter LLC, 2001–2003, S. 1.

3 Details dieses Fallbeispiels wurden aus Vertraulichkeitsgründen modifiziert.

4 Ungeachtet dieses Lobs standen die Autoren der hartnäckigen Flatrate-Fixierung bei AOL stets kritisch gegenüber. Siehe dazu Markus Kreusch und Frank Luby, »The Flat-Rate Fallacy«, Wall Street Journal Europe, 13. May 2001.

5 Frank F. Bilstein und Frank Luby, »Casing AOL's Flat-Price Model«, Wall Street Journal, 10. Dezember 2002.

6 Informationen über die Gehälter von Major-League-Baseballspielern finden sich bei vielen unterschiedlichen Quellen, darunter z. B. ESPN.com.

7 Unterhaltung mit einem der Autoren, März 2003.

8 Vicki L. James, »Build Fan Base from Your Database«, Sports Business Journal, 14.–20. Juni 2004.

9 Dave Feschuk, »Market-Savvy Jays Discover the Winning Ticket«, Toronto Star, 6. February 2004.

10 Ran Kivetz, Oded Netzer und V. Srinivasan, »Alternative Models for Capturing the Compromise Effect«, Journal of Marketing Research XLI (August 2004), S. 237–257.

Kapitel 8

Unnötige Zugeständnisse
an Kunden vermeiden

> *»Eine Analyse, die einen von einer bestimmten*
> *Vorgehensweise abbringt, kann mitunter*
> *wertvoller sein als die revolutionärste Idee.«*
>
> John D. C. Little, Professor emeritus,
> MIT Sloan School of Management[1]

Peter Drucker sagte einmal: »Marketing heißt, das ganze Geschäft mit den Augen des Kunden zu sehen.«[2] Einerseits stimmen wir dieser Aussage voll und ganz zu. In jedem der bisherigen Kapitel haben wir gezeigt, wie man sich an den Kunden ausrichtet, um ihre Bedürfnisse, ihre Verhaltensweisen und ihre Zahlungsbereitschaften zu verstehen.

Allerdings scheinen einige Marketing- und Vertriebsprofis die Aussage von Drucker zu wörtlich zu nehmen: Sie lassen zu, dass das oberste Gebot, den Kunden zu erfreuen, jede ihrer Handlungen diktiert – einschließlich der Preise. Ein Marketingverantwortlicher sagte uns einmal, er könne nicht verstehen, warum sein Unternehmensbereich Geld verliert: »Wir haben die höchsten Kundenzufriedenheitsraten in der Branche, wir bieten Eins-a-Qualität und -Service zu günstigen Preisen.«

Wenn Ihre Marketingstrategie auf der Übererfüllung von Kundenwünschen beruht und Sie im Gegenzug nicht die entsprechenden Gewinne erzielen, dann sind Sie auf dem langsamen, aber sicheren Weg in den Ruin. Denken Sie daran: Ihr unausgeschöpftes Gewinnpotenzial – der Unterschied zwischen guter und Spitzen-Gewinnperformance – steckt in den Taschen Ihrer Kunden. Das ist das Geld, das diese Ihnen bereitwillig zahlen würden, wenn Sie nur den richtigen Zugang fänden.

Lernen Sie, wann Sie dem Gewinn
ein Stück Kundenzufriedenheit opfern müssen

Dieses Kapitel soll eine Warnung sein vor dem, was wir in Kapitel 7 als destruktive Seite des Marketing bezeichnet haben: Es macht den

Wahnwitz aggressiver Aktionen deutlich, wie sie in Abbildung 8–1 (dem Gegenstück zu Abbildung 7–1) dargestellt sind, und es beschreibt en détail die gewinnvernichtenden Maßnahmen, die aggressive und nachgiebige Unternehmen gerne ergreifen. Diese Maßnahmen lassen sich in drei Kategorien unterteilen:

- Wertgeschenke. Nicht selten bekommen Kunden zusätzliche Leistungen ohne Gegenleistung angeboten. Gut gemeinte Kundenbindungsprogramme gehen oft in diese Richtung. Das führt spätestens dann zu Problemen, wenn die Kunden meinen, ein Anrecht auf diese Leistungen zu haben, und mehr davon verlangen. Die Gewinnvernichtung beginnt dort, wo Unternehmen sich gegenseitig mit ihren Gratisleistungen übertrumpfen – siehe den mit »E« markierten Pfeil in Abbildung 8–1.
- Wertattacken. Unternehmen müssen ganz genau wissen, was ihre Produkte und Services wert sind. Andernfalls riskieren sie, mit Verbesserungen am Produkt Geld zu verlieren. Warum sollte zusätzlicher substanzieller Kundennutzen mit niedrigeren Preisen einhergehen, wenn Sie nicht ein destruktiver Wettbewerber dazu zwingt? Wir nennen eine solche Aktion »Wertattacke«, weil es sich um einen besonders riskanten und meist sinnlosen Angriff auf den Wettbewerb handelt. Siehe hierzu den mit »F« gekennzeichneten Pfeil in Abbildung 8–1.
- Aggressive Preissenkungen. Die verblüffendste von allen Maßnahmen ist die Preissenkung. Unternehmen in reifen Märkten können keinen Preiskrieg gewinnen; es sei denn, sie hätten einen uneinholbaren Vorsprung bei Kosten oder Produktqualität. Und selbst wenn sie einen Preiskrieg »gewinnen«, heißt das noch lange nicht, dass sie den monetären Gewinn, auf den sie zugunsten eines höheren Absatzes oder Marktanteils verzichtet haben, wieder hereinholen werden. Diese Entwicklung zeigt der Pfeil »G« in Abbildung 8–1.

Die nächsten drei Abschnitte beschreiben anhand konkreter Beispiele, wie solche Maßnahmen nicht nur den Gewinn der jeweils handelnden Konkurrenzunternehmen selbst, sondern auch Ihren eigenen Gewinn gefährden.

Abbildung 8–1: Die Kehrseite des Marketing – Aktivitäten wie diese gefährden Ihren Gewinn

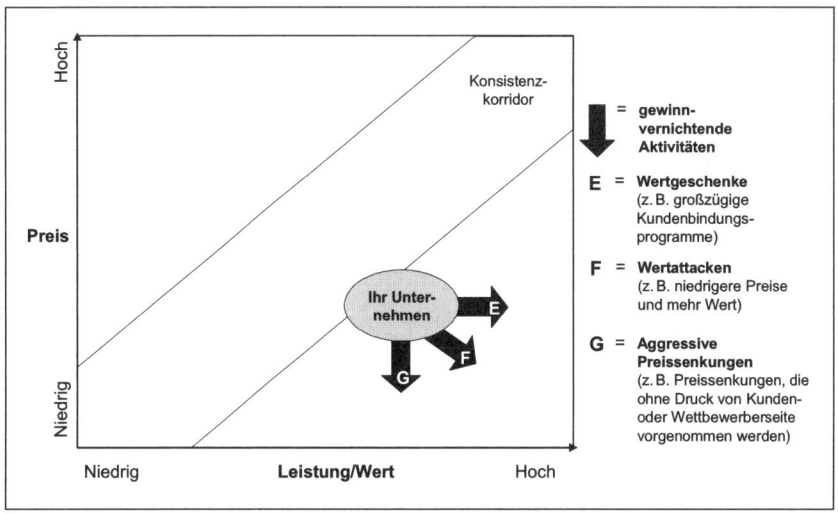

Starten Sie Kundenbindungsprogramme nur, wenn der Wettbewerb sie nicht kopieren kann

Nachahmung ist die aufrichtigste Form von Schmeichelei, heißt es in einem harmlos klingenden Sprichwort. Demnach könnte die Ehre, nachgeahmt zu werden, ein erstrebenswertes Ziel sein. Das mag im Privatleben seine Richtigkeit haben, doch im Geschäftsleben hat das Sprichwort einen falschen Klang: Hier ist die Nachahmung die aufrichtigste Form der Wettbewerbsbedrohung.

Natürlich kann eine solche Wettbewerbsbedrohung durchaus schmeichelhaft sein. Wir hoffen trotzdem, dass die meisten gewinnorientierten Manager, wenn sie die Wahl zwischen Schmeichelei und Profitabilität hätten, sich für Letztere entscheiden würden. Die Aktionäre des amerikanischen Einzelhändlers Kmart können davon ein Lied singen. Sie wissen nur zu gut, was geschehen ist, seit Sam Walton vor rund 40 Jahren ihr gesamtes Geschäftsmodell – bis hin zum charakteristischen Namensteil – kopierte: Wal-Mart entwickelte sich in rasantem Tempo zur größten Einzelhandelskette der USA und trieb Kmart in den Bankrott.

Mit ähnlicher Logik lässt sich auch erklären, wo die Crux von Kundenbindungsprogrammen liegt. In den letzten 30 Jahren gab es einen wahren Wildwuchs solcher Programme in allen Branchen und in aller Welt. Kundenbindung – der Begriff hat so positive Konnotationen, dass man automatisch meint, diese Bindung fördern zu müssen. Aber stimmt das wirklich? Und wenn ja – ist dann ein formales Kundenbindungsprogramm die beste Wahl? Denn es handelt sich um einen Fehlglauben, dass Kundenbindungsprogramme Unternehmen stets profitabler machen. Nicht zu unterschätzen ist dagegen der Nachteil dieser Programme: Sie sind leicht kopierbar.

Ein bisschen Mühe kostet es schon, doch in der Regel können Wettbewerber ein Kundenbindungsprogramm sehr schnell nachmachen, ebenso wie höhere Preisnachlässe oder niedrigere Preise. Was zu Anfang wie ein guter Differenzierungsfaktor aussah, verliert spätestens dann an Wirkung, wenn die Konkurrenz ähnliche oder gar bessere Programme einführt. Und schon ist der Teufelskreis in Gang gesetzt: Jeder beeilt sich, das Programm des Wettbewerbers zu übertrumpfen, nur um festzustellen, dass der es inzwischen mit weiteren Nutzenelementen aufgepäppelt hat.

Die meisten Kundenbindungsprogramme sind nichts anderes als Preissenkungen, die in Naturalien gewährt werden. Sie verstärken den Druck im Markt, da sie den bekannten Teufelskreis in Gang setzen. Man sollte daher solche Kundenbindungsprogramme nur anbieten, wenn man seine Differenzierung aufgrund eines Alleinstellungsmerkmals definitiv halten kann. Der Wettbewerb kann die Vorteile von Kundenbindungsprogrammen nur dann nicht neutralisieren oder untergraben, wenn entweder das Produkt oder die Dienstleistung selbst das Herzstück des »Kundenbindungsprogramms« bildet oder wenn das Programm einen wirklich einmaligen Vorteil bietet. Ersteres ist der Fall bei Apple, Harley-Davidson und Porsche: Ihre Fans brauchen keinen extra Anstoß, um Loyalität zu demonstrieren.[3] Ein Beispiel für die zweite Situation – den einzigartigen Vorteil – ist die BahnCard.

Praxisbeispiel: Wie man einen erfolglosen Marketingansatz rückgängig macht

Unternehmen: Deutsche Bahn (DB)
Produkt: BahnCard
Quelle: Projekt von Simon-Kucher & Partners

Wenn man es clever anfängt, kann ein Kundenbindungsprogramm die Struktur des Zahlungsverhaltens ändern und gleichzeitig einen »weichen« Zusatznutzen bieten. Allerdings: Den Finger genau auf diesen Zusatznutzen zu legen, das kann selbst bei einem erfolgreichen Programm den Verantwortlichen Rätsel bereiten. Die Deutsche Bahn hatte bei ihrem BahnCard-Programm einen dieser weichen Faktoren übersehen und das erst gemerkt, als sie das Programm bereits zum Nachteil verändert hatte.

Ursprünglich hatte die BahnCard 220 Mark pro Jahr gekostet, dafür erhielt man für die Dauer eines Jahres einen 50-prozentigen Preisnachlass auf normale Fahrkarten. Seit der Einführung 1994 war sie jährlich über drei Millionen Mal verkauft worden, sodass die Deutsche Bahn wie auch die meisten Beobachter die Karte als großen Erfolg werteten – bis erste Kritik daran laut wurde. In einem Buch über Preispolitik ist dazu nachzulesen, die BahnCard habe »als reines Rabattinstrument ohne Emotionalisierung« fungiert, und daher sei »die Kundenbindungsfunktion […] gering« gewesen.[4] Im Jahr 2002 führte die Deutsche Bahn ein neues Preissystem ein, in dessen Rahmen die alte BahnCard durch eine neue ersetzt wurde: Nun kostete sie nur noch 60 Euro, dafür wurde aber auch der Preisnachlass auf 25 Prozent reduziert. Gleichzeitig waren nun auch Einzelfahrkarten bis zu 40 Prozent billiger zu haben, wobei ähnliche Konditionen galten wie bei Fluglinien (Frühbucherrabatt, Wochenendaufenthalt, begrenzte Verfügbarkeit).

Was nun geschah, erinnert an die Einführung von »New Coke« – der süßeren Variante von Coca-Cola – 1985 in den USA: Das neue Tarifsystem entpuppte sich innerhalb weniger Monate als Fiasko. Es hagelte Kundenproteste, angeheizt durch Schlagzeilen in Boulevardblättern wie auch der Wirtschaftspresse. Außerdem bekam die Deutsche Bahn schmerzhaft vor Augen geführt, dass sie das Monopol über die Schienen, nicht aber den

Fernverkehr innehatte: Die Passagiere blieben einfach weg. Die Umsätze brachen ein.

Schnelles Handeln tat Not. Die naheliegendste Option – die auch von vielen Interessengruppen eingefordert wurde – wäre gewesen, die ursprüngliche BahnCard mit der 50-prozentigen Ermäßigung wieder einzuführen. So hatte es Coca-Cola damals gemacht: Schon kurz nach den negativen Reaktionen auf New Coke war die ursprüngliche Rezeptur unter dem alten Markennamen wieder aufgelegt worden.

Doch die Deutsche Bahn wollte zuerst einmal verstehen, was eigentlich schief gelaufen war. Man hätte ja vermuten können, dass es sich hier um einen klassischen Fall von zu stark beschnittenen Kundenanreizen handelte. Aber das war es nicht. Denn wie sich zeigte, waren die vorherigen Annahmen zum Erfolg des 50-Prozent-Rabatts unvollständig gewesen: Bei einem Großteil der damaligen BahnCard-Inhaber hatte sich nämlich der Kartenpreis im Laufe eines Jahres gar nicht amortisiert, da sie nicht oft oder nicht weit genug reisten. Rechnerisch kamen diese Kunden (aufgrund der hohen Anfangsinvestition) auf einen durchschnittlichen Preisnachlass von weniger als 30 Prozent. Die alleinige Ersparnisse waren also nicht der Grund für den Erfolg der alten BahnCard.

In Wahrheit war die Karte viel mehr gewesen als ein Rabattinstrument. Geschäfts- wie Privatreisende schätzten den damit verbundenen Komfort: Sie wussten, dass sie als BahnCard-Kunde (von wenigen Ausnahmen abgesehen) den bestmöglichen Preis erhielten. Die neue Rabatthöhe von 25 Prozent machte diesen Vorteil zunichte. Mit ihr kehrten die alten Zeiten zurück, als man sich erst durch einen Wust an Sonderangeboten und Spezialtarifen durchkämpfen musste, um das beste Angebot zu finden. Nach Jahren der Stabilität und Sicherheit begannen die Kunden, am Nutzwert der Bahncard zu zweifeln.

Auch die Flexibilität der ursprünglichen Karte wussten Reisende zu schätzen. Im Unterschied zu den meisten Billigtickets galten für die alte BahnCard keinerlei Einschränkungen. Man konnte jeden Zug benutzen, zu jeder Zeit und zu jedem beliebigen Ziel fahren und erhielt immer seine 50 Prozent Rabatt. Man konnte seine Fahrkarte schon Wochen im Voraus kaufen oder auch in letzter Minute, ja selbst noch im Zug, und hatte immer die Gewissheit, einen günstigen Preis zu bezahlen.

Die Deutsche Bahn führte schließlich die alte BahnCard unter dem

Namen »BahnCard 50« wieder ein, allerdings zum Preis von 200 Euro für die zweite und 400 Euro für die erste Klasse. Die Kunden wie auch die Medien begrüßten diese Entscheidung, und die BahnCard feierte ein großes Comeback. Schon nach dem ersten Jahr stand fest, dass das neue Kundenbindungskonzept ein großer Erfolg war – und das trotz eines Preises, der um rund 50 Prozent höher lag als bei der Originalkarte. Indem man sich auf den gesamten Nutzen der BahnCard besann, nämlich Preisgünstigkeit und Komplexitätsreduktion für die Kunden, gelang es der Deutschen Bahn, an die alten Erfolge anzuknüpfen.

Trainieren Sie Ihren Kunden keine Anspruchshaltung an

Kunden lieben Kundenbindungsprogramme und kostenlose Kundenkarten. Und das ist nur zu verständlich: Mit zunehmendem Wettbewerb der Anbieter werden die Vergünstigungen aus diesen Progammen im wahrsten Sinne des Wortes zum Anrecht der Kunden – denn man kann sie ihnen nur unter größten Schwierigkeiten wieder wegnehmen. Ebenso wie sich Regierungen schwer tun, Sozialleistungen zu kürzen, so stoßen auch Unternehmen auf heftigen Widerstand beim Versuch, einmal gewährte Anrechte der Kunden zu reduzieren oder zu streichen.

Nun etablieren nicht alle Kundenbindungsmaßnahmen eine kostspielige Anspruchshaltung. Vielmehr versetzen die besten davon die Unternehmen in die Lage, höhere Gewinne zu erzielen, ohne größere Summen zu investieren oder die Zukunft durch umfangreiche Versprechungen an die Kunden zu belasten. Nehmen wir als Beispiel Continental Airlines: Die Fluggesellschaft hat 2003 ein Programm mit Namen »Elite Access« für regulär zahlende Passagiere eingeführt. Mit dem Programm kommt man automatisch auf Standby für einen Upgrade zur ersten Klasse, und beim Einsteigevorgang und den Sicherheitskontrollen wird man bevorzugt abgefertigt. Wohlgemerkt: Continental musste all das zusätzlich zum Meilenprogramm anbieten! Es war – zumindest anfangs – einfach unmöglich, etwas zu beenden, was in der Branche zum Standard geworden ist.

Für Geschäftsreisende, welche die Flugpreise nicht durch Firmenrabatte oder Sondertickets drücken, ist das neue Programm von Continental ein seltenener und hoch geschätzter Anreiz. Der Trick dabei ist das »Pay-to-play«-Prinzip: Der Kunde muss den vollen Flugpreis bezahlen und erhält dafür eine Bonusleistung, die für Continental kaum variable Kosten verursacht. Sobald das Flugzeug startet, endet die Standby-Zusage; Continental hat keine weiteren Verpflichtungen. Die Meilen aus Vielfliegerprogrammen hingegen addieren sich auf. Genau deshalb sind sie zum Anrecht der Kunden geworden.

Nach Schätzungen des *Economist* ist die zweithäufigte Währung der Welt nach dem US-Dollar die Bonusmeile.[5] CNN Money veranschlagte das gesamte in Umlauf befindliche Volumen auf neun Billionen Meilen.[6] All diese Meilen erfahren eine starke Abwertung infolge von Nutzungsbeschränkungen, höheren »Preisen« für Premiumprodukte, Veränderungen in den jeweils gewährten Privilegien oder einfach durch Ablauf der Gültigkeitsdauer. Aber es bleibt dabei: Nachdem die Fluggesellschaften Billionen von Meilen unters Volk gestreut haben, müssen sie zu ihren (Selbst-)Verpflichtungen stehen.

Da aber so gut wie jede Airline ihr Kundenbindungsprogramm hat – die alteingesessenen Linienfluggesellschaften im Drehkreuz-System ebenso wie die Neueinsteiger mit ihren Punkt-zu-Punkt-Verbindungen –, meinen die Kunden, ein Anrecht auf Freimeilen und andere Geschenke zu haben. Bonusmeilen oder Gratistickets sind kein bloßer Kundenanreiz oder »Bonus« mehr; sie sind zum echten Kostenfaktor des Geschäfts geworden. Dass diese Anrechte nicht leicht zu kappen sind, musste zum Beispiel US Airways feststellen: Bei dem Versuch, sich auf »Premiumreisende« zu fokussieren, strich die Fluglinie Bonusleistungen für Passagiere mit nicht erstattungsfähigen (da zu Sondertarifen erworbenen) Tickets: Auf den meisten Flügen wurden die Bonusmeilen nicht mehr als Statusmeilen gezählt. Auch erhielten Passagiere auf viele vergünstigte Tickets keine Firmenrabatte mehr, und sie kamen nicht auf die Standby-Liste für Alternativflüge.[7]

»Wer viel fliegt, verhält sich nicht unbedingt loyal, wenn er jedes Mal das billigste Ticket kauft«, erklärte dazu Ben Baldanza, Senior Vice President von US Airways. »Ein solches Verhalten wollen wir nicht belohnen. Wir möchten die Kunden belohnen, die für unsere Services ein Preispremium bezahlen.«[8]

Dieser Schachzug hatte unerwartete, fast paradoxe Konsequenzen:

Das »bessere« Kundenbindungsprogramm schreckte ausgerechnet viele der Geschäftsreisenden ab. Diese Passagiere fanden, dass sie ihren fiskalischen Pflichten als Angestellter alleine schon dadurch Genüge getan hatten, dass sie regelmäßig die vergünstigten Tickets von US Airways gekauft hatten. Sie fanden den Service zuverlässig und die Preise angemessen. Doch die von Mr. Baldanza eingeführten Veränderungen nahmen ihnen die Belohnung dafür. Diese Kunden schlossen sich über das Internet zusammen, gründeten den »Cockroach Club« und trugen fortan (passend zum Namen) Anstecknadeln in Form einer Kakerlake, mit dem Logo von US Airways. Damit drückten sie ihr Missfallen über die Behandlung durch die Airline aus.

US Airways gab schließlich nach und begann zu kooperieren. Beim Jahrestreffen der Cockroaches 2004 – dem so genannten »Roachfest« – war Christopher L. Chiames, Senior Vice President Corporate Affairs, anwesend und diskutierte mit den Teilnehmern aktuelle Fragestellungen seines Unternehmens. »Manchmal muss die Antwort einfach Nein lauten«, sagte Chiames der Versammlung, »wir können den Kunden nicht alles geben, was sie wollen, aber wir müssen es zumindest genau prüfen, und wir müssen eine bessere, für die Kunden attraktive Fluggesellschaft schaffen.«[9]

Damit hat Chiames natürlich völlig Recht. Aber vielleicht hätte US Airways besser so wie die Lufthansa agiert, die 2005 eine ähnliche Zielsetzung verfolgte, aber ungleich geschickter vorging: Anstatt die Statusmeilen für Billigtickets komplett zu streichen, hat sie sie lediglich herabgesetzt. Bislang sucht man vergeblich nach einem Kakerlaken-Club der Lufthansa-Senatoren.

Zwei einfache Fragen helfen, die (gemeinhin als selbstverständlich vorausgesetzte) Notwendigkeit und Sinnhaftigkeit von Kundenbindungsprogrammen im Einzelfall zu hinterfragen:

- Sind treue Kunden für Sie weniger profitabel als untreue?
- Sind treue Kunden tatsächlich die Investition wert, die nötig ist, um sie zu gewinnen und zu halten?

Laut den Ergebnissen der Forschung wie auch unserer Projektarbeit in den USA und Europa ist die erste Frage häufig zu bejahen, die zweite häufig zu verneinen.

Die Verknüpfung von Kundentreue/-bindung und Profitabilität klingt so angenehm und logisch, dass sich nur die wenigsten Manager die Mühe machen nachzurechnen, ob ihre treuen Kunden tatsächlich profitablere Kunden sind. Sie akzeptieren diese wichtige Grundannahme ungeprüft und verlassen sich auf die herrschende Meinung. Der *Harvard Business Review* behandelte genau dieses Thema in einem Artikel im Juli 2002 mit dem Titel »Questioning the Unquestionable«. Werner Reinartz (INSEAD) und V. Kumar (University of Connecticut) untersuchten die Daten eines Technikdienstleisters und eines Versandhauses – beide in den USA – sowie eines französischen Lebensmitteleinzelhändlers und eines deutschen Finanzinstituts. Sie fanden keinen signifikanten Zusammenhang zwischen Kundentreue und Kundenprofitabilität.

»Insbesondere fanden wir keine oder nur wenige Nachweise dafür, dass Kunden, die stets bei einem Unternehmen kaufen, deshalb auch kostengünstiger in der Bedienung, weniger preissensitiv oder besonders effektiv im Hereinbringen von Neugeschäft wären«, so die Autoren.[10] Das soll beileibe nicht heißen, dass Kundentreue nichts wert ist. Als gewinnorientierter Manager sollte man aber daraus lernen, dass eine Allerweltsbehauptung wie »Kundentreue ist gut« mit Vorsicht zu genießen und ihre Gültigkeit im Einzelfall zu überprüfen ist.

Das folgende Fallbeispiel handelt davon, wie ein Unternehmen seine Pläne für Treuerabatte aufgeben musste. Aus dem gesammelten Datenmaterial ging klar hervor, dass die Einführung solcher Rabatte völlig überflüssig war.

Praxisbeispiel: Entscheidung über die Einführung eines Treuerabatts für Großkunden

Unternehmen: Appleton, Inc.
Produkt: Standardsoftware
Quelle: Projekt von Simon-Kucher & Partners

Appleton ist Hersteller einer Software, mit der Kunden ihren Arbeitsplatz neu konfigurieren können. Das Unternehmen hatte ein erfolgreiches Produktprogramm, das sich allerdings dem Reifestadium näherte. Nun wollte

Appleton wissen, ob man mit den bestehenden Kunden höhere Einnahmen erzielen könnte.

Die treuen Kunden der Branche erwarteten einen gewissen Abschlag auf den Listenpreis; ein Übergang zu einem anderen Preismodell bei Streichung sämtlicher Preisnachlässe war damit schwer durchsetzbar und risikobehaftet. Aber konnte man vielleicht die Höhe der Preisabschläge verändern? Wie viel Rabatt gebührte den Stammkunden? Inwieweit war ein Treuerabatt angemessen?[11]

Das Unternehmen hatte erwogen, Kunden beim nächsten Kauf ein günstigeres Angebot zu machen, um die Kundenbeziehung weiter zu festigen. Man war sich allerdings nicht sicher, wie viel man beim Preis nachlassen sollte. Mit einem zu hohen Abschlag würde man trotz höherer Absatzmengen nicht mehr Gewinn erzielen können – bei Verzicht auf den Treuerabatt hingegen und bei zusätzlicher Kürzung der bestehenden Preisnachlässe würde man vielleicht negative Kundenreaktionen riskieren und damit ebenfalls den möglichen Zusatzgewinn verspielen.

Das Marketingteam des Unternehmens ging davon aus, dass die Kunden dann günstigere Konditionen erwarteten, wenn sie Software der Firma in großem Umfang bei sich installiert oder seit langem durchgängig bei ihr gekauft hatten. Und da Appleton vom Wiederholungsgeschäft abhängig war, so wurde argumentiert, würde es seine Wachstumsaussichten ernsthaft gefährden, wenn es Stammkunden diesen Preisvorteil verweigern würde. Gleichzeitig war sich das Marketingteam nicht sicher, ob es den Aussagen einzelner Kunden Glauben schenken sollte: Danach war der Wert der Appleton-Software für Kunden umso höher, je mehr sie davon installiert hatten.

Um die Hypothesen zur Kundentreue zu testen, musste das Unternehmen in Erfahrung bringen, ob sich Kunden, die bereits mit Appleton-Software arbeiteten, in ihrer Zahlungsbereitschaft von Neukunden unterschieden. In diesem Fall setzte man Großkunden mit Stammkunden gleich, denn fast alle Key-Accounts hatten ihren installierten Bestand durch regelmäßige Zukäufe über die Jahre ausgebaut. Unter Anwendung der Methoden zur Kundennutzenmessung (Kapitel 5) führte das Unternehmen eine Kundenstudie in drei Ländern durch. Das Ergebnis: Es gab keinen Zusammenhang zwischen der Menge bereits gekaufter Lizenzen und dem Preis, den ein Kunde für zusätzliche Lizenzen zu zahlen bereit war. Lediglich in einer Region konnte eine sehr geringe Korrelation festgestellt werden, und die war positiv. Mit anderen Worten: Die Bereitschaft der Kunden, für Appleton-Produkte zu zahlen, stieg mit jedem Kauf.

Je mehr also die Kunden bereits bei Appleton gekauft hatten, desto weiter klaffte die Lücke zwischen dem Preis, den sie gezahlt hatten, und dem, den sie zu zahlen bereit waren. Das resultierende Gewinnpotenzial wurde auf mehrere Millionen Dollar pro Jahr geschätzt. Die Pläne für den Treuerabatt wanderten in den Papierkorb, und man beschloss, die bereits gewährten Rabatte auf die Hauptproduktlinie so allmählich zu reduzieren, dass die Kunden es kaum bemerken würden. Das darauf folgende Geschäftsjahr schloss mit einem 12-prozentigen Umsatzzuwachs; gleichzeitig konnte die Umsatzrendite um 4,5 Prozentpunkte auf knapp 25 Prozent erhöht werden. Das entspricht einem Anstieg des Betriebsergebnisses um stolze 35 Prozent.

Widerstehen Sie dem Drang, Preise proaktiv zu senken

Wenn wir vor Preissenkungen als Antwort auf (echte oder subjektiv empfundene) Wettbewerbsbedrohungen warnen, dann möchten wir damit erreichen, dass Sie Ihre Abwehrstrategien sorgfältiger und bewusster planen und die Konsequenzen durchdenken. In manchen Situationen zwingt Sie der Wettbewerb vielleicht zu solchen Maßnahmen, weil er seinerseits die Preise gesenkt oder mit einem fühlbar niedrigeren Preispunkt in den Markt eingestiegen ist. Wie man darauf reagiert, hatten wir im Fallbeispiel Mosella (Kapitel 2) beschrieben.

Es kommt jedoch auch vor, dass Unternehmen ihre Preise freiwillig senken, ganz ohne Anstoß von der Konkurrenz und – wie wir in diesem Abschnitt erläutern werden – auch fast ohne Anstoß von Kundenseite. Sie tun das ganz einfach aus der Überzeugung heraus, dass niedrigere Preise tendenziell die schwankende Kundentreue festigen und folglich gut fürs Unternehmen sind. Begründet werden die Preissenkungen dann mit Veränderungen der Wettbewerbslandschaft, der herrschenden Managementphilosophie, dem Willen, Kostenersparnisse und Produktivitätszuwächse mit den Kunden zu teilen – und last but not least mit der Preis-

Absatz-Funktion aus dem BWL-Lehrbuch. Preissenkungen scheinen die einfachste Methode zu sein, den Kunden ein bisschen zu verwöhnen, und dieser Versuchung können Unternehmen mitunter kaum widerstehen.

Das sollten sie aber. Denn durch proaktive Preissenkungen wird man weder anders noch erfolgreicher. Normalerweise wird man lediglich ärmer – es sei denn, man hätte klare (quantitative) Beweise für das Gegenteil.

Das gilt übrigens unabhängig davon, wie man die Preise senkt – ob man sie offen reduziert, ob man Coupons oder Bonuspunkte anbietet oder ob man die Kunden mit Gratisleistungen überschüttet, um den Zuschlag zu erhalten. Wer zu solchen Mitteln greift, rechtfertigt das gerne mit Sprüchen wie »Der Kunde hat immer Recht«. Oder man zitiert Titelgeschichten aus Zeitschriften, in denen Unternehmen wie Wal-Mart, Schmitz Cargobull, Dell oder Aldi hoch gelobt werden. Die Logik scheint einleuchtend: Wenn Sam Walton und Michael Dell oder die Gebrüder Albrecht mit Billigpreisen zu Milliardären geworden sind, warum sollte man es ihnen nicht gleich tun können?

Aus einem einfachen Grund: Erfolgsstorys wie die von Wal-Mart, Dell oder Aldi sind deshalb nicht leicht zu kopieren, weil diese Unternehmen Kostenvorteile aufgebaut haben, die kein anderes Unternehmen so schnell einholen kann. Diesen Kostenvorteil haben sie vom ersten Tag an in ihrem Geschäftsmodell festgeschrieben. Es kann in jeder Branche nur einen Kostenführer geben. Um ähnlich niedrige Preise in Ihrem Markt anbieten zu können, wie Aldi sie im Lebensmitteleinzelhandel schafft, müssten Sie einen erheblichen und nachhaltigen Kostenvorteil besitzen. Wir bezweifeln, dass Sie diesen Vorteil momentan haben oder in nächster Zeit erringen werden (falls überhaupt jemals). Falls Sie in einer reifen Industrie agieren, in der die Wettbewerber vergleichbare Produkte mit vergleichbarer Technologie und vergleichbarem Material und Kapazitätseinsatz anbieten, dann spricht vieles dafür, dass – ohne eine radikale Innovation – keines der Unternehmen je mehr als einen kleinen Kostenvorteil herausschlagen wird.

Und selbst wenn Sie es könnten – warum sollten Sie die Preise senken? Preissenkungen bedeuten fast immer, dass ein riesiges Vermögensvolumen von den Anteilseignern des Unternehmens zu den Kunden geschoben wird. Sie führen aber ein Wirtschaftsunternehmen, keine Wohltätigkeitsorganisation. Und es ist reine Wohltätigkeit, wenn Sie sich aus politischen oder philosophischen Motiven anstatt aus objektiven Gründen für Preissenkungen entscheiden. Wie schief das gehen kann, wird am folgenden Fallbeispiel deutlich: Hier geht es um eine publicityträchtige Preissenkung, die sich im Nachhinein als Fehlschlag erwies – und die mit etwas Nachrechnen hätte vermieden werden können.

Praxisbeispiel: Preissenkungen oder nicht?

Unternehmen: Universal Music Group
Produkt: CDs
Quelle: Analyse öffentlich zugänglicher Informationen

Die Universal Music Group (UMG) besaß im nordamerikanischen Tonträgermarkt rund ein Drittel Marktanteil. Im September 2003 kündigte die Firma an, dass sie die unverbindlichen Preisempfehlungen für CDs an den Groß- und Einzelhandel um 25 bis 30 Prozent gesenkt hatte.[12] Zur Begründung führte man an, Marktforschung habe eine starke Präferenz der Kunden für einen Preispunkt deutlich unterhalb des derzeitigen Preisniveaus ergeben. Zudem sei man zu dem Schluss gekommen, dass die Online-Piraterie nicht nur auf Dauer bestehen bleibe, sondern auch das Kaufverhalten bestimmter Kundensegmente beeinflusse.

Keiner der Wettbewerber zog mit (eine ebenso umsichtige wie seltene Reaktion!), sodass UMG nun völlig ungestört verfolgen konnte, wie stark eine Preissenkung tatsächlich die Nachfrage anspornt. Im Rahmen der Aktion mit dem Namen »JumpStart« senkte UMG die Händlerpreise für die CDs der meisten Künstler von 12,02 auf 9,09 Dollar: Ziel war es, die Kunden mit klaren Anreizen dazu zu bringen, dass sie ihre Musik wieder im Laden kauften.

In einem Pressekommentar dazu war nachzulesen, diese Maßnahme von UMG sei wohl »weniger ein geschickter Gegenschlag als ein letzter verzweifelter Versuch, die Stellung zu halten«.[13] Nach der Preissenkung hätte UMG stolze 33 Prozent mehr CDs ausliefern müssen, nur um den Umsatz auf gleicher Höhe zu halten. Den Gewinn zu halten war noch schwieriger. Je nachdem, welche Annahmen man bezüglich der variablen Kosten zugrunde legt, hätte UMG zwischen 45 und 55 Prozent mehr CDs verkaufen müssen, nur um kein Geld durch JumpStart zu verlieren. Wo aber hätte diese ganze Nachfrage herkommen sollen? Kann ein niedriger Preis wirklich bewirken, dass so viele Künstler plötzlich derart gefragt sind? Nun könnte man zu Recht einwenden, dass UMG so oder so einen Gewinnrückgang erlebt hätte. Aber: Selbst unter der Annahme, dass das Unternehmen die Preisaktion unterlassen und einen entsprechenden Umsatzschwund erlebt hätte, wäre UMG in puncto Ergebnis weitaus besser davongekommen.

Darüber hinaus bekam UMG das »Gesetz der unerwarteten Folgen« zu spüren. Nach unserer Erfahrung fragen sich Manager nämlich viel zu selten, ob ihre Preisveränderung ihnen künftige Geschäfte mit Absatzmittlern und Endkunden erschweren wird. Oder ob vielleicht jemand diese Preissenkung als Waffe gegen sie benutzen wird. Die *New York Times* schrieb, die Senkung der unverbindlichen Preisempfehlungen könne in Verbindung mit einer weniger starken Senkung der Großhandelspreise bewirken, dass der Einzelhandel lieber mehr Regalfläche für andere Produkte zur Verfügung stelle.[14] Zur Zeit der großen Preissenkung hatte Wal-Mart ohnehin bereits vor, die Regalfläche für Tonträger wegen schleppender Umsätze und niedriger Gewinnspannen um 15 Prozent zu reduzieren. Zusätzlich kürzte UMG einen Teil seines Marketingbudgets für Verkaufsförderungsaktionen und steckte mehr in die Endkundenwerbung, was Schwierigkeiten für kleinere und spezialisierte Ladenketten bedeuten konnte. All das entbehrt nicht einer gewissen Ironie, hatte doch der CEO und Chairman von UMG, Doug Morris, die Preissenkungen seinerzeit angekündigt mit den Worten: »Wir wagen einen kühnen Schritt, um die Menschen wieder in die Musikläden zu bringen.«[15]

Und schließlich: Wen genau will Morris eigentlich in die Musikläden zurückholen? Vielleicht denken Sie jetzt, es seien die Kids aus der Napster-Kazaa-Fraktion, die sich – damals zwischen 15 und 20 Jahre alt – die Musik kostenlos heruntergeladen haben. Doch nach den Angaben des Branchenverbands, der Recording Industry Association of America (RIAA), entfallen auf diese demografische Gruppe nur ganze 25 Prozent aller Musikkäufe, Tendenz rückläufig (Anfang der 90er Jahre: 32 Prozent). Die Gruppe der Über-35-Jährigen dagegen tätigt heute fast die Hälfte aller Käufe (nämlich 45,2 Prozent), nachdem sie vor einem Jahrzehnt erst mit etwa einem Drittel (33,7 Prozent) vertreten war.[16]

Wenn fast die Hälfte aller CD-Kunden in den USA den High-School-Abschluss schon fast 20 Jahre hinter sich haben, dann dürften das kaum die Leute sein, welche den Einzelhandelsgeschäften den Rücken gekehrt haben. Vielmehr sind es dieselben, die Hunderte von Dollar für ein Konzert von Bruce Springsteen oder den Rolling Stones ausgeben, oder auch für das Kombiticket Rolling Stones mit Fleetwood Mac, das wir in Kapitel 6 als Beispiel gebracht haben. Sie haben ihre Bereitschaft, für Musik Geld auszugeben, wahrlich unter Beweis gestellt.

Einige Monate nach den Preissenkungen musste das UMG-Management »zugeben, dass das Preissenkungsprogramm kein Erfolg war«.[17] Anstatt die Umsätze in die Höhe zu treiben und die Kunden wieder in die Musikläden zu bringen, war die Preissenkung weitgehend wirkungslos geblieben. Die Marktanteile von UMG, sowohl bei Neuerscheinungen als auch insgesamt, gingen sogar leicht zurück.

Nach fast einem Jahr Wartezeit entschloss sich UMG zum »Rückzug von einem Großteil der Preissenkungen«.[18] Das Unternehmen hatte sich ursprünglich von JumpStart einen Verkaufszuwachs von 21 Prozent erhofft. Das aber wurde lediglich bei den CDs erreicht, die mehr als acht Wochen und weniger als zwei Jahre im Markt waren. Nur dieses Segment wuchs um 27 Prozent, gemessen am Volumen. Bei Neuerscheinungen dagegen betrug der Zuwachs nur 5,8, bei älteren CDs ganze 3 Prozent. Sprecher der Firma sagten dazu, der Plan sei fehlgeschlagen, weil der Einzelhandel nicht wie vorgesehen kooperiert und die Preissenkungen nicht weitergegeben habe.

Welche anderen Alternativen hätte CEO Morris gehabt? Nun, im Grunde hatte er mehrere, wie in Kapitel 6 und 7 beschrieben. Er hätte die Preise zum Beispiel indirekt erhöhen können. So hat Sony Music, einer der Hauptkonkurrenten von Universal, seine CD-Preise konstant gehalten, aber die Anzahl der Titel auf den CDs reduziert. Pro Titel gerechnet entspricht das einer Preiserhöhung. Howard Stringer, damals Chairman und CEO von Sony Corporation of America, sagte dazu, die Kunden bevorzugten sogar weniger Titel pro CD, und zudem könne man auf diese Weise die nächste CD des betreffenden Künstlers schneller herausbringen.[19] Diese faktische Preiserhöhung – weniger Ware fürs Geld und häufigere Neuauflagen – tut den Kunden nicht weh, solange der Künstler populär bleibt. Im Grunde bedeutet dieser Ansatz eine Rückkehr zu dem, was vor Jahrzehnten prak-

tiziert wurde: In den 60er Jahren brachten die Rockbands weniger umfangreiche Alben in schnellerer Folge heraus als heute.

UMG hätte es auch AOL (Kapitel 7) gleichtun und die Preise zumindest
für große Teile des Sortiments direkt erhöhen können. Nach unserer Ansicht hätte man auf diese Weise nicht nur weiterhin gute Umsätze mit
älteren Musikkäufern erzielt, sondern auch das eigene Sortiment für den
Einzelhandel attraktiver gemacht.

Und schließlich hätte UMG eine kundennutzenbasierte Segmentierung
anwenden können, anstatt einer Preissenkung im Hauruck-Verfahren. Wie
die Ergebnisse zeigten, waren die Preissenkungen für nicht mehr ganz
aktuelle CDs weniger absurd. Eine Strategie nach dem Motto »Preissenkungen für alle!« hingegen schadet auf Dauer Ihrer Preisintegrität wie
auch Ihrer Profitabilität. Porsche-CEO Wendelin Wiedeking hat in einem
Interview mit der *Automotive News* den Begriff Preisintegrität definiert
und seine Bedeutung auf den Punkt gebracht: »Wenn Sie einmal einem
Kunden einen Wagen mit hohen Preisnachlässen verkauft haben, dann will
er beim nächsten Mal die gleichen Konditionen. Sie werden nie wieder in
der Lage sein, diesen Kunden zufrieden zu stellen, denn er wird sagen,
dass Ihr Preissystem nicht stimmt.«[20] Zuweilen greift aber auch Porsche zu
Anreizen, um Bestände abzubauen. Der Trick ist, dass die meisten Leute
nichts davon erfahren. Mehrere Monate lang hat Porsche in den USA Bar-
zahlungsrabatte von 2 000 bis 3 500 Dollar für den 911er und den Boxster
gewährt; allerdings wurden sie nur Porsche-Besitzern angeboten und nie
öffentlich beworben.[21]

Wenn die Stimmung in Ihrem Unternehmen Richtung Preissenkungen
oder Treuerabatte tendiert, dann sollten Sie nach dem Prinzip »Schuldig
bis zum Beweis des Gegenteils« vorgehen. Die Beweislast muss bei den
Befürwortern der Maßnahme liegen! Und fordern Sie von diesen mit den
Beweisen auch harte (Gewinn-)Zahlen und Fakten, nicht nur politischen
Druck oder theoretische Argumente.

Fazit

Packen Sie Ihre Kunden nicht in Watte. Stellen Sie vielmehr sicher, dass sie für Ihre Leistung einen angemessenen Gegenwert erhalten. Durch aggressive und nachgiebige Verhaltensweisen behindern Sie Ihre eigenen Bemühungen um höhere Gewinne. Die in Abbildung 8–1 dargestellten Maßnahmen – Wertgeschenke, Wertattacken, aggressive Preissenkungen – verkörpern eine enorme Vermögensverlagerung von Ihrem Unternehmen zu Ihren Kunden.

Um Wertattacken handelt es sich, wenn Sie Kunden mehr Qualität bieten, diese aber nicht angemessen bepreisen. Wertgeschenke wie z.B. Kundenbindungsprogramme sind nur sinnnvoll, wenn der Wettbewerb sie nicht so leicht nachahmen kann; sprich: Wenn er nicht den gleichen Nutzen im gleichen Maß bieten kann. Und selbst dann müssen Sie durch sorgfältige Analysen sicherstellen, dass sich die Investitionen für das Kundenbindungsprogramm angemessen rentieren.

Preissenkungen machen nur dann Sinn, wenn sie Ihnen höhere Gewinne einbringen. Meistens ist das nicht der Fall. Als die Toronto Blue Jays einige ihrer Preise senkten (Kapitel 7), stützten sie sich auf harte Analysen, die zeigten, dass niedrigere Preise in einigen Platzkategorien dem Verein mehr Gewinn einbringen würden. Hat auch die Universal Music Group solche Analysen bei ihrer aggressiven Preissenkung durchgeführt?

Folgen Sie dem Ansatz »Schuldig bis zum Beweis des Gegenteils«, wenn sich jemand in Ihrem Unternehmen für Gratisleistungen, Wertattacken oder Preissenkungen stark macht. Die Risiken für Ihren Gewinn sind zu hoch.

Um Ihr Team auf dem Weg zu höheren Gewinnen auf Kurs zu halten, reichen Analysen und Konzepte nicht aus. Sie müssen die Ziele im gesamten Unternehmen aufeinander abstimmen und entsprechende Anreize setzen. Diesen Themenbereich behandelt Kapitel 9.

Anmerkungen

1 John D. C. Little, »Decision Support Systems for Marketing Managers«, Journal of Marketing 43 (Juli 1979).

2 Peter F. Drucker, The Practice of Management (HarperCollins, New York, 1954).

3 Stephan A. Butscher und Frank Luby, »The Real Toy Story«, Wall Street Journal Europe, 28. Januar 2002.

4 Andreas Kraemer, Robert Bongartz und Armin Weber, »Rabattsysteme und Bonusprogramme«, in Handbuch Preispolitik, Hrsg. Hermann Diller and Andreas Hermann (Gabler, Wiesbaden, 2002), S. 560.

5 »Frequent-Flyer Economics«, Economist, 2. Mai 2002.

6 Megan Johnston, »Frequent Flier Alert«, CNN Money, 5. Dezember 2003, http://money.cnn.com/2003/12/04/pf/frequent_flier/.

7 »US Airways Implements Pricing Changes«, Presseerklärung von US Airways, 27. August 2002.

8 Barbara De Lollis, »Mileage Incident Bugs Some US Airways Fliers«, USA Today, 27. Januar 2003.

9 Keith L. Alexander, »Cockroaches' US Airways Worked to Keep«, Washington Post, 24. August 2004.

10 Werner Reinartz und V. Kumar, »The Mismanagement of Customer Loyalty«, Harvard Business Review, Juli 2002.

11 Details dieses Fallbeispiels wurden aus Vertraulichkeitsgründen modifiziert.

12 Ethan Smith, »Universal Slashes Its CD Prices in Bid to Revive Music Industry«, Wall Street Journal, 4. September 2003.

13 Brian Carney, »Price Cuts Can't Save the Music Business«, Wall Street Journal Europe, 22. September 2003.

14 David Kirkpatrick, »CD Price Cuts Could Mean New Artists Will Suffer«, New York Times, 20. September 2003.

15 Ethan Smith, »Universal Slashes Its CD Prices in Bid to Revive Music Industry«, Wall Street Journal, 4. September 2003.

16 »2002 Consumer Profile«, Recording Industry Association of America (RIAA), Washington, DC.

17 Ethan Smith, »Music Industry Sounds Upbeat as Losses Slow«, Wall Street Journal, 2. Januar 2004.

18 Ethan Smith, »Why a Grand Plan to Cut CD Prices Went off the Track«, Wall Street Journal, 4. Juni 2004.

19 Janet Whitman, »Sony Aims to Improve Ties Between Products, Services«, Wall Street Journal, 5. November 2003.

20 »Wiedeking's Strategy for Porsche: Image Builds Business«, Automotive News, 18. November 2002.

21 Diana T. Kurylko, »Porsche Again Offers Incentives«, Automotive News, November 2002.

Kapitel 9

Anreizsysteme am Gewinn ausrichten

> *»Sie verstehen mein Problem nicht. Sie wollen*
> *mir beibringen, wie ich Gewinne steigere und*
> *mehr Geld in die Kassen schaffe. Mein Problem*
> *ist, dass das Management gar nicht an Gewinn*
> *denkt – die legen mir eine Million Stück des*
> *Produktes vor die Nase und sagen:*
> *›Hier, verkaufen Sie die!‹«*
>
> Leiter des weltweiten Vertriebs eines
> globalen Industrieunternehmens[1]

Um die wohlverdiente Gewinnsteigerung zu realisieren, müssen Unternehmen ihre mengen- oder marktanteilsbasierten Anreizsysteme durch gewinnorientierte Incentives ersetzen. Das gilt nicht nur für sie selbst, sondern auch für Vertriebspartner, welche das Unternehmen gegenüber dem Endkunden vertreten.

Helfen Sie Ihrem Vertrieb, beim Kunden höhere Preise durchzusetzen – anstatt niedrigere beim Vorgesetzten

Von den Führungskräften hängt es ganz wesentlich ab, ob Anreize zum Erfolg führen. Im Rahmen Ihrer unternehmensinternen Kommunikation treffen Sie immer wieder Aussagen darüber, wie Sie zu den Gewinnzielen stehen. Wenn Sie beschließen, den Vertrieb nach Gewinnbeitrag anstatt nach Volumen zu vergüten, dann können Sie nicht weiter den Gedanken vermitteln, der Marktanteil habe nach wie vor Top-Priorität, und die Unternehmensziele entsprechend definieren. Sonst würden Sie Ihre Vertriebsleute in eine aussichtslose Lage bringen: Diese empfangen widersprüchliche Signale darüber, worauf es ankommt, und transportieren diese Widersprüchlichkeiten in ihrem Verhalten nach außen.

Noch größer werden solche Zielkonflikte, wenn Unternehmen ein begrenztes Spektrum an Produkten haben, von denen jedes erheblich zu Umsätzen und Gewinnen beiträgt, und wenn nicht klar ist, wer eigentlich die Preise bestimmt. Eines der weltweit führenden Logistikunternehmen – wir nennen es hier Depardo – versuchte, seine Preismacht auszutesten, zog dabei aber solche Zielkonflikte nicht in Betracht: Depardo gab dem Vertrieb eine pauschale Preiserhöhung von 2 Prozent vor und musste nach einigen Monaten zu seiner großen Verblüffung feststellen, dass die durchschnittlichen Transaktionspreise stattdessen um 1,5 Prozent gefallen waren.[2]

Praxisbeispiel: Wie man den Vertrieb dazu bringt, weniger Preisnachlässe zu gewähren

Unternehmen: Depardo
Produkt: Paketdienst
Quelle: Projekt von Simon-Kucher & Partners

Der Vertrieb von Depardo reagierte auf die Preiserhöhung durch die Zentrale, indem er seine eigene Preismacht ausspielte. Raten Sie mal, wer gewonnen hat. Der Vertrieb wehrte sich gegen die Preiserhöhung, weil sie ihm das Leben schwer machte – zumal in einem Markt mit aggressivem Wettbewerb durch mehrere international agierende Unternehmen. Aber anstatt einfach Nein zu sagen und die neuen Preislisten aus Protest zu zerreißen, wandten sich die Außendienstler an die Kunden: Sie zeigten ihnen die neue Preisliste und ermunterten sie dazu, günstigere Rabattstufen zu nutzen. Das war deshalb möglich, weil die Kunden Mengenrabatte im Voraus aushandelten, je nach geplanter Zahl der Sendungen. Depardo überprüfte nur selten im Nachhinein, ob die vereinbarten Mengen tatsächlich abgenommen worden waren.

Nehmen wir zum Beispiel an, ein Kunde hatte im Vorjahr 90 000 Pakete versandt und dafür 3 Prozent Rabatt erhalten. Im Verkaufsgespräch für das kommende Jahr sagte dann der Depardo-Vertreter so etwas wie: »Sie wollen doch wachsen, oder? Wenn Sie es schaffen, auf 100 000 Einheiten zu kommen, dann können wir Ihnen eine höhere Rabattstufe geben – das wären dann 6 Prozent.« Der Kunde antwortete natürlich, dass die 100 000

Einheiten ganz hervorragend zu seinen Wachstumszielen passten, und nahm das höhere Rabattangebot gerne an.

Erreichte der Kunde die anvisierte Menge nicht, verhinderte die bei Depardo weit verbreitete Kultur der Nachgiebigkeit eine Nachbelastung des Kunden mit dem eigentlich anzuwendenden höheren Preis beziehungsweise der niedrigeren Rabattstufe. Da sich solche Fälle häuften, fielen die tatsächlichen Transaktionspreise um 1,5 Prozent – anstatt, wie geplant, um 2 Prozent zu steigen. Diese Differenz von 3,5 Prozent hatte drastische Auswirkungen auf das Unternehmensergebnis.

Eine tragende Rolle spielte bei dem Ganzen auch die Struktur des Rabattsystems: Depardo zahlte dem Vertrieb nämlich Provisionen für Umsatz und Umsatzwachstum. Je mehr Neugeschäft jemand brachte, desto mehr stieg sein/ihr Incentive und auch das Prestige. Die Vertriebsleute hatten also wenig Grund, sich anders zu verhalten – dass höhere Mengen auch höhere Rabatte bedeuteten, interessierte sie wenig. Im Gegenteil: Eben dieser Umstand machte ihnen das Leben eher leichter. Man könnte auch sagen, diesen Leuten waren Preise und Gewinne ziemlich egal. Und das wäre nicht einmal zynisch, sondern einfach die Wahrheit. Das System war nun einmal so gestrickt.

Durch die resultierende Preiskontamination hatten die Depardo-Manager ungewollt zugelassen, dass sich ihr Gewinnpotenzial im Markt verflüchtigte. Senkt ein Unternehmen im Logistikmarkt einmal die Preise, erhält es nur selten die Gelegenheit, das rückgängig zu machen. Das Geld, das die höheren Preise eingebracht hätten, ist ein für allemal weg. Und wie bei den Fluggesellschaften sind die Folgen noch Jahre danach spürbar.

Angesichts des Widerstands in der Organisation hat Depardo mit der Einführung gewinnorientierter Vertriebsanreize langsame, aber stetige Fortschritte erzielt. Aufgrund der Komplexität des Geschäfts und der vielfältigen Interdependenzen ist es dem Unternehmen zwar noch nicht gelungen, ein konsequent gewinnbasiertes System (wie nachfolgend beschrieben) zu verankern. Doch zumindest konnte das neue Anreizsystem den Preisverfall aufhalten und Vertrieb und Management dafür sensibilisieren, wie sich niedrigere Preise auf den Unternehmensgewinn und die eigene Vergütung auswirken können.

Setzen Sie die monetären Anreize richtig: Bares ist nach wie vor gefragt

Ihre Organisationsstruktur spielt kaum eine Rolle, wenn Sie Ihren Mitarbeitern nicht Anreize bieten, die das Richtige bewirken. Das Problem ist oft, dass sich Manager mehr Gedanken darüber machen, wie viel Gehalt die Mitarbeiter bekommen, als darüber, wie sie anderweitig belohnt werden – etwa durch Auszeichnungen, Statusverbesserungen oder Beförderungen. Wenn Sie nach Gewinn vergütet werden, Ihr CEO aber im Grunde nur am Marktanteil interessiert ist – unabhängig davon, was Vision und Unternehmensstrategie besagen –, dann werden Sie früher oder später persönliche und berufliche Kompromisse eingehen müssen.

Wie ändert man ein Vergütungssystem so, dass diese Konflikte bereinigt werden? Man könnte beispielsweise ein gemeinsames Projekt zwischen Vertrieb und Management ins Leben rufen, um einen zugrunde liegenden Zielkonflikt aufzulösen, so wie Kinston im Fallbeispiel aus Kapitel 5.

In diesem Kapitel hatten wir beschrieben, wie Kinston eine Mischung aus Expertenurteil, Analyse interner Daten und Kundenforschung einsetzte, um den Vertriebsleuten bessere Entscheidungsunterstützung zu bieten. Dieses Instrument veranschaulichte Preiselastizitäten, welche die Vertriebsleute kennen mussten, nicht als Zahlen, sondern in Form kleiner Symbole: Sie zeigten an, ob das Kundensegment sehr empfindlich, neutral oder wenig empfindlich auf Preisänderungen in der betreffenden Produktgruppe reagierte.

Um sicherzustellen, dass die neuen Regeln auch befolgt wurden, verknüpfte Kinston das neue Tool mit der Vertriebsvergütung. Früher hing die Provision ausschließlich vom Umsatz ab. Als Folge tendierten die Vertriebsleute dazu, im Interesse höchstmöglicher Provisionen auch dann Abschlüsse zu tätigen, wenn sie dazu enorme Preiszugeständnisse machen mussten. Das System gab ihnen keinen Grund – zumindest keinen monetären –, dieses Verhalten zu ändern und die Preise energischer zu verteidigen. Kinston wollte dieses Verhaltensmuster möglichst schnell, wirksam und nachhaltig ändern.

Um die Nutzung des neuen Tools zu fördern, etablierte man einen Anreiz für die Preisverteidigung. Die Struktur war einfach: Je höher der

Rabatt, den ein/e Vertriebsmitarbeiter/in gewährte, desto geringer seine/ihre Provision. Eine ähnliche Wirkung hätte es auch gehabt, wenn man die Provision am Deckungsbeitrag ausgerichtet hätte; allerdings haben viele Unternehmen ein Problem damit, Hunderte oder Tausende von Vertriebsleuten über produktspezifische Deckungsbeiträge zu informieren. Die Rabatthöhe ist daher eine sinnvolle Ersatzgröße. Auch konnten die Vertriebsleute die Höhe ihrer Provision unmittelbar auf ihrem Laptop ablesen und damit genau verfolgen, wie viel Geld sie bei welchem Preisnachlass verloren. Gleichzeitig gab ihnen die kodierte Information zur Preiselastizität genügend Selbstvertrauen, um gegenüber einem Kunden mit relativ geringer Preissensitivität standhaft zu bleiben.

Das neue System zeigte schnell große Wirkung: Die durchschnittlichen Rabatte, welche das Vertriebsteam gewährte, fielen innerhalb weniger Wochen von 16 auf 14 Prozent – praktisch ohne Kunden- oder Mengenverluste. Diese zwei Prozentpunkte mehr erhöhten den Gewinn um rund 100 Millionen Dollar. Bei rund einer Million Gesamtaufwand für das Projekt, einschließlich systemtechnischer Umsetzung und Vertriebsschulung, bedeutete das eine Amortisationszeit von wenigen Tagen.

Eine wichtige Rolle spielt auch die strategische Dimension der Vergütungsstruktur: Denn aus der neuen Wettbewerbslandkarte (vgl. Kapitel 3) wird manchmal hervorgehen, dass einige der Vertriebsleute von bestimmten Kunden oder Kundensegmenten besser die Finger lassen sollten, weil sie im Revier der Wettbewerber liegen. Da sie aber schwerlich für die Verschiebung der Prioritäten verantwortlich zu machen sind, sollten sie auch nicht die finanziellen Folgen tragen. Vergessen Sie also nicht, Ihre Vertriebsleute für den Verzicht auf dieses Geschäft zu entschädigen.

Auch das Unternehmen in unserem nächsten Beispiel, Randolph Partners genannt, löste den internen Zielkonflikt zwischen Volumen und Gewinn auf. Es wählte einen ähnlichen Ansatz wie Kinston, implementierte jedoch ein etwas komplizierteres Anreizsystem.

Praxisbeispiel: Niedrigere Rabatte beim Vertrieb durchsetzen

Unternehmen: Randolph Partners
Produkt: Industriedienstleistungen
Quelle: Projekt von Simon-Kucher & Partners

Bei Randolph spielten monetäre Anreize eine wichtige Rolle für die Steuerung des Vertriebs. Das Anreizsystem basierte traditionell auf den Umsätzen sowie dem Umsatzwachstum, welche eine Person oder ein Team innerhalb eines Jahres erreichten. Die variable Vergütung der Key- und Global-Account-Manager hingegen richtete sich nach den erzielten Gewinnmargen, nicht nach den Umsätzen.[3]

Der Zielkonflikt lag auf der Hand. Man könnte sich daher zu Recht fragen, wieso Randolph überhaupt ein System beibehalten hatte, das geradezu zwangsläufig zu Verhaltenskonflikten zwischen dem Vertrieb und den zuständigen Managern führte. Es gab dafür einen einleuchtenden Grund: Man wollte verhindern, dass sensible interne Informationen auf dem Schreibtisch der Konkurrenz landeten. Die Fluktuation im Vertrieb war hoch, viele Leute wurden von Randolphs expansionswütigen Konkurrenten abgeworben. Hätte man dem Vertrieb Daten über die Gewinnmargen zugänglich gemacht, wäre die Kostenstruktur des Unternehmens früher oder später für die Konkurrenz ersichtlich gewesen. Randolph wollte diese Informationen den höheren Führungsebenen vorbehalten.

Aber ein rein umsatzbasiertes Anreizsystem hat seine Nachteile, wie bereits oben beschrieben. Randolph erging es ähnlich wie Kinston: Bei den Vertriebsleuten war es gang und gäbe, höhere Rabatte anzubieten, um mehr Umsatz zu machen bzw. mehr Menge zu verkaufen. Wie sich später zeigte, lagen die Rabatte bei fast zwei Dritteln aller Abschlüsse über den vorgegebenen Limits. Die Folgen für das Unternehmen waren gravierend: Die Margen fielen im Gleichschritt mit den Preisen, bis schließlich ein erheblicher Teil des Geschäfts unprofitabel wurde.

Randolph konnte den Vertriebsleuten nicht einmal einen Vorwurf machen: Sie handelten lediglich so, wie es im gegebenen Anreizsystem für sie am besten war. Doch das erklärt die Problematik nur zum Teil: Hinzu kam, dass einige Kunden im Laufe der Zeit weniger Menge abgenommen hatten, wobei Randolph jedoch die Konditionen unverändert belassen hatte. Das Unternehmen war eben völlig auf Umsätze fokussiert, die Erlösqualität wurde nicht systematisch überwacht und gesteuert.

Randolph steckte in einem Dilemma. Wie konnte man das Anreizsystem für die Mitarbeiter ändern, ohne vertrauliche Informationen offen zu legen? Denn wenn das geschehen würde – dessen war man sich sicher –, dann wäre die Lösung des Problems schlimmer als das Problem selber. Schließlich löste man das Dilemma so auf: Das Anreizsystem wurde in zwei Bestandteile gegliedert, von denen sich einer an der Rabatthöhe (nicht an der resultierenden Gewinnspanne) orientierte. Mit jedem Vertriebsmitarbeiter und jedem Vertriebsteam wurden zu Jahresbeginn bestimmte Ziele vereinbart. Im Laufe des Jahres konnten sie sich dann variable Vergütungsanteile hinzuverdienen, deren Höhe – definiert als Prozentsatz der fixen Vergütung – auf der verkauften Menge sowie den erzielten Preisen basierte.

Im Unterschied zum vorherigen System erhielten die einzelnen Vertriebsleute diese Boni nur, wenn sie die vereinbarte Zielmarke erreichten. Gemessen wurde das an der effektiv erzielten durchschnittlichen Rabatthöhe für sämtliche getätigten Abschlüsse; das war die ausschlaggebende Hürde. Wer zu großzügig war und sein Ziel verfehlte, erhielt überhaupt keinen Bonus. Wer aber die Zielmarke überschritt und geringere Rabatte durchsetzte als erwartet, für den wuchs die variable Vergütung proportional an.

Mit diesem System hatten die Vertriebsleute nach wie vor die Möglichkeit, zu ihren Fixgehältern deutlich hinzuzuverdienen. Die Gesamtsumme aus fixer und variabler Vergütung war aber fast gleich. Es gab jedoch einen großen Unterschied: Das neue System stärkte die Widerstandsfähigkeit der Verkäufer – und zwar dort, wo sie früher den Weg des geringsten Widerstands genommen hatten. Wer nun versuchte, mit niedrigeren Preisen mehr Volumen zu erzielen, der nahm im wahrsten Sinne des Wortes Geld aus der eigenen Tasche. Wer aber sein Verhalten in Übereinstimmung mit den Unternehmenszielen änderte, wurde dafür gut belohnt.

Das System gab Randolph zudem die Möglichkeit, die Ziele nach Produkten zu differenzieren. Bei Produkten in reifen Märkten setzte man die Ziele höher, bei neuen Produkten , die man erst noch im Markt etablieren musste, war man großzügiger.

Der Vertrieb zeigte sich veränderungswillig und akzeptierte das neue System. Um den Übergang zu erleichtern, setzte das Management von Randolph in den ersten Quartalen relativ gemäßigte Ziele an – da die Rabattkomponente nach dem Prinzip »Alles oder Nichts« vergeben wurde, wäre das ganze System zusammengebrochen, wenn die Ziele zu ehrgeizig oder gar unrealistisch angesetzt worden wären. Dann hätte man dem Vertrieb die Motivation genommen und ihnen die wichtigen ersten Erfolgserlebnisse verwehrt.

Randolph hatte also sein Dilemma gelöst, indem das Anreizsystem an den Unternehmenszielen ausgerichtet wurde, und zwar auf eine für den Vertrieb akzeptable Weise. Die einzelnen Merkmale des Systems sind allerdings nur ein Teil der Geschichte. Man hätte wohl kaum Erfolg gehabt, wären da nicht zwei weitere Faktoren gewesen: Schnelles Handeln und Investitionen. Randolph entwickelte und implementierte die Lösung sehr schnell, ohne dass man erneute Investitionen für Informationstechnologie vornehmen musste. Einmal mehr zeigte sich die mentale Investition der monetären überlegen.

Das Projekt zur Erarbeitung des Systems dauerte acht Monate. Die Mitglieder des Projektteams kamen aus den Bereichen Preisgestaltung, Vertrieb, Verkaufsförderung und IT. Eine kritische Rolle kam den IT-Leuten zu, denn der Aufwand für Kauf und Implementierung einer neuen Softwarelösung hätte den ganzen Prozess verzögern oder gar ernsthaft behindern können. Das System konnte nur funktionieren, wenn alle Vertriebsmitarbeiter unmittelbar auf Daten zugreifen konnten, die ihnen sagten, wie weit sie von ihrem persönlichen Ziel für das Quartal entfernt waren. Sie mussten also ihre Zielsetzung mit dem gewichteten Durchschnitt der Rabatte vergleichen können, die sie bei den bisher getätigten Abschlüssen vergeben hatten; das vorhandene IT-System ließ dies aber nicht zu. Glücklicherweise erkannte das IT-Team eine Parallele zu einem gleichzeitig laufenden Projekt, in dem ein Tool zur Verfolgung der Absatzmengen und Umsätze pro Kunde entwickelt wurde. Diese Arbeiten konnte man sich zunutze machen – man musste lediglich ein zusätzliches Feld »Gewährter Rabatt« in die Maske einfügen.

Belohnen Sie Vertriebspartner für Leistung, nicht für Volumen

Ein Hersteller von Elektrowerkzeugen, hier Acorn Holdings genannt, gewährte seinen Händlern standardmäßig 37 Prozent Preisabschlag auf den Listenpreis.[4] Die Händler konnten dann die Endkundenpreise nach Gutdünken veranschlagen und so ihren Gewinn erwirtschaften. Je nach verkaufter Menge erhielten sie zusätzlich einen Rabatt am Jahresende.

Zuweilen kam es jedoch vor, dass Händler die 37 Prozent zu wenig fanden – das lasse ihnen nicht genügend Luft, um Abschlüsse zu tätigen. Um mit diesen »Ausnahmefällen« einheitlich umzugehen, führte Acorn ein Eskalationsverfahren ein: Benötigte ein Händler einen höheren Preisabschlag – beispielsweise für einen Abschluss mit einem wichtigen oder besonders preissensitiven Kunden, der angeblich vom Wettbewerb ein besseres Angebot erhalten hatte –, dann konnte dieser Händler ohne Ausnahmegenehmigung bis zu 43 Prozent bekommen; im Gegenzug wurde allerdings der mögliche Jahresumsatzbonus niedriger angesetzt. Je höher also die Preisabschläge waren, desto niedriger fielen die Jahresumsatzboni aus. Aus Furcht vor Missbrauch versuchten die Acorn-Manager, die Händler von der Nutzung der Ausnahmeregelung abzubringen, und verlangten umfassende Belege zu dem getätigten Abschluss.

Wenn ein Händler einen Preisabschlag von mehr als 43 Prozent verlangte, musste er nachweisen, dass er den niedrigeren Preis tatsächlich zum Abschluss benötigte; erst dann wurde die Zustimmung erteilt. Solche Sonderabschlüsse wurden auf den Jahresumsatzbonus nicht angerechnet.

Praxisbeispiel: »Ausnahmerabatte« für Vertriebspartner einschränken

Unternehmen: Acorn Holdings
Produkt: Elektrowerkzeuge
Quelle: Projekt von Simon – Kucher & Partners

Als wir uns die Preisnachlässe bei einer größeren Zahl von Abschlüssen ansahen, stellten wir zwei auffällige Häufungen bei 37 und 43 Prozent fest.

Auf diese beiden Gruppen entfielen über die Hälfte aller Transaktionen und nahezu alle Ausnahmeregelungen. Dieses Resultat war bei 37 Prozent ohne weiteres zu erwarten – auffällig war aber das nahezu völlige Fehlen von Transaktionen mit Rabatten zwischen 38 und 42 Prozent. Obgleich die Händler höhere Jahresrabatte erhalten hätten, wenn sie ein Produkt beispielsweise mit 41 anstatt 43 Prozent Abschlag eingekauft hätten, setzten sie sich über diesen zusätzlichen monetären Anreiz hinweg. Lieber war es ihnen, den niedrigstmöglichen Preis, der ohne größere Anstrengung erhältlich war, jetzt zu erreichen. Offenbar war der höhere Jahresumsatzbonus – zumal in Verbindung mit den geforderten Belegen und Rechnungsprüfungen – als Anreiz nicht stark genug, um ihnen die höheren Preise schmackhaft zu machen.

Noch interessanter wurde die Sache, als Acorn im nächsten Jahr die Listenpreise erhöhte und gleichzeitig seine Rabattstruktur veränderte. Dabei wurde die 37-Prozent-Hürde gestrichen und stattdessen ein zweistufiges Genehmigungsverfahren eingeführt: Alle Rabatte unter 43 Prozent erforderten nun die Zustimmung von Acorn, wobei niedrigere Preise noch stringenter zu begründen waren. Alle Rabatte über 47 Prozent erforderten die Zustimmung des Bereichsleiters; die betreffende Verkaufsmenge wurde nicht für den Jahresumsatzbonus angerechnet.

Als wir die Rabatthöhen für sämtliche anstehenden Abschlüsse des kommenden Jahres verglichen, zeigte sich das gleiche Phänomen: Die Händler schauten sich einfach an, welche Spielregeln Acorn nun aufgestellt hatte, und spielten das Spiel zwar regelgerecht, aber auf ihre Weise. Wieder ignorierten sie die monetären Anreize, die sie zum Durchsetzen höherer Preise bewegen sollten. Warum? Ganz einfach: Sie verdienten das Meiste mit Wartung, Ersatzteillieferungen und Kundendienst; folglich hatten sie weit mehr Interesse daran, einen weiteren Servicekunden – und die entsprechenden kontinuierlichen Umsatzströme – zu akquirieren, als mit höheren Preisen von Acorn eine höhere Marge beim Erstgeschäft zu erzielen.

Nun beschloss Acorn, das Anreizsystem endgültig zu ändern. Künftig sollten mehr positive Anreize geschaffen werden, um den Vertrieb in die richtige Richtung zu lenken – anstatt mit immer mehr Kontrollmechanismen zu versuchen, die Vertriebspartner zur Einhaltung eines wenig sinnvollen Systems zu zwingen. Die Begründung dafür klang sehr vernünftig: Das Management erkannte, dass man das alte System nur dann besser (sprich:

für Acorn profitabler) machen konnte, wenn man es sonst in jeder Hinsicht schlechter machte – mehr Papierkrieg, mehr Zeit, mehr Personalaufwand zur Abwicklung der Ausnahmefälle, mehr Schulungen. Stattdessen wurde ein Anreizsystem von der Sorte eingeführt, wie man sie häufig in der Automobilindustrie findet. Wir nennen das »Händlersteuerung statt Transaktionssteuerung«.

Das Prinzip hierbei: Niedrige Preise für Händler werden von der Erfüllung genau definierter Mindeststandards in verschiedenen Bereichen abhängig gemacht – so etwa Ausstattung der Verkaufsräume, Zertifizierung der Verkäufer, objektive Messung der Kundenzufriedenheit. Darüber hinaus beschränkte Acorn Preisausnahmen auf Stammkunden, die große Mengen abnahmen. Auch wurde ein Teil der Mittel, die man zuvor in Rabatte investiert hatte, nun in taktische Verkaufsförderung gesteckt, um Bestände abzubauen oder den Händlern beim Ausgleich temporärer Nachfrageschwankungen zu helfen. Nach anfänglichem Widerstand – das alte System war schließlich mehrere Jahrzehnte alt – akzeptierten die Händler das neue Modell. Fortan gab es weniger Ausnahmeregelungen, da die Verkaufsfähigkeiten der Händler gegenüber Endkunden nun am wichtigsten waren – und nicht mehr ihre Fähigkeit, mit ihrem Lieferanten den Genehmigungspoker zu spielen.

Gehen Sie mit gutem Beispiel voran, wenn Sie eine Gewinnkultur wollen

Ohne einen Innovationsdurchbruch sind in reifen Märkten eine weitere Steigerung der Marktanteile und höhere Gewinne unvereinbare Ziele. Wenn Sie also Ihren Gewinn steigern wollen, müssen Sie eine Möglichkeit finden zu verhindern, dass Sie selbst oder Ihre Mitarbeiter wegen rückläufiger Mengen nervös werden.

Beim Vertriebsvorstand Privatkunden einer der größten Banken weltweit stellte sich genau diese Nervosität ein, als der Vorstandsvorsitzende ihm Druck machte, die Gewinne zu steigern. Er fürchtete, Kunden zu verlieren und dann ernste Konsequenzen tragen zu müssen. Wir fragten ihn, was geschehen würde, wenn seine Account-Manager die Preise so weit erhöhten, dass der Jahresgewinn um 20 Prozent steigen, dafür aber 5 Prozent der Kunden ausbleiben würden.[5]

»Dann hätten wir ein Problem«, sagte er. »Selbst mit dem höheren Gewinn könnte ich der Unternehmensleitung nur schwer erklären, warum 5 Prozent unserer Kunden zum Wettbewerb übergelaufen sind.«

Wenn selbst die oberste Managementebene nicht weiß, was sie will – wie kann man dann vom Vertrieb erwarten, dass er sich konsequent verhält und nach den Unternehmenszielen richtet? Das führt unweigerlich zu Spannungen und Konflikten. Wir sind uns bewusst, dass die Unternehmen mit den größten Marktanteilen einer Branche häufig auch die profitabelsten sind; zumindest eine Zeit lang. Aber man sollte dabei nicht Ursache und Wirkung verwechseln: Führt der hohe Marktanteil per se zu höheren Gewinnen, oder sonnt sich das Unternehmen noch im Glanz der Zeiten, als ihm ein (damals klar überlegenes) Produkt die führende Marktstellung verschaffte? Es ist ein großer Unterschied, ob ein Unternehmen wächst und seinen Marktanteil dank überlegener Produkte, Services oder Marken erwirbt, oder ob es das nur mit aggressiven Preissenkungen schafft.

In reifenden Märkten werden Marktanteile zunehmend träger. Der beste Weg, in dieser Situation den Marktanteil auszubauen, sind Innovationen – doch echte Innovationen sind selten. Daraus folgt: In Märkten mit heftigem Wettbewerb und etablierten Produkten sollte man sich auf Differenzierung konzentrieren und die höheren Gewinne realisieren, die man sich im Laufe der Jahre redlich verdient hat. Alles andere würde das Gewinnpotenzial im Markt unnötig verringern.

Wir möchten Sie ausdrücklich ermutigen, den Gedanken der stärkeren Gewinnorientierung nicht nur zu beherzigen, sondern auch im Unternehmen zu leben. Doch wie können Sie eine solche Gewinnkultur kurzfristig etablieren und langfristig verankern?

Wer diese Herausforderung annehmen möchte, hat nur dann Aussicht auf Erfolg, wenn er Zielkonflikte im Unternehmen erkennt und löst. In nahezu jedem Unternehmen gibt es zwei Arten von Zielen, an die man sich halten muss: zum einen diejenigen, die in der Vision, der Strategie und den Handbüchern des Unternehmens niedergelegt sind, zum anderen die ungeschriebenen, de facto geltenden Ziele – die, welche vom Management durch seine Handlungen, Äußerungen und Stimmungen vermittelt werden. Problematisch wird es, wenn beide nicht zusammenpassen. Leider ist dieser Fall sehr häufig.

Zielkonflikte können die Funktionsfähigkeit eines Unternehmens auf heimtückische Weise beeinträchtigen. Sie untergraben die Bemühungen um Cross-Selling, da sie verhindern, dass bei Abschluss eines Geschäfts das verdiente Geld verursachungsgerecht aufgeteilt wird. Zielkonflikte beeinträchtigen Effektivität und Transparenz, da die Mitarbeiter zögern, offen zu sprechen und Informationen auszutauschen. Solche Konflikte lähmen die Eigeninitiative, da nicht klar ist, ob und wie man für Risikofreude belohnt oder bestraft wird. Ja, selbst die Signale an den Markt können durch solche Konflikte verzerrt werden, wenn Vertriebsleute das Produkt zu absurden Konditionen verschleudern – nur, um vorgegebene Umsätze oder Quoten zu erreichen. Zusammenfassend lässt sich sagen, dass Zielkonflikte fast immer eines bewirken: Sie hindern Unternehmen daran, die wohlverdienten höheren Gewinne zu realisieren.

Um Zielkonflikte zu verstehen und zu lösen, müssen Sie Widerstände aufbrechen, und zwar auf all den Wegen, die Ihre Mitarbeiter beschreiten, um Geld, Prestige und Status, persönliche Zufriedenheit und viele andere motivierende Dinge – ja, sogar Gewinn – zu erzielen.

Auf dem Papier mag es sinnvoll erscheinen, neue Anreizsysteme im Hauruck-Verfahren einzuführen, doch kann daraus schnell eine Kultur der Ungewissheit erwachsen. Der Vertrieb wird denken: Wenn das Management zu diesem Rundumschlag fähig war, dann ist auch ein zweiter nicht auszuschließen. Das Beispiel des Elektronikeinzelhändlers Circuit City zeigt sehr schön, wie man durch solche plötzlichen und umfassenden Veränderungen die Ungewissheit schürt.

Im Februar 2003 verloren rund 3900 gut bezahlte Verkäufer bei Circuit City ihre Jobs.[6] Das kam so überraschend, dass selbst das konservative *Wall Street Journal* seinen Bericht untertitelte: »Ich war so gut, dass ich gefeuert wurde.« In nüchternen Worten beschrieb der Artikel die zunehmende Entfremdung des Vertriebs vom Management: »Einige meinten, dass sie ihre Provisionen gekürzt bekämen. Stattdessen bekamen sie die Kündigung. Sie verdienten einfach zu viel, während das Unternehmen unbedingt sparsamer wirtschaften musste.«[7]

Einer der Vertriebsleute hatte in einem Jahr Computer und Unterhaltungselektronik für über 1 Million Dollar verkauft. Dafür bekam er

54 000 Dollar Gehalt plus Boni sowie eine Mitgliedschaft im President's Club für Top-Vertriebsleute. Auch er wurde entlassen. Man ging bei Circuit City davon aus, dass man jährlich 130 Millionen Dollar sparen würde, wenn man die besonders hoch bezahlten Vertriebsleute und 200 Kundendiensttechniker entließ.

Entlassungen sind immer schlecht für die Moral. Aber eine Entscheidung wie die von Circuit City kann das Vertrauen der Mitarbeiter dauerhaft zerstören. Die Firma bestrafte genau die Leute, die am effektivsten gemäß den gesetzten Anreizen gearbeitet hatten. So etwas lässt die Mitarbeiter bei einem neuen System oder bei neuen Arbeitsanweisungen skeptisch werden. Man fragt sich, was wohl mit dem nächsten Anreizsystem bei Circuit City passieren wird.

Fazit

Eine beliebte Vereinfachung besteht darin, Vertriebsleute nach den verkauften Mengen oder den erzielten Umsätzen zu vergüten. Diese Praxis fördert häufig Verhaltensweisen, welche den Unternehmensgewinn vernichten oder zumindest Bemühungen um Gewinnsteigerungen unterminieren. Der Vertrieb wird angeleitet, mit seinem Vorgesetzten niedrigere Preise auszuhandeln – anstatt höhere mit den Kunden.

Diese Dynamik ist mitunter schwer außer Kraft zu setzen, vor allem angesichts der zugrunde liegenden Zielkonflikte. Sie spiegeln die Grundsatzfrage wider, die wir in Kapitel 1 angesprochen hatten: ob man mehr Marktanteil oder mehr Gewinn anstreben sollte. Ein Scheitern erscheint vorprogrammiert – es sei denn, man fokussiert sich auf Gewinn und richtet die Anreize für alle Beteiligten entsprechend aus.

Wenn Sie Ihren Mitarbeitern Anreize bieten möchten, dann sind monetäre Belohnungen wichtig, aber nicht hinreichend. Zusätzlich sollten Sie stets das Bedürfnis der Menschen nach mehr Status und Prestige berücksichtigen. Auch sollten Sie Vertriebspartner nach ähnlichen Prinzipien vergüten wie eigene Vertriebsleute: Anstatt ihnen Mengenrabatte zu gewähren, sollten Sie sie für Verhaltensweisen belohnen, die Ihnen Geld verdienen helfen.

Die Verankerung einer Kultur der Profitabilität beginnt an der Unternehmensspitze. Sie müssen diese Gewinnkultur sowohl im Unternehmen als auch außerhalb verbreiten. Nutzen Sie gezielt Ihre Marktkommunikation – Worte wie Taten – und stellen Sie auf diese Weise sicher, dass die Botschaft Resonanz findet. Wie Sie dies bewältigen, wird in Kapitel 10 erläutert.

Anmerkungen

1 Unterhaltung mit einem der Autoren, Mai 2003.
2 Details dieses Fallbeispiels wurden aus Vertraulichkeitsgründen modifiziert.
3 Details dieses Fallbeispiels wurden aus Vertraulichkeitsgründen modifiziert.
4 Details dieses Fallbeispiels wurden aus Vertraulichkeitsgründen modifiziert.
5 Details dieses Fallbeispiels wurden aus Vertraulichkeitsgründen modifiziert.
6 Carlos Tejada and Gary McWilliams, »In a Tight Market, Employers Are Finding Job Seekers Willing to Take Lower Salaries«, Wall Street Journal, 5. Februar 2003.
7 Ebd.

Kapitel 10

Marktkommunikation gezielt steuern

»Damit eines ganz klar ist: Wir werden bei
diesem Fahrzeug keinen Cent nachgeben.«
Steve Lyons, Leiter des Unternehmensbereichs Ford,
Ford Motor Company,
zur Einführung des neuen F-150 Pick-up[1]

Am Anfang dieses Buches schilderten wir einige der Schwierigkeiten, mit denen sich Manager in reifen Märkten tagtäglich konfrontiert sehen. Wir stellten fest, dass man mit Worten und Taten – ob absichtlich oder unabsichtlich – erheblichen Einfluss auf sein Marktumfeld ausüben kann. Dies alleine heißt schon, dass man als gewinnorientierter Manager sehr genau überlegen sollte, ob und wie man sich in der Öffentlichkeit äußert. Man muss sich darüber im Klaren sein, dass öffentliche Äußerungen zur Sicherung von Gewinnchancen beitragen können – und dass man diese Chancen andererseits durch zu wenig oder falsche Kommunikation aufs Spiel setzen kann. Besonders hoch ist dieses Risiko für kleinere Firmen, da diese oft nicht so selbstverständlich auf PR-Profis und juristische Berater zugreifen können wie größere Unternehmen.

Bislang haben wir uns in diesem Buch vor allem damit beschäftigt, was Sie tun können, um die ihnen zustehenden Gewinnsteigerungen zu erzielen. In diesem Kapitel gehen wir nun darauf ein, was Sie zu diesem Thema sagen können und sollen.

Sagen Sie in der Öffentlichkeit das, was Sie meinen

Wie in Kapitel 2 angesprochen, sind Ihre Wettbewerber nicht automatisch Ihre Todfeinde. Ihre Freunde sind sie aber auch nicht. Wenn Sie mit ihnen einen Dialog beginnen würden, könnte das vielleicht viele Ihrer Probleme lösen, aber es würde Sie auch mit dem Gesetz in Konflikt bringen. Das Kartellrecht verbietet solche Gespräche – vor allem, wenn sie sich um Preise drehen.

Dessen ungeachtet können Sie Ihre Sorgen und Frustrationen durchaus publik machen – so, wie das etwa Thorsten Heins tat, der damalige Leiter der früheren Siemens-Handysparte. Darauf angesprochen, wie Siemens auf die von Nokia angekündigten Preissenkungen reagieren würde, sagte er: »Natürlich wird eine dieser [Reaktionen] darin bestehen, die Preise zu senken ... aber ich werde nicht zulassen, dass wir in einen irrationalen Preiskrieg hineingezogen werden.«[2] Auch Hewlett-Packard ließ einmal – wenn auch nicht ganz so unverblümt – verlauten, dass man notfalls Marktanteile an den Hauptwettbewerber Dell abgeben würde, um das Gewinnniveau zu halten.[3]

Nokia und Hewlett-Packard sandten damit klare Signale an ihre Märkte. Nach Michael Porter ist ein Marktsignal »jede Aktion eines Wettbewerbers, welche direkt oder indirekt über seine Intentionen, Motive, Ziele oder interne Situation Aufschluss gibt«.[4] Unternehmen aller Formen und Größen und mit Produkten aller Art senden Signale aus, viele davon sind offen und leicht verständlich.

Was bei Porters Definition unterschlagen wird, ist die Schwierigkeit des »Signaling«. Denn alle Maßnahmen, die Sie im Markt ergreifen, jeder Gewinn eines Großkunden, jede Äußerung, die Ihre Führungskräfte und Manager öffentlich tun, senden Signale – ob Ihnen das gefällt oder nicht. Es kann durchaus passieren, dass Ihre Kunden, Vertriebspartner und Wettbewerber die an sie gerichteten Signale nicht zur Kenntnis nehmen; möglich ist auch, dass sie belanglose Äußerungen und Handlungen Ihrerseits überbewerten. Wie sich so etwas abspielen kann, zeigt die folgende Anekdote.

Northwest hat wie andere etablierte Fluglinien eine Pricing-Abteilung, die mit ausgeklügelten Computermodellen arbeitet und ein ganzes Heer von Analysten beschäftigt. Was dabei herauskommt, ist – wenig überraschend – ein ungeheuer kompliziertes Preissystem. Fluggesellschaften ändern ihre Preise bis zu sieben Mal täglich für Tausende von Tarifen, und die Analysten sind ständig bemüht, die Strategien, Verschiebungen und Signale der Wettbewerber zu entschlüsseln – Strecke für Strecke, Tag für Tag, Stunde für Stunde.

Als ein früherer Southwest-Mitarbeiter bei Northwest eingestellt wurde, stellte ihm sein neuer Chef sofort eine Frage, die ihn schon lange gequält hatte: Southwest reagierte auf Preisänderungen ausschließlich an Dienstagen. Was hatte das zu bedeuten? Welches Signal wollte Southwest damit an den Rest der Branche senden?

»Naja – wir haben eben nur dienstags unsere Besprechungen,« lautete die Antwort.[5]

Im Rahmen einer breit angelegten Marktkommunikation Signale zu senden ist eine schnelle, effektive und legale Methode, um Ihren Markt über Ihre Absichten und Pläne zu informieren. Oder um den Markt wissen zu lassen, dass jemand Ihrer Ansicht nach eine riskante und falsche Entscheidung getroffen hat. Als angenehmer Nebeneffekt kann das mitunter verhindern, dass andere Unternehmen Maßnahmen ergreifen, die Ihrer Gewinnlage schaden. Sie sollten Ihre Statements so abgeben, dass sie auch ankommen – bei Kunden, Wettbewerbern, Investoren, Analysten und in manchen Fällen sogar bei den Behörden.

Senden Sie Signale, um eine Eskalation des »kalten« Marketing-Krieges zu verhindern

Unternehmen senden Signale aus, um klarzustellen, was sie im Markt wollen, was ihnen ihrer Ansicht nach zusteht, wie viel Widerstand sie dulden und ab wann sie zum Vergeltungsschlag ausholen. Im amerikanischen Automarkt ist das so genannte »Pick-up-Segment« das Hauptschlachtfeld – nicht zufällig verdienten die US-Hersteller hier auch das meiste Geld. Die Anbieter in diesem Markt sendeten regelmäßig positive Signale, zumindest bis vor dem inzwischen schon legendären Preiskrieg im Sommer 2005. Bei der jüngsten Version des Dauerrenners von Ford, des F-150 Pick-up, begann der Prozess des Signalisierens schon lange vor der Markteinführung.

Praxisbeispiel: Wie man seine Vermarktungsziele kommuniziert

Unternehmen: Ford und General Motors
Produkt: Pick-up-Trucks
Quelle: Analyse öffentlich zugänglicher Informationen

Das Zitat von Steve Lyons zu Beginn dieses Kapitels fasst Fords Standpunkt zum Wettbewerb in diesem Segment hervorragend zusammen. Doch während der gesamten Markteinführungsphase verwickelte Lyons seinen Gegenpart Gary White, den für Pick-ups verantwortlichen Manager bei General Motors, in einen faszinierenden Schlagabtausch. Sie sprachen nie direkt miteinander, aber das *Wall Street Journal* veröffentlichte ihre Kommentare in mehreren Artikeln, die von dem Journalisten Norihiko Shirouzu verfasst wurden. Diese Beiträge zeichneten das Bild zweier Manager, welche sich scheinbar vor allem an Marktanteils- und Volumenzielen orientierten.

Shirouzu zitierte Lyons mit der Aussage, Ford wolle die Stückzahl der F-Serie auf eine Million Einheiten erhöhen, von 813 700 Einheiten im Vorjahr. Diese siebenstellige Zahl beim Absatz zu erreichen wäre »irgendwie spaßig. Schon lange hat niemand mehr eine Million Einheiten eines neuen Automodells verkauft.«[6] Klingt das etwa nach einer aggressiven Ankündigung, den nordamerikanischen Pick-up-Markt zu erobern? Wohl eher nach dem lauwarmen öffentlichen Bekenntnis zu irgendeinem internen Marktanteilssteigerungsziel bei Ford und sicherlich nicht nach etwas, das der Wettbewerb als echte Bedrohung ansehen sollte.

Etwas später im selben Jahr sagte Lyons dem Reporter, er erwarte, dass General Motors mit kräftigen Preisnachlässen für seine Modelle Chevrolet Silverado und den GMC Sierra versuchen würde, den neuen Ford F-150 zu torpedieren.

In einem anderen Interview sagte dann Gary White, GM würde darum kämpfen, »im Segment der großen Pick-ups die Führung zu behalten«.[7] Um die vermeintliche Bedrohung durch GM abzuwehren, würde Ford nach Whites Meinung weiterhin den alten F-150 produzieren, um ihn als Waffe in einem Preiskrieg einsetzen zu können. Dabei fällt auf, dass White die großen Pick-ups als schützenswertes Revier von GM definiert hat. Der F-150 zählt nicht zu diesem Segment. Ein weiteres Signal zur Deeskalation.

»Wenn Ihr Euer Modell billiger macht, machen wir unser Modell billiger«, wurde Lyons daraufhin zitiert, um dann hinzuzufügen, nun werde »hoch gepokert«.[8] Dieses Signal passte zum ersten: Lyons stellte unterschwellig klar, dass er nicht unbedingt darauf aus war, den Marktanteil des F-150 zu erhöhen, aber dass er auch keinesfalls einen Marktanteilsverlust akzeptieren würde.

Ja, so etwas ist wirklich Poker mit hohen Einsätzen – aber mit Geld der Anteilseigner und Mitarbeiter. Angesichts der Gewinne, Arbeitsplätze und Egos, die auf dem Spiel standen, war sowohl Lyons als auch White sehr klar, dass sie vorsichtig vorgehen mussten. Mit ihren öffentlichen Äußerungen umrissen sie eine zufriedenstellende Lösung: Tu du mir nichts, dann tu ich dir nichts.

Zwischenzeitliche Äußerungen von Lyons gegenüber dem *CFO-Magazine* bestätigten, dass er zwar wie ein Aggressor spricht, aber nicht wie ein solcher handelt. Als General Motors sein ohnehin großzügiges Anreizprogramm weiter ausbaute und neben der Null-Prozent-Finanzierung und den umfassenden Preisnachlässen noch einen 1 000-Dollar-Treuerabatt anbot, hielt sich Ford zurück: Nach Lyons Worten hatte man beschlossen, GM »ein vorübergehendes Hoch zu gönnen und der Versuchung zu widerstehen, ebenfalls Sonne, Mond und Sterne zu verschenken«. Und weiter: »Nächsten Monat werden sie zu kämpfen haben, denn dann haben wir das richtige Produkt zum richtigen Preis.«[9]

Senden Sie Signale, um den Markt auf geplante Maßnahmen hinzuweisen

Unternehmen senden Signale auch aus, um den Markt frühzeitig über geplante Maßnahmen und Aktionen zu informieren. So kann man bei der späteren Realisierung der Maßnahmen das Risiko eventueller Fehl- oder Überreaktionen verringern. In diesem Unterkapitel erläutern wir dies anhand von Fallbeispielen für IKEA, Ryanair und AOL.

IKEA, das größe und profitabelste Möbelhaus der Welt, legt Wert darauf, die niedrigsten Preise im Markt zu bieten – allerdings, ohne das Ganze auf die Spitze zu treiben. Das Unternehmen hat öffentlich erklärt, dass es seine Preise umgehend senken werde, sobald ein Wettbewerber billiger sei.[10] Genau dadurch aber hält IKEA das Verhältnis zwischen den eigenen und den Wettbewerbspreisen konstant. Diese Äußerung ist ein klares Signal: IKEA wird niemals zulassen, dass ein Wettbewerber seine Preise unterbietet. Damit hat IKEA sein Revier im Billigsegment des Möbelmarktes effektiv abgesteckt.

Diese Drohung ist durchaus glaubhaft: IKEA hat so riesige Produktionskapazitäten und so niedrige Kosten, dass es dem Unternehmen vermutlich ein Leichtes wäre, seine Wettbewerber noch mehr zu unterbieten. Doch IKEA wählt bewusst eine Strategie, welche ihm die höchste Profitabilität bringt – selbst wenn das bedeutet, dass auch der Wettbewerb Geld verdienen kann.

Für Fluggesellschaften ist Signaling nichts Neues. Allerdings beherrschen einige Airlines diese Kunst besser als andere. So hat der Chairman von Ryanair, Michael O'Leary, nach eigenen Aussagen vor, »den europäischen Luftverkehr in seiner heutigen Form zu vernichten«: Ryanair soll größer werden als etablierte Fluglinien wie British Airways, Air France oder Lufthansa.[11] Nun wüssten Sie sicher gerne, mit welcher Strategie O'Leary das erreichen will?! Er verkündete sie sogar öffentlich: Ryanair plant, seine Tickets in den nächsten fünf Jahren jedes Jahr 5 Prozent billiger zu machen. Damit würde der durchschnittliche Ticketpreis im Laufe dieses Zeitraums von 49 auf knapp 38 Euro sinken.[12] Natürlich kann O'Leary diese Leitlinie jederzeit revidieren. Auch er kann die Zukunft nicht vorhersehen, etwa die Entwicklung der Ölpreise oder der Flughafengebühren. Doch als Chairman eines börsennotierten Unternehmens kann er es sich auch nicht leisten, in der Öffentlichkeit mit beliebigen Zahlen herumzuwerfen. O'Leary ließ seine künftigen Gegner wissen, welche Preisschwelle sie unterbieten müssten, wenn sie es mit ihm aufnehmen wollten. Zu Zeiten, in denen so gut wie alle Fluggesellschaften Businesspläne für Low-Cost-Geschäftsmodelle entwarfen, markierte er damit eine klare Eintrittsbarriere.

Von AOL war bereits in Kapitel 7 die Rede: Dort befassten wir uns mit der Entscheidung des Unternehmens, die Monatsgebühr für den herkömmlichen Einwähldienst zu erhöhen. Bewertet man nun den Dienst von AOL ausschließlich nach den typischen Merkmalen wie Verbindungsqualität, Bedienerfreundlichkeit, technische Optionen, würde man das Unternehmen sicher nicht zu den Spitzenanbietern zählen. Insgesamt gesehen aber bot der AOL-Service einen einfachen und leicht verständlichen Weg, online zu gehen. Bei der Masse der Kunden kam das gut an.

Praxisbeispiel: Wie man vor einer potenziellen Preiserhöhung die Lage sondiert

Unternehmen: AOL
Produkt: Internetzugang
Quelle: Analyse öffentlich zugänglicher Informationen

Die Internet-Service-Provider (ISP) in den USA orientieren sich bei der Preisbildung seit eh und je stark an AOL – auf die eine oder andere Weise. Als AOL den Preis für den einfachen Zugang auf 23,90 Dollar pro Monat anhob, zog EarthLink mit, während Microsoft die Preise für MSN konstant hielt. Daraus wurde klar, was jeder Anbieter wollte: EarthLink brauchte Geld, MSN wollte mehr Marktanteil. Der Low-Cost-Anbieter NetZero machte auch weiterhin seine Positionierung an AOL fest: Er gab kund, dass sein Service nur halb so viel koste. AOL hatte dem Markt also Struktur und Ordnung gegeben.

Wer sich die Mühe gemacht hatte, die Aktivitäten von AOL nach dem Merger mit Time Warner zu verfolgen, der konnte die Preiserhöhung kommen sehen. Man musste nur beobachten, wie sich die AOL-Manager öffentlich äußerten und wie sich diese Äußerungen mit der Zeit veränderten.[13] Das Einzige, was bis zur Erhöhung selbst noch offen blieb, war die genaue Größenordnung.

Wenn man die Statements in Abbildung 10–1 nicht gerade für puren Zufall hält, dann muss man schlussfolgern, dass AOL eine sorgsam geplante Signaling-Kampagne durchführte. Natürlich werden Skeptiker der Signaling-Theorie anzweifeln, dass all diese Äußerungen für die Wettbewerber wirklich irgendeine Relevanz besaßen. Ihr Argument wird sein, dass Microsoft und EarthLink ihre Entscheidungen so oder so gefällt hätten, unabhängig davon, wie sich AOL in den Monaten vor der Preiserhöhung äußerte. Doch wer das behauptet, hat das Wesentliche nicht begriffen.

Abbildung 10–1: AOLs Signaling-Strategie im Vorfeld der Preiserhöhung

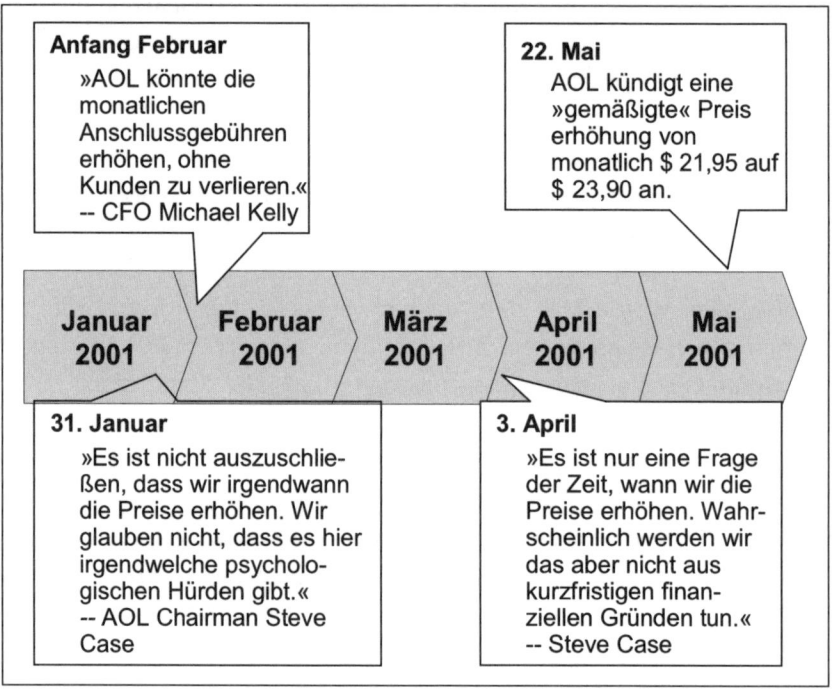

Anfang Februar
»AOL könnte die monatlichen Anschlussgebühren erhöhen, ohne Kunden zu verlieren.«
-- CFO Michael Kelly

22. Mai
AOL kündigt eine »gemäßigte« Preiserhöhung von monatlich $ 21,95 auf $ 23,90 an.

| Januar 2001 | Februar 2001 | März 2001 | April 2001 | Mai 2001 |

31. Januar
»Es ist nicht auszuschließen, dass wir irgendwann die Preise erhöhen. Wir glauben nicht, dass es hier irgendwelche psychologischen Hürden gibt.«
-- AOL Chairman Steve Case

3. April
»Es ist nur eine Frage der Zeit, wann wir die Preise erhöhen. Wahrscheinlich werden wir das aber nicht aus kurzfristigen finanziellen Gründen tun.«
-- Steve Case

Versetzen Sie sich in die Lage von AOL. Ihre Kosten sind gestiegen, weil das Nutzungsvolumen stark zugenommen hat. Die Breitbandtechnologie erobert den Markt und bedroht Ihr Kerngeschäft – den Internetzugang –, und Sie haben dieser Bedrohung nichts entgegenzusetzen. (Tatsächlich hatte AOL erst 18 Monate nach der Preiserhöhung eine – zudem noch schwache – Breitbandstrategie vorzuweisen.) Wenn Sie in dieser Situation beschließen, den absehbaren Rückgang Ihres Services mit Preis- und damit Gewinnsteigerungen zu bewältigen, dann müssen Sie einige Annahmen darüber treffen, wie Ihre Kunden, Investoren und Wettbewerber wohl reagieren werden. Selbst wenn Sie ziemlich sicher davon ausgehen können, dass MSN die Gelegenheit nutzen wird, seinen Marktanteil zu erhöhen, und dass EarthLink seinen Gewinn steigern wird, so können Sie das nie ganz genau wissen. Immerhin besteht das Risiko, dass Ihre Wettbewerber sich aufgrund des Zeitdrucks irrational verhalten, zum Beispiel dass MSN im Bemühen um mehr Marktanteil die Preise absenkt. Wie können

Sie dieses Risiko eingrenzen? Indem Sie frühzeitig Signale senden. Indem Sie dem Markt reichlich Zeit geben, mögliche Reaktionen zu durchdenken oder geplante Reaktionen durchblicken zu lassen, bevor die eigentliche Maßnahme durchgeführt wird. Indem Sie bei sich selbst die Zuversicht aufbauen, dass keine harschen Reaktionen kommen werden.

Natürlich wäre es absurd zu glauben, AOL hätte seinen Wettbewerbern Handlungsanweisungen gegeben oder irgendjemand in der MSN-Zentrale in Redmond hätte bei der Planung seiner Reaktion Hilfe von AOL benötigt. Wer einen Werbespot von EarthLink aus der Zeit gesehen hat oder von MSN in einer Werbe-Mail zum Anbieterwechsel aufgefordert wurde, der hat gemerkt, dass es hier echte Rivalität gibt. Wir meinen: AOL wollte sich mit seinen Signalen einfach vergewissern, dass der Markt stabil bleibt. Das Unternehmen wollte dem Markt nicht nur mitteilen, dass es die Preise erhöhen würde, sondern auch, dass es Wert auf Stabilität und diszipliniertes Verhalten legte und Unruhe vermeiden wollte. Warum eine plötzliche Verlagerung von Marktanteilen zum einen oder anderen Anbieter riskieren – wenn doch alle drei wissen, dass eine solche Verschiebung nicht von Dauer wäre, da die anderen sofort zurückschlagen würden? AOL wollte zur Stabilität in seinem Markt beitragen.

Senden Sie Signale als Warnschuss, um einen Rückzug zu erzwingen

Wenn wir das Thema Signaling mit unseren Klienten diskutieren, treffen wir meist auf mindestens einen Zyniker, der das Ganze als akademisches Blabla abtut.

Signale senden als Teil einer Marketingstrategie – das klingt einfach zu lahm in manchen Ohren. Den Zynikern kommt das Signaling so vor, als würde Arnold Schwarzenegger in seiner Paraderolle als Conan der Barbar plötzlich Schwert und Schild niederlegen und einen Mönch mit folgender Presseerklärung beauftragen: »Conan betrachtet das Kämpfen als reine Zeitverschwendung. Er ist mit seiner gegenwärtigen Stellung in der Welt zufrieden.« Nicht sehr dramatisch, oder?

Nicht dramatisch genug, sagen also die Zyniker. »Echte« Wettbewerber würden sich doch niemals quer über den Markt zublinzeln, indem sie Presseerklärungen herausgeben oder sich von Fachzeitschriften interviewen lassen und dabei hoffen, dass die andere Seite ihre Anspielungen versteht. Schließlich, so die Zyniker, sind wir hier im harten Business und nicht bei den Pfadfindern.

»Nein – das einzige Signal, dass wirklich verstanden wird, ist Schmerz«, so behaupten sie. »Man muss die Wettbewerber so lange leiden lassen, bis sie vernünftig werden oder in die Knie gehen.«

Diese mit der Aggressionskultur verbundene Spaltung, dieses »wir oder sie«, könnte kaum klarer sein. Aggressoren fügen Schmerzen zu, egal, wie sehr ihre eigenen Gewinne darunter leiden könnten. Für sie ist das Medium gleich Botschaft, und ihr bevorzugtes Medium ist Krieg. Im Unterschied dazu versuchen die Besten unter den Unternehmen, ihren Märkten »Frieden zuzufügen«. Sie verstehen, dass man die meisten seiner Geschäftsziele auch ohne Adrenalinstoß erreichen kann.

Zuweilen jedoch müssen selbst die friedlichsten und zurückhaltendsten Manager Schmerz zufügen. Mit offensiven Signalen kann man dies wohldosiert tun: Wenn Wettbewerber Maßnahmen ergreifen, die einem nicht gefallen, dann besteht das wirksamste Signal mitunter darin, zurückzuschlagen. Sie sollten jedoch vermeiden, dass das Ganze zum Flächenbrand wird. Konzentrieren Sie stattdessen Ihren Gegenschlag auf ein Gebiet, wo der Gegner es zwar spüren, aber nicht unbedingt zum Anlass für weitere Schläge nehmen wird.

Ein gutes Beispiel dafür sind Continental Airlines und Northwest. Anfang der 90er Jahre senkte Northwest seine Preise auf mehreren Strecken an der amerikanischen Westküste. Dabei hatte man offenbar nicht mit einer Reaktion des Wettbewerbers Continental gerechnet, der die Westküste zu der Zeit gerade zum Kernmarkt ausbaute.

Anstatt aber nun genau in diesem Regionalmarkt zurückzuschlagen, wo man ja seinen Wettbewerbsvorteil erhalten wollte, senkte Continental die Preise für Flüge von und nach Minneapolis – einem der wichtigsten Drehkreuze für Northwest. Dort verstand man offenbar die Botschaft: Die Preise an der Westküste wurden schnell wieder auf das vorherige Niveau angehoben.[14]

Knapp zehn Jahre später mussten mehrere große Fluggesellschaften nacheinander ihre Versuche aufgeben, ihre Preise für die meisten Strecken um zehn Dollar zu erhöhen, da Northwest Airlines nicht mitzog.[15] Was dachte sich Northwest nur dabei? Wie geht man mit einem solchen Wettbewerber um?

Wenn Aggressoren nichts anderes verstehen als Schmerz, dann bleibt einem nichts anderes übrig, als ihnen einen gezielten Schlag zuzufügen. Wichtig ist dabei, dass man nicht unbedingt dort zurückschlägt, wo man angegriffen wird. Vielmehr sollte man den Aggressor direkt und in gleicher Weise angreifen – und zwar in einem Markt, der ihm selber wichtig ist. Wenn der Gegner nicht versteht, warum Sie zurückschlagen, nämlich um eine Eskalation zu vermeiden, ist alles umsonst. Greift der Wettbewerber Sie beispielsweise bei Ihren Großkunden in Frankreich an, und Sie schlagen dafür in einem anderen Produktbereich bei Kleinkunden in Südamerika zurück, können Sie davon ausgehen, dass der Wettbewerb Sie nicht verstehen wird.

Praxisbeispiel: Wie man reagiert, wenn ein Wettbewerber in den eigenen Markt eindringt

Unternehmen: Rhenania Materials und Morgan
Produkt: Spezialisolierungen
Quelle: Projekt von Simon-Kucher & Partners

Der europäische Markt für Spezialisolierungen wurde von zwei Unternehmen beherrscht: von dem britischen Anbieter Morgan sowie von Rhenania mit Sitz in Deutschland.[16] Beide waren in ihren Heimatmärkten Marktführer, aber im Heimatmarkt des jeweils anderen nur schwach vertreten. In Frankreich, wo ebenfalls ein heimischer Anbieter den Markt dominierte, lagen beide Unternehmen abgeschlagen zurück. In Spanien hatte Morgan eine deutlich stärkere Position als Rhenania; allerdings war der spanische Markt insgesamt deutlich kleiner als die großen europäischen Märkte.

Als Morgan stagnierendes Wachstum verzeichnete, wusste das Unternehmen, wo es Wachstumspotenziale suchen musste: im attraktiven deutschen Markt, dem größten europäischen Binnenmarkt der Branche. Folgerichtig war Morgans Deutschland-Strategie auf Angriff ausgerichtet. Geplant war, den deutschen Marktanteil von 8 auf mindestens 15 Prozent, vielleicht sogar 20 Prozent zu erhöhen. Die dazu notwendigen Preissenkungen würde man aus den hohen Gewinnen im schwächer umkämpften britischen Markt subventionieren. Zur Unterstützung dieser Strategie baute man den deutschen Vertrieb aus und sprach gezielt wichtige Kunden von Rhenania an.

Rhenania, mit 44 Prozent Marktanteil Marktführer im deutschen Markt, war auf den Angriff gefasst. Man schlug sofort zurück und senkte ebenfalls massiv die Preise – aber nicht in Deutschland, sondern in Großbritannien, also in Morgans Heimatmarkt. Dort hatte Rhenania nur eine geringe Marktpräsenz und daher wenig zu verlieren. Morgans Angriff hatte die Dynamik des Marktes verändert und Rhenania gezwungen, sein Vorgehen neu zu überdenken. Und der Eintritt in den britischen Markt – eine Option, die man stets in der Hinterhand gehabt hatte – erschien nun sinnvoller denn je: Ebenso wie Continental bei Northwest in den 90er Jahren ging auch Rhenania davon aus, dass Morgan den Schlag im Heimatmarkt am empfindlichsten spüren und jede andere Maßnahme weniger ernst nehmen würde; somit konzentrierte man seine britischen Vertriebsaktivitäten fast ausschließlich auf Morgans wichtigste Kunden. Es dauerte nicht lange, und Morgan erkannte, was auf dem Spiel stand: Die Preisaggression in Deutschland wurde eingestellt.

Rhenania hatte das Gleichgewicht im deutschen Markt wiederhergestellt und hob seine Preise im britischen Markt wieder auf das vorherige Niveau an. Morgan hatte Glück, dass sein Angriff – der primär auf den Preis basierte – seine Gewinnlage nicht dauerhaft schädigte.

Rhenania hatte die Lage zuvor gründlich analysiert und war sich des Dilemmas bewusst: Sich direkt im deutschen Markt auf einen Zweikampf mit Morgan einzulassen, wäre viel riskanter und teurer gewesen, denn dann hätte man mehr als dreimal so viel Geschäftsvolumen unter Ergebnisdruck gebracht wie in Großbritannien.

Aber betrachten wir auch die andere Seite der Gleichung. Was stand für Morgan auf dem Spiel? Ein Zurückschlagen von Rhenania in Frankreich oder Spanien hätte nur wenig bewirkt. In Frankreich hatte Morgan wenig zu verlieren, denn dort erzielte es nur 3 Prozent seiner Umsätze. Einen Angriff in Spanien hätte man erst recht abgetan: Der dortige Markt war klein und Morgans Marktanteil winzig. Auch in Deutschland hatte Morgan offenbar nach eigenem Empfinden wenig zu verlieren. Ganz anders jedoch im

Heimatmarkt: In Großbritannien verdiente Morgan sein Geld, dort konnte das Unternehmen nicht riskieren, wegen eines völlig unnötigen Preiskriegs seine Gewinne schwinden zu sehen – und das womöglich für immer.

Lernen Sie, Signale zu empfangen und zu deuten

Ob ein Signal wirklich ein Signal ist, können Sie am besten und leichtesten anhand der Relevanz für Ihre Kunden prüfen. Das mag zunächst überraschen; doch wie in Kapitel 2 bereits ausgeführt, sollten Sie Ihr primäres Augenmerk stets auf Ihre bestehenden und potenziellen Kunden richten – nicht auf die Konkurrenz. Und wenn das, was ein Wettbewerber kommuniziert, Auswirkungen bei Ihren Kunden zeigt, dann sollten Sie dieses Signal ernst nehmen: Sie sollten sich entsprechend verhalten und die eintretenden Reaktionen genau beobachten. Erinnern Sie sich an die Anekdote, die wir zu Beginn dieses Kapitels erzählten: Die Tatsache, dass Southwest seine Preise immer dienstags festlegt, hat für sich gesehen keine strategische Bedeutung. Was zählt, sind Positionierung, Preisniveaus und Konditionen.

Um die Kommunikation in Ihrem Markt zu verfolgen und selbst richtig zu kommunizieren, stehen Ihnen sieben Quellen zur Verfügung: Ihre Kollegen, Behörden, Branchenverbände, Analystenberichte, Pressemeldungen, insbesondere auch solche der Lokalpresse, Händler und Kunden. Ein Finanzanalyst einer großen Investmentbank sagte uns einmal, es verblüffe ihn immer wieder, wie viel Informationen Vorstände bei Roadshows und Investorenkonferenzen preisgäben.[17] Allerdings: Geht es um Wettbewerbsinformationen, so sind die Kenntnisse zu weichen Faktoren meist am wertvollsten. Die Kernfrage, die Sie sich tagaus, tagein immer wieder stellen sollten, ist: Wie aggressiv sind Ihre Wettbewerber? Kümmern sie sich um ihre eigenen Angelegenheiten, oder unternehmen sie aggressive Aktivitäten im Markt, die Ihrem Gewinn schaden könnten? Um diese Frage zu beantworten, müssen Sie die Signale Ihrer Wettbewerber erkennen und deuten.

Die wirksamsten und aussagekräftigsten Signale sind natürlich ihre Handlungen. Sie müssen beobachten, wie sich Ihre Wettbewerber im

Markt tatsächlich verhalten und wie sich das auf Ihre Kunden auswirkt. Nur dann können Sie beurteilen, ob das, was sie tun, zu der Strategie passt, die aus ihrer Marktkommunikation hervorgeht.

Die meisten Signale empfangen Sie völlig legal und zeitnah über die folgenden Quellen:

- Informationen aus dem eigenen Unternehmen. Jeder Ihrer Kollegen hat seine eigenen Informationen und Daten, zum Teil systematisch erfasst, zum Teil in Form von persönlichen Erfahrungen. Diese Informationen gilt es zu strukturieren und auszuwerten. Die beste Quelle, um etwas über die Denkweise Ihrer Wettbewerber zu erfahren, sind ehemalige Kundenmitarbeiter, die zu Ihrem Unternehmen gewechselt sind.

- Behördlich erfasste Daten. Vielleicht gehört Ihr Wettbewerber einem börsennotierten Unternehmen oder ist selber eines. In den USA müssen börsennotierte Unternehmen der Aufsichtsbehörde SEC detaillierte Quartalsberichte vorlegen; in Deutschland verlangt das Börsengesetz mindestens einen Zwischenbericht (die Deutsche Börse in manchen Segmenten deutlich mehr). Und während die jährlichen Hochglanz-Geschäftsberichte zum Großteil aus Standardbausteinen bestehen und lediglich bestätigen, was man ohnehin schon weiß, enthalten diese Berichte mitunter auch wahre Schätze. Die wertvollsten Informationen findet man jedoch häufig in den Börsenzulassungsprospekten.

- Branchenverbände. Viele dieser Vereinigungen sammeln Daten von ihren Mitgliedern und stellen sie zusammengefasst zur Verfügung, beispielsweise in ihren Verbandszeitschriften und -publikationen. Andere führen im Auftrag ihrer Mitglieder, die das alleine nicht bewältigen könnten, eigene Marktstudien durch.

- Analystenberichte. Aktienanalysten nehmen zur Erstellung ihrer Berichte an speziellen Briefings und Roadshows teil oder führen Interviews und tiefgehende Recherchen durch. Die von ihnen gelieferten Daten – ob implizit oder explizit – gehen stärker ins Detail als die offiziellen Berichte und Statements der Unternehmen. Machen Sie sich das zunutze. Sprechen Sie gegebenenfalls auch direkt mit den Analysten, Sie werden sich wundern, was diese alles wissen.

- Lokalpresse. Nützliche, oft sogar überraschende Informationen über

Wettbewerber finden Sie häufig in der Lokalpresse an den Firmenstandorten. Aus diesen Publikationen erfahren Sie frühzeitig über Werkserweiterungen oder -schließungen, örtliche Personalwechsel, den Inhalt und Ausgang von Bauanträgen oder Änderungsanträgen im Flächennutzungsplan sowie vertrauliche Informationen, die nirgendwo sonst zu finden sind.

- Händler und Kunden. Über geplante Produktneueinführungen sowie die spezifischen Vor- und Nachteile von Produkten erfahren Sie viel Wissenswertes von Ihren Kunden und Händlern. Verfolgen Sie lieber solche Vorgänge an dieser Quelle genauer, nicht direkt die bei den Wettbewerbern.

Eine gezielt gesteuerte Marktkommunikation ist das letzte noch fehlende Mosaiksteinchen, um Spannungen im Markt aufzulösen und den verdienten höheren Gewinn einzufahren. Ihre Annahmen, Ziele und Prozesse sollten Sie bis dahin unternehmensweit einheitlich ausgerichtet haben. Denken Sie jedoch daran: Ein zentraler Bestandteil Ihrer »Kommunikationsstrategie« ist die Konsistenz in allem, was Sie öffentlich sagen und tun.

Fazit

Die Teilnehmer in Ihrem Markt – Kunden, Wettbewerber, Händler, Analysten, Behörden, Investoren – sind keine Gedankenleser. Sie können Ihr Unternehmen nur verstehen und darauf reagieren, indem sie Ihre Handlungen und öffentlichen Äußerungen interpretieren. Das heißt: Sie sollten stets genau darauf achten, wie der Markt das, was Sie tun und vor allem sagen, deuten könnte. Denn dies sind die Signale, mit denen Sie dem Markt vermitteln, was Sie denken, was Sie planen und warum Sie sich so und nicht anders verhalten.

Sind Ihre öffentlichen Äußerungen und Handlungen nicht oder nur unzureichend konsistent, werden Sie leicht als unberechenbar und widersprüchlich wahrgenommen. Das könnte den Markt zu Reaktionen veranlassen, die für Ihre Gewinne eher schädlich als förderlich sind.

Sie können mit Ihren Signalen drei wesentliche Ziele verfolgen: Sie können dem Markt helfen zu verstehen, wie Sie selbst auf bestimmte Veränderungen im Markt reagieren würden. Sie können einen allgemeinen Eindruck von Ihren Absichten vermitteln. Schließlich können Sie direkt und einseitig auf die Aktionen eines Wettbewerbers reagieren. Diese Signale nutzen Sie immer dann, wenn Sie sich wohlüberlegt auf eine Auseinandersetzung einlassen wollen. Zuvor aber sollten Sie ganz unmissverständlich kommunizieren, dass es Ihnen in erster Linie darum geht, das Revier Ihres Unternehmens zu verteidigen.

Jeder – nicht nur Sie – sendet mit seinen Worten und Taten Signale aus. Suchen Sie diese in unterschiedlichen Quellen: in Geschäftsberichten, der Wirtschaftspresse, Branchenveröffentlichungen. Verfolgen Sie diese Worte und Taten systematisch, und überprüfen Sie die Signale in regelmäßigen Abständen.

Anmerkungen

1 Norihiko Shirouzu, »Redesigned Ford F-150 Pickup May Launch with Discounts«, Wall Street Journal, 18. Februar 2003.
2 Taska Mazaroli, »Siemens Wants to Match Nokia Cuts but Wants to Avoid Price War«, Wall Street Journal, 18. Juni 2004.
3 Pui-Wing Tam, »H-P Gains by Ceding Market Share to Dell«, Wall Street Journal, 18. Januar 2005.
4 Michael E. Porter, Competitive Strategy (Free Press, New York, 1984), S. 75. [Deutscher Titel: Wettbewerbsstrategie. Methoden zur Analyse von Branchen und Konkurrenten (Campus, Frankfurt, 1999)]
5 Scott McCartney, »Logic Behind Air Fares Often Defies Economics«, WSJ.com, 1. Oktober 2003.
6 Ebd.
7 Norihiko Shirouzu, »Ford and GM Gear Up for Price War on Trucks«, Wall Street Journal, 2. Juli 2003.
8 Ebd.
9 Russ Banham, »The Right Price«, CFO-Magazine, Oktober 2003.
10 »IKEA muss neue Konkurrenten abwehren«, Frankfurter Allgemeine Zeitung, 5. April 2003.
11 »Aggressive Ryanair Keeps Soaring«, CNN.com, 3. Juni 2003.

12 »Ryanair will Preise senken«, Frankfurter Allgemeine Zeitung, 22. April 2003.

13 Zitate in Abbildung 10–1 stammen aus den folgenden Quellen: Cecily Barnes, Jim Hu und Larry Dignan, »Case: Rate Hike ›in the Cards‹ for AOL Service« CNet news.com, 31. Januar 2001; Daniel DeLong, »AOL-MSN Clash Begins with War of Words«, NewsFactor Network, 14. Februar 2001; John Yaukey, »AOL Won't Raise Rates in Short Term«, Gannett News Service, 30. April 2001.

14 »Tust Du mir nichts, tue ich Dir nichts«, Frankfurter Allgemeine Zeitung, 16. Juni 2003.

15 »Big Airlines Take Another Run at a Fare Increase«, New York Times, 18. Februar 2003.

16 Details dieses Fallbeispiels wurden aus Vertraulichkeitsgründen modifiziert.

17 Unterhaltung mit Hermann Simon, Januar 2005.

Kapitel 11

Epilog: Höchste Zeit zur Realisierung Ihres Gewinnpotenzials

Bei der Umsetzung des hier vorgestellten Programms sind Sie gezwungen, drei Bälle gleichzeitig in der Luft zu halten: Erstens müssen Sie eine kulturelle Veränderung in Ihrem Unternehmen durchsetzen, in deren Verlauf Aggression und Nachgiebigkeit aufgegeben und durch eine angemessenere, auf Differenzierung und Kundennutzen basierende Form der Wettbewerbsstrategie ersetzt werden. Zweitens müssen Sie das konsequente, disziplinierte und detailgenaue Vorgehen einfordern, das zur Durchführung des Programms und zur Erfolgsmessung erforderlich ist. Und drittens (das resultiert aus den beiden ersten Anforderungen) müssen Sie die erwarteten finanziellen Resultate – sprich: die höheren Gewinne – liefern, welche die in diesem Buch beschriebenen Unternehmen erreichten.

Machen wir uns nichts vor: Nichts von alldem ist über Nacht erreichbar. Und so sehr wir uns auch wünschen würden, dass dieses Buch schnell zu einvernehmlichen Lösungen führt – zuvor wird es sicherlich Gegenstand vieler Kontroversen sein. Unsere Aussage, dass Unternehmen mit reifen Produkten in reifen Märkten mit unserem Programm Gewinnsteigerungen von umgerechnet 1 bis 3 Prozent ihres Jahresumsatzes erreichen können, lässt selbst die größten Zweifler im Management aufhorchen. Sie wissen sehr gut, dass ihre Unternehmen unter der weltweiten Gewinnmalaise leiden, die in Kapitel 1 beschrieben ist. Doch sie wollen Beweise: Zeigen Sie mir, wie das bei uns gehen soll! Und wann wir zu unserem Geld kommen!

Wir hoffen, dass die zahlreichen Fallbeispiele der Kapitel 2 bis 10 für sich selbst sprechen und dass Sie daraus entnehmen können, wie

Sie in Ihrem Unternehmen solche Beweise schaffen und den Payback erzielen können. Aber selbst dann werden Sie wahrscheinlich dieselben drei Fragen haben, die Manager zu Beginn dieses Programms immer stellen:

- Wie fangen wir an?
- Welche Ressourcen (Personal, Geld, Zeit) müssen wir dafür zur Verfügung stellen?
- Was kann schief gehen?

In diesem letzten Kapitel wollen wir diese drei Fragen beantworten. Zudem stellen wir Ihnen eine kurze Liste von Fragen zur Verfügung, die Ihnen helfen, Ihre Ausgangslage zu skizzieren sowie Richtung und Umfang Ihres Fortschritts zu messen. Vergessen Sie bitte nicht: Die meisten Unternehmen, die mit diesem Programm erfolgreich waren, haben Fortschritte angestrebt und keine Perfektion. Es ist weitaus zielführender, sich um ein stetiges Vorankommen zu bemühen und gelegentliche Rückschläge wegzustecken, als perfekte Resultate zu erwarten.

Stabilisieren Sie Ihre Marktposition – und definieren Sie sie dann neu

Die Kapitel 2 und 3 haben gezeigt, dass kluge Wettbewerber höhere Gewinne erzielen, indem sie sich in Zurückhaltung üben und sich eher durch Kundennutzen (Produktvorteile, Service, Beziehungen, Marke etc.) differenzieren als durch aggressive Preise. Friedliche Konkurrenten stützen sich außerdem auf objektive Sachverhalte und faktenbasierte Annahmen statt auf Einzelfallwissen und vermeintliche Binsenwahrheiten. Das sind einfache, aber wichtige Erkenntnisse, die Sie auf Ihre eigene Situation übertragen müssen.

Zu Beginn des Prozesses müssen Sie also mithilfe härterer Daten Ihre Wettbewerbslandkarte (Kapitel 2) und die Gewinnkurve (Kapitel 3) konkretisieren. Auch hier gilt: Der Prozess ist wichtiger als der Grad an Perfektion. Mithilfe der internen Datenanalysetechniken, die in Kapitel 4 beschrieben wurden, lässt sich erfahrungsgemäß sehr schnell eine hinreichende Anzahl aggressiver oder nachgiebiger Handlungsoptionen finden und deren negative Auswirkungen klar offen legen.

Diesen wachsenden Berg an Beweisen können Sie nutzen, um eine interne Kommunikationskampagne zu starten und Ihren Mitarbeitern bewusst zu machen, dass – und vor allem: warum – der Gewinn viel wichtiger ist als der Marktanteil. Ohne Beweise riskieren Sie, dass die Sache schief geht: Ihre Mitarbeiter könnten Ihre Äußerungen für bloße Stimmungsmache halten, anstatt sie als fundierte und faktenbasierte Argumentation zu erkennen. Gehen Sie konsequent so vor, wie in Kapitel 8 beschrieben – immer nach dem Grundsatz »schuldig bis zum Beweis des Gegenteils« –, wann immer jemand eine aggressive oder nachgiebige Maßnahme (wie Gratisleistungen, Erlassung von Service- oder Transportgebühren, Preissenkungen, verlängerte Zahlungsfristen) vorschlägt. Je nach dem Ernst der Lage Ihres Unternehmens könnten Sie sich auch gezwungen sehen, kurzfristig drakonischere Kontrollmaßnahmen zu ergreifen – wie etwa striktere Zustimmungsregeln für Geschäftsabschlüsse oder Pönalen bei Nichtbefolgung –, um dem gewinnvernichtenden Verhalten ein für alle Mal ein Ende zu setzen.

Angesichts der großen Unterschiede zwischen Unternehmenskulturen können wir nur schwerlich spezifische Empfehlungen zur Kommunikation dieser Maßnahmen geben. Doch nach unserer Beobachtung gilt häufig die Maxime »Das Medium ist die Botschaft«. Oft reicht schon die bloße Drohung, man werde die Betreffenden öffentlich nennen, mehr Papierkrieg verlangen oder Sanktionen (wie Gehaltskürzungen, schlechtere Beurteilung, Statusverlust) einführen, damit Marketing und Vertrieb die Konsequenzen ihres Handelns durchdenken und sich maßvoller verhalten. Diese Drohung sollte allerdings Hand in Hand gehen mit einer klaren internen Regelung, welche den Mitarbeitern eine tief sitzende Furcht nimmt: die Furcht vor dem Mengenverlust oder – schlimmer noch – dem Verlust eines Kunden. Nicht zuletzt sollten Sie es ausdrücklich und spürbar honorieren, wenn die neue Denkweise dann tatsächlich angenommen und umgesetzt wird.

Die Kombination aus Drohungen, neuen Regelungen und positiver Unterstützung wird helfen, Ihre Situation zu stabilisieren und Schlimmeres zu verhindern. Und je mehr Fakten und Beweise – und Argumente für eine Veränderung – Sie vorweisen können, desto mehr werden Ihre

Mitarbeiter bereit sein, neue Wege zu beschreiten. Die Beweise aber werden sich durch die Anwendung der in Kapitel 2 bis 4 beschriebenen Instrumente ergeben: Mithilfe dieser Instrumente werden Sie in der Lage sein, haltlose oder zweifelhafte Annahmen zu erkennen und zu entkräften; auch werden Sie erkennen, wo Sie den Kunden mehr Wert bieten können als Ihre Wettbewerber und wie Sie diesen Wert abschöpfen können. Kurz: Diese Instrumente werden Ihnen die Grundlage für Ihre neue Strategie liefern, und die wird sich im Laufe des Programms immer klarer herauskristallisieren.

Halten Sie sich stets folgenden Ratschlag von Ted Levitt vor Augen: »Nachhaltiger Erfolg ergibt sich zum Großteil daraus, dass man sich regelmäßig auf die richtigen Dinge konzentriert und jeden Tag viele kleine, unspektakuläre Verbesserungen erzielt.«[1] Sie werden auf Ihrem Weg von einer guten zu einer Spitzenertragslage immer wieder Verbesserungsmöglichkeiten finden. Die Unternehmen, die als *Hidden Champions* (oder als *Die heimlichen Gewinner*) bekannt wurden, geben dafür die besten Beispiele ab: Sie haben erkannt, dass »gutes Management bedeutet, viele kleine Dinge ein wenig besser als die Wettbewerber zu tun, anstatt nur wenige Dinge richtig zu erledigen«.[2]

Stellen Sie das Programm unter die Führung erfahrener Champions

Eine Personalentscheidung ist äußerst erfolgskritisch: die Wahl des internen Projektchampions – der Person also, die mit großem Einsatz und Charisma das Ganze vorantreibt. Im ganzen Unternehmen die Überzeugung zu verankern, dass man sich künftig auf Gewinn anstatt Marktanteil fokussieren muss – und die resultierenden Gewinnchancen auch realisieren muss –, das erfordert ganz eindeutig starkes Engagement auf Vorstandsebene. Meist steht der Vertriebs- oder Marketingvorstand dem Thema am nächsten. Allerdings: Dieser Vorstand kann das Projekt zwar in der Organisation vertreten, aber sicherlich nicht die alltägliche Projektarbeit steuern.

Diese Aufgabe sollte daher einem erfahrenen Manager mit Vertriebs- und Marketingerfahrung anvertraut werden, der im Laufe seiner Karriere schon den einen oder anderen Umbruch im Markt miterlebt hat – ob das nun eine Periode schwerwiegender Über- oder Unterbeschäftigung war, ein drastischer Anstieg der Rohstoffkosten, eine Konsolidierung bei den Kunden oder den Wettbewerbern oder ein Technologiewechsel, aufgrund dessen man den Ansatz der Kundenbearbeitung umstellen musste.

Dieses Profil entspricht vielleicht nicht dem, was man intuitiv vermuten würde: Denn die gängige Meinung besagt, dass die meisten altgedienten Manager von Haus aus eine »Business as usual«-Mentalität an den Tag legen, ihre Entscheidungen aus dem Bauch heraus treffen und dem notwendigen Wandel große Vorbehalte entgegensetzen. Je länger sie bei der Firma sind, so wird gerne behauptet, desto tiefer verwurzelt sind ihre Überzeugungen.

Diese Sichtweise ist nicht nur oberflächlich; sie ignoriert auch die klaren Vorteile dieser Manager gegenüber jüngeren Kollegen, die noch keine größeren Marktverwerfungen miterlebt haben. Zum einen wurden sie durch solche Erfahrungen schon in der Vergangenheit gezwungen, gängige Denkweisen zu hinterfragen, anstatt die neue Situation nach dem Motto »Business as usual« anzugehen. Wir sagten es bereits in Kapitel 3: Überlieferte Ansichten können gefährlich werden, wenn die ursprünglichen Rahmenbedingungen nicht mehr bestehen.

Zum Zweiten können gestandene Manager bei solchen internen Projekten ihre umfassende persönliche Erfahrung im direkten Kundenkontakt einbringen, etwa bei der Erstellung von Nachfragekurven, wie in Kapitel 4 beschrieben. Peter Drucker sagt dazu: »Ganz gleich, wie gut alle Berichte auch sein mögen – nichts geht über die direkte persönliche Beobachtung, vor allem, wenn wirklich von außen beobachtet wird.«[3]

Und schließlich können diese Manager dazu beitragen, dass überlieferte Annahmen und Meinungen in Frage gestellt werden, denn sie haben den Rang und die Macht, dumme Fragen zu stellen.[4] Sie können es sich leisten, immer wieder nachzuhaken und zu fragen, »Warum ist das so?« oder »Wie können Sie so sicher sein, dass der Kunde das wirklich will?«

Sollten Sie niemanden mit genau diesem Profil in Ihrer Organisation finden, dann müssen Sie deshalb natürlich nicht auf das ganze Programm verzichten. Der nächstbeste Kandidat wird dann jemand sein, der langjährige Kundenerfahrung mitbringt, aber auch beim Vertrieb einen guten Ruf und hohe Glaubwürdigkeit genießt.

Die Ausführung des Programms wird außerdem finanzielle Investitionen erfordern. Wie in Kapitel 5 ausgeführt, brauchen Sie Input von den Kunden, um Ihr neues Marketingprogramm (Produktgestaltung, Segmentierung, Verkaufsförderung, Preis) optimal festzulegen. Dabei können interne Daten sehr hilfreich sein, aber sie werden nicht immer ausreichen. In vielen Fällen werden Sie Daten direkt bei den Kunden erheben müssen, um komplexere Hypothesen zu testen. Aussagekräftige externe Informationen aber sind schwerer zu bekommen und werden daher häufig zugunsten interner Daten vernachlässigt – übrigens ebenfalls ein Punkt, den Peter Drucker immer wieder kritisiert hat.[5] Dieser Bereich verdient daher spezielle Aufmerksamkeit, und das Management muss dafür die nötigen Ressourcen freigeben. Wenn ein reifes Produkt immer noch Millionen an zusätzlichen Gewinnen erwirtschaften kann, dann scheint eine sechsstellige Investition für die Marktanalyse durchaus nicht zu hoch.

Steht bei einem kleineren Unternehmen oder Unternehmensbereich ein derartiger Aufwand nicht in Relation zum Gewinnpotenzial, gibt es kostengünstigere Ansätze (wie in Kapitel 5 beschrieben), um Input von gegenwärtigen und zukünftigen Kunden zu gewinnen. Denn unabhängig von der jeweiligen Situation ist Kunden-Input zu Präferenzen und Zahlungsbereitschaften unverzichtbar, will man gewinnorientiert Produkte neu positionieren, Angebotsbündel schnüren, Preise festlegen oder Marketingmaßnahmen planen. Sehen Sie die Sammlung extern gewonnener Kundendaten als Investition an, nicht als Aufwandsposten. Durch kontinuierliches Investieren wird Ihr Unternehmen in der Lage sein, seinen Marketing-Mix im Detail zu optimieren, um zusätzliche Gewinnpotenziale zu erschließen und das Risiko ungewollter negativer Effekte – insbesondere Überreaktionen von Kunden, Wettbewerbern oder Investoren – zu minimieren.

Am schwersten ist die Frage nach dem Zeitaufwand zu beantworten. Mit intensivem Einsatz ist es manchen Unternehmen gelungen, innerhalb von wenigen Wochen ihr Geschäft zu stabilisieren und Negativtrends aufzuhalten; nicht selten aber braucht man drei Monate, um sich einen wirklich umfassenden Überblick zu verschaffen. Dieser erste Meilenstein rückt nicht nur Quick-Win-Gewinnpotenziale in greifbare Nähe, sondern schafft auch Akzeptanz und Motivation für die langwierigeren Prozessteile: den nachhaltigen kulturellen Wandel und die kundenorientierten Veränderungen im Marketing-Mix. Je nach Umfang der neuen Erkenntnisse und des Veränderungsbedarfs bringt die Implementierung schließlich die Gewinnsteigerung, die fast immer innerhalb eines Jahres eintritt.

Was den nachhaltigen Kulturwandel angeht, so ist dieser abhängig von der Größe Ihrer Organisation sowie Ihrer bevorzugten Herangehensweise. Die meisten unserer Klientenunternehmen beginnen mit Pilotprojekten (in einer oder mehreren Regionen), um erste Erfolge zu erzielen, bevor dann der Rest der Organisation ins Programm einbezogen wird. Bei einem stark diversifizierten Großunternehmen kann sich der gesamte Prozess durchaus zwei bis drei Jahre hinziehen.

Vermeiden Sie Rückfälle und Fehlkommunikation

Die drei ärgsten Fallen haben wir in den Kapiteln 8 bis 10 angesprochen: Das größte Risiko für dieses Programm besteht darin, dass ein empfundener Rückschlag – wie etwa ein unerwartet großer Marktanteilsverlust – einige Beteiligte verunsichern kann. In Kapitel 8 haben wir viele Methoden beschrieben, mit deren Hilfe die Gegner des Programms die Bemühungen unterminieren können.

Die Herausforderung bei den Incentives (vgl. Kapitel 9) besteht darin, dass man Mitarbeiter zu profitableren Verhaltensweisen bewegen muss, bevor man die Möglichkeit hatte, ihre offiziellen Anreize entsprechend anzupassen. Das ist ein großes, häufig aber unvermeidbares Ärgernis, denn fast immer beginnen Unternehmen mit diesem Programm mitten im Geschäftsjahr, wenn Führungskräfte und Untergebene sich bereits auf individuelle Ziele und Anreize geeinigt haben. Die nächste Gelegenheit zur umfassenden Veränderung ergibt sich daher meist erst zu Beginn des nächsten Geschäftsjahres. Die Wochen oder Monate dazwischen lassen sich am besten nutzen, indem Sie mit Marketing und Vertrieb neue Anreize vereinbaren, wie in Kapitel 9 beschrieben. Werden erste Erfolge in der Frühphase des Programms gefeiert, wie eingangs angesprochen, hilft das, die Zeit bis zur Einführung des neuen Systems zu überbrücken.

Bei der Konzeption eines neuen Anreizsystems sollten Sie versuchen sicherzustellen, dass sowohl die Vertriebsleute als auch das Management wirklich verstehen, welche Handlungsweisen gefordert werden und wie sie belohnt werden, und dass Informationen und Boni möglichst zeitnah fließen. Im Idealfall können die Vertriebsmitarbeiter schon während des Verkaufs oder der Verhandlung die Höhe des zu erwartenden Bonus mitverfolgen, wie etwa in dem von Kinston eingeführten System (Kapitel 9). Auch sollten Boni in kurzen Intervallen gezahlt werden (besser monatlich als vierteljährlich, besser vierteljährlich als halbjährlich usw.).

Und schließlich müssen Sie die Kommunikation über dieses Veränderungsprogramm sorgfältig managen. Fehler oder Fehlinterpretationen können dann den größten Schaden verursachen, wenn

- Ihre Kunden widersprüchliche Verhaltensweisen wahrnehmen, diese als Schwäche oder mangelndes Interesse interpretieren und sich diesen Umstand zunutze machen;
- Ihre Wettbewerber Ihre unilateralen Handlungen und Äußerungen als Kriegserklärung fehldeuten (und aggressiv darauf reagieren);
- Ihr Vertrieb Diskrepanzen wahrnimmt zwischen dem, was nach außen kommuniziert, und dem, was intern gesagt und getan wird, und daraufhin zu Schema F zurückkehrt.

Am besten sind Sie beraten, wenn Sie jede Kommunikation mit dem Markt – und jede Aktion Ihres Unternehmens – als klares Signal konzipieren und möglichst wenig Interpretationsspielräume zulassen. Das ist die Nagelprobe für den erfolgreichen Wandel: Ob Sie die nötige Courage und Überzeugung für ein konsequentes und bewusstes Auftreten in der Öffentlichkeit aufbringen – daran zeigt sich, ob es Ihnen gelungen ist, eine Kultur der Gewinnorientierung, Zurückhaltung und Differenzierung zu etablieren. Und die alte Kultur der Aggression, Nachgiebigkeit und Bequemlichkeit endgültig zu überwinden.

Bereiten Sie sich vor: Wo steht Ihr Unternehmen heute?

Wir schließen mit einer kurzen Liste von Fragen, die Ihnen ermöglichen werden, Ihren Fortschritt zu verfolgen und Ihre wichtigsten Prioritäten zu definieren. Bewerten Sie Ihr Unternehmen auf einer Skala von 1 bis 5, wobei 5 dem bestmöglichen Ergebnis entspricht:

- Wie stark betont das Management die Bedeutung von Gewinnzielen versus Marktanteilszielen?
- Inwieweit ist Ihr Unternehmen bereit, für höhere Gewinne auch geringere Absatzmengen in Kauf zu nehmen?
- Inwieweit werden sämtliche Mitarbeiter – explizit und implizit – dafür belohnt, dass sie Gewinn- statt Marktanteilsziele verfolgen?
- Inwieweit werden die Konsequenzen von Marketingentscheidungen durchdacht, quantifiziert und die Auswirkungen auf den Gewinn analysiert?
- Wie groß ist die Entschlossenheit, Spitzengewinne und nicht nur »gute« Gewinne zu erreichen?
- Wie gut sind Ihre Kenntnisse darüber, wie sich die Zahlungsbereitschaften Ihrer Kundensegmente unterscheiden und woran das liegt?
- Wie gut ist es Ihnen bisher gelungen, gewinnvernichtende Aktivitäten wie Preissenkungen und Wertattacken zu vermeiden?
- Inwieweit ist Ihre Marktkommunikation – in Worten und Taten – bewusst darauf ausgerichtet, Ihre Bemühungen um Gewinnsteigerung oder -erhaltung zu unterstützen?

Je näher Sie an eine Gesamtpunktzahl von 40 herankommen, desto näher sind Sie auch dem Punkt, an dem sich die Versprechen dieses Buches erfüllen – dem Punkt also, an dem Sie Gewinnsteigerungen in Höhe von 1 bis 3 Prozent Ihres Jahresumsatzes verwirklichen können. In absoluten Beträgen kann das viele Millionen Euro Mehrgewinn bedeuten. Sie sollten diesen Mehrgewinn mit denselben Menschen und denselben reifen Produkten erzielen können, die Sie schon heute haben. Und Sie sollten ihn mithilfe der vielen kleinen Schritte erreichen, die in diesem Buch beschrieben sind – Sie brauchen also nicht auf die eine große Idee zu warten. Wie in Abbildung 1–1 (Kapitel 1) zu sehen war, sind die Gewinnmargen deutscher Unternehmen nicht gerade berauschend. Wenn es gelingen würde, hier 1 bis 3 Prozentpunkte mehr herauszuholen – dann wäre das wahrhaftig eine Renaissance des Gewinns und der größte Lohn für gewinnorientierte Manager.

Anmerkungen

1   Theodore Levitt, »Betterness«, Harvard Business Review, November–Dezember 1988, S. 9.
2   Hermann Simon, Hidden Champions: Lessons from 500 of the World's Best Unknown Companies (Harvard Business School Press, Boston, 1996), S. 271 [Deutscher Titel: Die heimlichen Gewinner (Hidden Champions). Die Erfolgsstrategien unbekannter Weltmarktführer (Campus, Frankfurt, 1996)].
3   Peter Drucker, Management Challenges for the 21st Century (New York: Harper Business, 1999), S. 130 [Deutscher Titel: Management im 21. Jahrhundert (Econ, Düsseldorf, 1999)].
4   Für eine gelungene Erörterung dieses Themas siehe Geoffrey Colvin, »The Wisdom of Dumb Questions«, Fortune, 27. Juni 2005, S. 54.
5   Drucker, Management Challenges for the 21st Century, S. 101.

Danksagung

Als wir dieses Projekt im Jahr 2002 in Angriff nahmen, war uns noch nicht klar, wie sehr wir auf Unterstützung anderer angewiesen sein würden. Wir möchten uns herzlich bei allen bedanken, die uns dabei geholfen haben, auf Kurs zu bleiben, aber insbesondere bei folgenden.

Joshua Bloom, Senior Consultant im Bostoner Büro von Simon-Kucher & Partners, hat uns fortlaufend bei der Entstehung des Buches unterstützt und konstruktives Feedback gegeben. Andrew Conrad und Cory Polonetsky, ebenfalls aus dem Bostoner Büro, haben durch ihre Ideen geholfen, die Struktur des Buches zu entwickeln. Wir möchten uns auch bei allen SKP-Partnern für ihre Ideen und insbesondere Dr. Georg Wübker aus dem Zürcher Büro für seine Unterstützung bei den Passagen zur Produktbündelung bedanken. Ingo Lier und Dorothea Hayer übernahmen die Dokumentationsarbeiten und koordinierten den Informationsfluss in Bonn, genauso wie Matt Weisinger in Boston.

Im ersten Kapitel haben wir darauf hingewiesen, dass der Abschied vom Marktanteilsdenken nicht nur bei Managern Aufsehen erregt hat, sondern auch in der Forschung und Lehre. Wir danken Richard Harmer, Leslie Simmel, J. Scott Armstrong und Kesten C. Green für ihre Erkenntnisse und die Erlaubnis, sie hier zu verwenden.

Wir schulden dem gesamten Team vom Campus Verlag und unserem Verlag in den USA, der Harvard Business School Press (HSBP), besonderen Dank, insbesondere den Lektoren, mit denen wir besonders eng zusammengearbeitet haben.

Kirsten Sandberg (HSBP) hat das Projekt trotz einiger Stolpersteine unermüdlich vorangetrieben. Die Unterstützung von Ann Goodsell

(HBSP) hat das Buch in seiner heutigen Form und Struktur maßgeblich geprägt. Julia Ely (HBSP) sorgte für einen reibungslosen Ablauf auf dem Weg vom Manuskript zum gedruckten Buch. Dr. Rainer Linnemann vom Campus Verlag und der Übersetzerin Jutta Scherer haben wir die deutsche Ausgabe in ihrer heutigen Form zu verdanken.

Die Verbesserungsvorschläge und Kommentare von Brian Carney und Therese Raphael (beide vom *Wall Street Journal*) zu unseren Artikeln zum Thema Marketing und Pricing haben uns geholfen, unsere Argumentation zu schärfen.

Selbstverständlich möchten wir unseren Kunden auf der ganzen Welt danken, denen wir als Berater dienen durften. Ihr Erfolg ist der eigentliche Beweis, dass die Konzepte in diesem Buch mit dem richtigen Engagement Resultate bringen.

Schließlich fühlen wir uns geehrt, dass der inzwischen verstorbene Peter Drucker unserem Vorhaben mit stetigem Interesse gefolgt ist und uns mit Anregungen und Kritik unterstützte. Um uns und unseren Lesern das Risiko der Gewinnorientierung vor Augen zu führen, wies uns Drucker nachdrücklich darauf hin, dass es auf langfristige Gewinnsicherung und nicht kurzfristige Gewinnmaximierung ankomme. Eine Woche vor seinem Tod im November 2005 sandte er uns seine Meinung zu unserem Manuskript, das wir ihm einen Monat zuvor vorgelegt hatten: »Ich habe immer darauf hingewiesen, dass Marktanteil und Profitabilität ausbalanciert werden müssen und dass Profitabilität beim Kampf um Marktanteile häufig vernachlässigt worden ist. Ihr Buch ist deshalb eine sehr nötige Korrektur.«

Mit dem Ausdruck unseres größten Respektes möchten wir dieses Buch Peter Drucker widmen.

Hermann Simon
Frank Bilstein
Frank Luby

Register

Georg Wübker,
Simon – Kucher & Partners
POWER PRICING FÜR BANKEN
Wege aus der Ertragskrise
2006 · 236 Seiten
ISBN-13: 9783593379630

Gewinn hat seinen Preis

Im modernen Bankwesen wächst der Wettbewerbsdruck durch die internationale Konkurrenz. Dabei kommt dem Wettbewerbsparameter Preis eine zentrale Stellung zu: Das Geheimnis dauerhaften Gewinns liegt in einer intelligenten Preispolitik. Georg Wübker, Partner bei Simon, Kucher & Partners, schöpft aus den Erfahrungen seiner zahlreichen Projekte und bietet Antworten auf erfolgskritische Fragen der Preissetzung. Er macht die Auswirkungen des Preises auf Absatz und Gewinn verständlich und zeigt, wie durch intelligente Preisstrategien Erträge gesteigert werden können.